WANDERJAHRE EINES
# HORSE
# MAN

TIK MAYNARD

# WANDERJAHRE EINES
# HORSE MAN

AUF DER SUCHE NACH DER
WAHREN PFERDEAUSBILDUNG

MIT KOSMOS MEHR ENTDECKEN

DIE
BESTEN
AUSBILDER-
PHILOSOPHIEN

SEIT 1822

KOSMOS

# INHALT

>> „So etwas wie einen Pferdeflüsterer gibt es nicht. Hat es nie gegeben und wird es nie geben. Diese Vorstellung ist eine Beleidigung des Pferdes. Sie können mit Pferden, wann immer Sie wollen, reden und ihnen zuhören und bei entsprechender Achtsamkeit werden Sie dabei erfahren, dass Pferde jenseits von Sprache leben und dass Sprache, egal wie Sie sie charakterisieren mögen, eine unergiebige Quelle darstellt, um zu erfahren, zu welchem Verständnis Pferde über sich und Menschen gelangen. Es gilt drei Dinge zu üben: Geduld, Beobachtungsgabe und Bescheidenheit …" <<

Verlyn Klinkenborg, New York Times, 24. Juli 1999,

Tod eines legendären Reiters

# TEIL 1

# DER PRAKTIKANT

# EINE OHRFEIGE

Dies ist nicht *Eat, Pray, Love*. Ich werde hier nicht die Trennung von meiner Freundin ausbreiten und das Schluchzen, die weinende Verwirrung. Ebenso wenig handelt dieses Buch von Alexander Supertramp, Peekay oder Tom Joad. Ich kenne und liebe diese Geschichten, aber sie sind nicht *diese* Geschichte. In dieser Geschichte geht es ums Lernen, Schreiben, Davonlaufen, um Jobsuche und ums Gefeuertwerden (ein paar Mal). Und um andere Dinge geht es auch, vielleicht sogar um *Liebe*, falls wir so weit kommen. Vor allem aber handelt diese Geschichte von Pferden.

2008 gingen die Olympischen Spiele in Peking zu Ende und Obama war gerade Präsident geworden. Ich war sechsundzwanzig (ein Jahr älter als mein Vater, als er meine Mutter geheiratet hatte – sie war einundzwanzig gewesen). Ich lebte in Southlands, einem Teil von Vancouver, Kanada, in dem es noch ein paar Farmen gab: kleine Inseln um eine sich ausbreitende Stadt. Nach und nach wurden die Farmgrundstücke verkauft und die Scheunen durch Pools und Tennisplätze ersetzt. Meine Familie mit unseren Pferden, Hunden, Katzen, Schildkröten, Schafen, Ziegen, Enten, Hühnern, dem Garten und Obstgarten, hielt durch wie die letzten orange-gebrannten Blätter eines Ahorns, bevor der Winter hereinbricht.

Es war ein seltsamer Lebensabschnitt, um aus dem Winterschlaf hervorzukriechen, doch Aufwachen ist eine merkwürdige Sache: Wir öffnen unsere Augen, wissen aber nicht, was der Tag bringen wird. Erst Jahre später, als meine Mutter sagte: „Stell dir vor, du wärst stattdessen zurück zur Uni gegangen", erkannte ich die Bedeutung dieses einzigartigen Tages.

Ich betrachtete meine Mutter, wie sie im Garten kniete, Unkraut um ihre Beine geschlungen, der Mais hoch über sie hinausgewachsen. „Wünschst du dir, ich wäre Anwalt geworden?" Und sie lachte – sie scheut sich nicht zu lachen – und erklärte: „Mein Gott, Tik. Was bin ich froh, dass du kein Anwalt geworden bist."

Ich nickte ihr zu und war im Begriff zu antworten, als sie einwarf: „Und jetzt hilf mir mit dem Unkraut hier. Dauert nur eine Minute."

Ich riss die Tür auf und ging schnurstracks zum alten, bananengelben Küchentisch. Ich öffnete Schubladen, verschob Bücher, verschüttete den Inhalt einer Vase, fand schließlich einen Stift und Papier. Stehend begann ich zu schreiben.

*Wenn ich ein Jahr lang überall hingehen könnte, um mit den renommiertesten Trainern und den athletischsten Pferden der Welt zu trainieren, wohin würde ich gehen?*

Ich atmete schwer nach meinem Sprint zum Haus. Mein T-Shirt und meine Jeans waren nass vom Regen. Ich holte tief Luft und fuhr fort.

*Ich habe meine Arbeit verloren (als Athlet), meinen Traum (die Olympischen Spiele), meine Gesundheit (ein gebrochenes Schlüsselbein) und meine Freundin (meine Schuld, nicht ihre – ich bin ein Idiot). Ich muss hier weg. Das ist es! Ich werde Praktikant. Eine Lehre! Ich werde für wenig Geld die Welt sehen, Pferde trainieren, den Unterricht abarbeiten, meine Sorgen hinter mir lassen.*

*Schritt eins. Wo bewerbe ich mich?*

*Wer ist der erfahrenste, sachkundigste, renommierteste Pferdetrainer der Welt? Und wie bekomme ich bei dieser Person eine Stelle?*

Ich stand da, dachte nach und tippte mit dem Stift gegen den Block, auf den ich gekritzelt hatte. Der Geruch feuchten Heus stand im Haus. Eine Ente beobachtete mich von der Hintertür. Sie legte den Kopf schief. Ich starrte sie an. Sie neigte den Kopf in die andere Richtung und trat dann ins Haus. Ich kannte sie. Sie war eine von unseren cremeweißen indischen Laufenten. Draußen bildeten sich Teiche und Pfützen, aber sie war nicht daran interessiert, sich wie die anderen Enten zu verhalten. Sie watschelte ins Haus. Niederschlag ist in Vancouver nicht gerade selten, und von unserem Haus zu ihren Freunden war es weit, aber ich glaube, ich verstand diese Ente: Etwas Neues ist ein Wagnis wert.

Ein rechteckiges Foto an der gegenüberliegenden Wand zeigte meinen Vater, wie er dastand und mir beim Reiten seines Pferdes zusah. Der größte Teil des Fotos lag im Schatten, aber ein Sonnenstrahl hatte es durch die Wolken geschafft und traf uns beide in einem glücklichen Moment wie im Scheinwerferlicht. Es sah aus wie eines dieser Plakate, die am ersten Tag des Studiums verkauft wurden – mit einem rührenden Bild und darunter einem inspirierenden Zitat. So fühlte ich mich – als hätte ich mich im Schatten befunden, während ich tat, was erwartet wurde, und dann traf mich plötzlich ein Scheinwerferlicht, und eine Stimme brüllte: „Wach auf!" Nicht die inspirierendsten zwei Worte, aber effektiv, wie eine Ohrfeige.

„WACH AUF!"

Und ich hörte zu. Ich führte den Stift zum Papier. Es war ein klarer, erster Schritt. Wie der erste Schritt in einem Marathon. Ich wischte mir das Gesicht mit dem Arm ab und mit meinem Hemdsärmel die Tropfen vom Papier. Ich hielt es hoch. Ich las es durch. Es war nicht gut, aber es war ehrlich.

## DIE SUCHE

Die nächsten zwei Wochen verbrachte ich mehr am Computer als auf dem Pferd. Nicht nur erforderte die Praktikumssuche ein paar Nachforschungen, auch hatte mir der Herausgeber der *Gaitpost* – „Kanadas größtes kleines Pferdemagazin!" – auf eine Anfrage geantwortet:

Entschuldigen Sie meine Verzögerung bei der Beantwortung. Ihr Artikel ist interessant und ich würde ihn gerne veröffentlichen, wenn ich Platz finde. Haben Sie geeignete Fotos von sich, die Sie mir schicken könnten?

Ich hatte Fotos und ich schickte sie. Ich nannte den Artikel „Kapitel Eins". Wenn es ein „Kapitel Zwei" geben sollte, musste ich herausfinden, wohin mich der Weg führte.

Mir ging es um zwei Dinge: die Erfahrung, an einem völlig anderen Ort zu leben und die Chance, mein Reiten zu verbessern. Ein Praktikant zu werden – eine notorisch schwierige und gleichzeitig nicht wirklich anerkannte Ausbildung, auf die sich viele in der Pferdewelt stützen, um sowohl ihre Ställe zu betreuen, als auch als Mentor ihre Erfahrungen weiterzugeben – könnte mir beides bieten.

Als Kind war Reiten für mich, was für andere Kinder vielleicht die Kirche war: etwas Notwendiges und Gutes, aber nichts, was ich mir ausgesucht hatte. Meine Mutter war Dressurreiterin und mein Vater Springreiter. Pferde waren für beide Karriere und Leidenschaft. Im Laufe ihres Lebens waren sie Turniere geritten, hatten unterrichtet, Turniere gerichtet, Reitsportgeschäfte besessen, eine Reitschule betrieben und ein Buch über Pferdefotografie verfasst. Ich verbrachte viele Wochenenden mit meinem Vater, an denen ich Turniere besuchte und anderen dabei zusah, wie sie ritten. Ich verbrachte viele Autofahrten mit meiner Mutter, in denen wir Reittheorie diskutierten.

Wenn wir in unserer Familie über Reiter sprachen, war Charakter ebenso wichtig wie Können. Und wir verwendeten Adjektive, um diese Charaktere zu definieren: Waren sie *gut* zu den Pferden? Oder *grausam*? Waren sie *rücksichtsvoll*? Oder *ungeduldig*? Waren sie *professionell*? Freilich waren da immer Reiter, zu denen wir aufgeschaut haben: Der deutsche Dressurmeister Reiner Klimke war für mich wie ein Apostel, der amerikanische Reitsportkönig George

Morris ebenfalls. Es gab da diese fast unbewusste Vorstellung, dass es einfach wichtig wäre, ein *guter Reiter* zu sein.

Jahrelang hatte ich die Entscheidung vor mich hingeschoben, ob ich mich voll und ganz dem Reiten verschreiben sollte. Nun, falls ich weiterhin reiten würde, wollte ich, dass es meine Entscheidung war. Ich wollte nicht einfach nur Pferde in meinem Leben haben. Ich wollte für sie kämpfen müssen. Um mir meinen Weg zu verdienen und mit dem Schicksal zu hadern, wenn nötig!

Und welche Disziplin sollte es sein? Springreiten war die Sportart, in der ich am meisten Erfahrung hatte, aber ich war neugierig auf das Geländereiten, ein Teil der Vielseitigkeit. Sie schien realer und ungefilterter zu sein, so als würde man in einem Ozean statt in einem Pool schwimmen.

Zunächst dachte ich, dass es mir die Aufgabe erleichtern würde, eine Stelle als Praktikant bei einem bekannten Trainer zu finden, wenn ich mich nicht auf eine bestimmte Reitdisziplin festlegte. Aber wie bei jedem guten Nachspeisenmenü stellte ich fest, dass eine größere Auswahl die Entscheidung nur zeitaufwändiger machte.

Als erstes sprach ich mit Leuten, die Leute kannten. Obwohl ich mit Pferden aufgewachsen war, stellte ich schnell fest, dass mir das wahre Who-is-Who der internationalen Pferdeszene unbekannt war, insbesondere außerhalb der Welt des Springreitens. Ein Freund war schockiert, dass ich noch nie von Neuseelands Vielseitigkeitsheld Mark Todd gehört hatte (was in der Tat peinlich war, da eine schnelle Google-Suche ergab, dass er von der *Fédération Équestre Internationale*, dem Dachverband des internationalen Pferdesports, zum „Reiter des 20. Jahrhunderts" ernannt worden war).

Sobald ich anfing herumzufragen, stellten sich Vorschläge, die zuerst willkommen waren, rasch als gegenteilig heraus, und ich war binnen kurzem überfordert und verwirrt. Ein Beispiel: Johann Hinnemann war eine Legende im Dressursport. Neben dem Gewinn einer Bronzemedaille auf *Ideeal* für Deutschland bei den Weltmeisterschaften 1986 hatte er viele Spitzenpferde trainiert und fast ein halbes Jahrhundert lang einige der besten Reiter der Welt betreut. Im Laufe der Zeit war er kanadischer, niederländischer und deutscher Nationaltrainer und Mitautor von *The Simplicity of Dressage*, einem in mehreren Sprachen publizierten Buch, in dem die Struktur und das Programm für das Training eines Dressurpferdes klar erläutert wurden.

Für manche konnte Hinnemann nichts falsch machen. Vor allem meine Eltern, beide Dressurenthusiasten, lobten seine Ausbildung, und so gelangte er natürlich auf meine lange Liste von Möglichkeiten. Doch als ich eine andere örtliche Dressurlehrerin nach ihm fragte, war ich schockiert über ihre Antwort: „Er reitet okay, aber ich glaube nicht, dass ihr beide auch nur einigermaßen gut miteinander auskommt. Du solltest zu Kyra Kyrklund gehen. Ich habe gehört, dass sie jetzt in England trainiert."

Jeder hatte eine Meinung darüber, wohin ich gehen sollte, wohin ich nicht gehen sollte, mit wem es schwer war auszukommen, wer gut war, wer gemein, wer überbewertet wurde und wer die beste Adresse wäre.

Zum Glück erhielt ich von einem anderen meiner Freunde die Empfehlung, mir *Eurodressage* anzusehen, eine beliebte internationale Website, auf der Suchanzeigen für Praktikanten und Pferdepfleger veröffentlicht wurden. Sofort schien mir die Suche nach einem Trainer unendlich viel einfacher – innerhalb von zehn Minuten stellte ich fest, dass Ludwig Kathmann, Katrin Bettenworth und Nadine Capellmann aus Deutschland sowie die amerikanische Reiterin Leslie Morse alle nach Reitern suchten. Obwohl ich noch nie von ihnen gehört hatte, schickte ich sofort meinen Reitsport-Lebenslauf, zusammen mit einem dreiminütigen Reit-Clip von mir ab. Das Video bereitete mir ein wenig Unbehagen, aber jeder, der etwas über das Auswahlverfahren für Praktikanten wusste, versicherte mir, dass es in Ordnung wäre: „Trainer suchen keine Perfektion. Sie suchen nach Potenzial." Meine Liste möglicher Praktikantenstellen war lang. Ich begann Namen schnell und ohne Bedauern zu streichen. Meine Kriterien wurden klarer, je länger ich damit fortfuhr.

Erstens: Der Stall muss sich in einer Reitsporthochburg befinden, etwa Florida, Kentucky, England oder Deutschland.

Zweitens: Der Trainer muss ein tiefes Verständnis für die klassischen Grundlagen der Pferdeausbildung besitzen. Das Reiten hat seine Anhänger der Klassik, die stets den bewährten Methoden europäischer Meister folgen, und es hat seine Innovatoren. Ich wollte jemanden, der laut Lehrbuch vorging. Ich glaubte, der alte Weg wäre der beste Weg. Es gab auch Leute, die über Stile sprachen – französische Dressur im Gegensatz zur deutschen Dressur im Gegensatz zur spanischen Dressur. Aber ich dachte, es wäre einfacher: Es gibt gute oder schlechte Dressur.

Drittens: Die Person muss in jeder Disziplin, die sie ausübt, ein führender Reiter oder Trainer sein.

Obwohl ich versucht war, Westerntrainer mit einzubeziehen, beschloss ich, mich auf die drei olympischen Disziplinen Dressur, Springreiten und Vielseitigkeit zu beschränken. Dies war einerseits praktisch (dort hatte ich Beziehungen, die sich als notwendig herausstellen könnten, um eine Stelle zu bekommen) und andererseits emotional (eine Westerndisziplin wie Reining oder Cutting auszuprobieren lag *deutlich* außerhalb meiner Komfortzone).

Mein Sammelsurium der Elitereiter und Trainer aus der ganzen Welt, das letztendlich meine engere Wahl bildete, bestand aus: Springreiter Ian Millar (wie könnte er *nicht* ganz oben auf der Liste eines aus Kanada stammenden, jungen Reiters stehen?), Dressurtrainer Johann Hinnemann, die Vielseitigkeitsreiter Mark Todd, Leslie Law sowie Karen und David O'Connor, die Dressurreiter

Kyra Kyrklund, Leonie Bramall, Andreas Helgstrand und die Springreiter John und Michael Whitaker sowie Beezie Madden.

Ich würde später zurückblicken und feststellen, dass es sich um eine unvollständige und unbefriedigende Bestandsaufnahme gehandelt hatte. Offensichtlich gab es viele talentierte und berühmte Persönlichkeiten, die ich nie in Betracht gezogen hatte. Auslassungen waren fast ausschließlich auf Unwissenheit zurückzuführen. Ich wusste über mein „Grün-hinter-den-Ohren" Bescheid und ich war nicht stolz darauf, aber ich war höllisch abenteuerlustig und gab mir selbst keine Noten für Recherche oder Vollständigkeit, nur für Originalität und Durchhaltevermögen.

Es war dann wiederum an der Zeit, Bewerbungen abzusenden (unter Hinweis darauf, dass meine hastigen Einwürfe via *Eurodressage* noch keinen Erfolg gezeitigt hatten). Ich hatte unterschätzt, wie schwierig es wäre, diese Aufgabe zu erledigen. Für viele der Trainer konnte ich nicht einmal eine E-Mail-Adresse finden – ich musste sie über Freunde und Verbindungen ausfindig machen. Ich verschickte ungefähr fünf E-Mails, gespannt auf die Art der Antwort, die ich erhalten würde. (In einigen Fällen sollte Stille die einzige Antwort sein.) Doch dann am nächsten Tag:

*Hallo! Toll von dir zu hören! Leider haben wir derzeit keine Plätze für Praktikanten. Ich werde dich aber auf jeden Fall in der Warteschleife halten, und wenn ich etwas höre, melde ich mich gleich bei dir! Mach's gut!*

Das war von Leslie Law, 2004 Gewinner der Einzelgoldmedaille und der Mannschaftssilbermedaille in der Vielseitigkeit für Großbritannien.

Ich ließ mich nicht beirren. Ich bekam eine weitere Antwort! Sie war von Leonie Bramall. Ich hatte Bramall in die engere Auswahl aufgenommen, weil sie Kanadierin war, an den Olympischen Spielen teilgenommen hatte und sich zu einer der besten Trainerinnen in Europa entwickelt hatte. Sie hatte fünfzehn Jahre bei Hinnemann trainiert. Diese Art von Loyalität oder Ausdauer ist selten. Bramall lebte in Deutschland, aber sie war nur wenige Blocks von meinem Wohnort in Vancouver entfernt aufgewachsen. Ich dachte, diese persönliche Verbindung könnte mir eine Einladung bescheren. Ihre E-Mail jedoch brachte es auf den Punkt und mir eine Vorahnung:

*Aus heutiger Sicht sind wir bis Ende des Jahres voll ... es gibt nicht viele angesehene Ställe, die an Praktikanten interessiert sind.*

Doch Antwort drei und vier waren vielversprechender. Johann Hinnemann und die O'Connors waren daran interessiert, ein Reitvideo von mir zu sehen. Ich schickte einen Clip per E-Mail an Hinnemann in Deutschland und eine DVD von mir beim Springen, Dressurreiten und Geländereiten zu den O'Connors in Virginia. Und die Warterei begann.

Drei lange Tage hörte ich nichts. Wenn ich mich eingepfercht fühlte, ging ich laufen. Wenn ich Inspiration brauchte, las ich. Als erstes zum Spaß *Life of Pi – Schiffbruch mit Tiger*. Als nächstes *The Handmaid's Tale: Der Report der Magd*, was gar nicht zum Lachen war. Ich suchte unsere Pferde auf: Sapphire, eine dunkelbraune Stute, kuschelte sich an meine Hand. TJ, ein großer, schlaksiger Wallach schüttelte seinen Kopf und stampfte auf. Wenn er Hunger hatte, ließ er es uns wissen! Ich aß wenig. Ich nahm oft ab, wenn ich gestresst oder deprimiert war.

Als ich schließlich zwei Einladungen bekam, trafen sie wenige Stunden hintereinander ein. Johann Hinnemann antwortete als Erster (eigentlich war es seine Sekretärin, aber da er fünfunddreißig Pferde in seinem Stall hatte, war ich mir sicher, dass er wichtigere Dinge zu tun hatte). Ich las den Brief zwei Mal. Obwohl der klügere Teil von mir sagte: *Warte ab, was für Angebote du sonst noch bekommst*, tippten meine Hände eine augenblickliche und enthusiastische Antwort ab und endeten mit: „Wann kann ich kommen?" Es war fast unfreiwillig, mein „Ja!" Wie ein Mädchen, das abwarten möchte, welche Anfragen sie für den Abschlussball bekommt … aber dann geht es doch mit dem ersten Jungen, der fragt.

So kam es, dass mir gleich nach meiner Antwort an Herrn Hinnemann, Leslie Morse, eine der besten Dressurreiterinnen Amerikas (die ich in meinem ersten Schwall von Online-Bewerbungen kontaktiert hatte), einen Job in Kalifornien anbot. Ich fragte mich, ob ich die richtige Wahl getroffen hatte. Trotz ihrer offenen Warnung, es sei ein Job von Sonnenaufgang bis Sonnenuntergang, nur für die Engagiertesten, beschworen meine Gedanken Bilder von sonnigen, sandigen Buchten und Margaritas am Pool herauf. Jeder hat ab und zu einen Tag frei, oder?

Als mir die „California Girls" der Beach Boys durch den Kopf gingen, hatte ich eine Offenbarung. Es würde nicht ausreichen, als Praktikant nur an einen Platz zu gehen. Wenn ich dieses eine Jahr zu etwas Wertvollem machen wollte, sollte es eine Tour sein. Sicher, es war sinnvoll, ein Jahr oder länger bei einem Trainer zu bleiben. Meine Reiterei zu verbessern war jedoch nur *eines* meiner beiden Kriterien – das andere bestand darin, das Leben an einem völlig anderen Ort kennenzulernen.

Johann Hinnemanns Stall in Deutschland würde meine erste Station sein, aber warum nicht ein bisschen weiterrecherchieren und mehr Bewerbungen verschicken? Vielleicht könnte ich mit drei Trainern im kommenden Jahr trainieren, jeweils vier Monate. Warum nicht in einem Dressurstall, einem Springstall *und* einem Vielseitigkeitszentrum dazulernen? *Warum* denn eigentlich *nicht*? Wenn es mir wirklich ernst wäre, mein Reiten zu verbessern und die Welt zu sehen, sollte es keinen besseren Weg geben.

# DER GUTSHERR

Ich ging vom Bahnhof zu Fuß und mühte mich mit zwei Taschen ab – eine auf Rollen und eine auf meinem Rücken. Ich bog zweimal falsch ab und blieb stehen, um mich umzusehen. *Dietrich Bonhoeffer Haus* stand auf einem Schild an einem der Gebäude. Ich betrachtete es weiter, während ich einen Schluck aus meiner Wasserflasche nahm. *Hmmm.* Ich nahm das Buch heraus, das ich gerade las, und verglich den Hausnamen mit dem Namen des Autors. Sie passten zusammen. Der Titel des Buches lautete *Du wartest jede Stunde mit mir: Die Briefe aus dem Gefängnis*, und ich hatte es mir am Vortag von meiner Kusine Kenna in Halifax ausgeliehen. *Seltsamer Zufall*, dachte ich.

Ich zog Jacke und Pullover aus, schob sie mir unter den Arm und ging weiter. Als die Backsteinhäuser Obstgärten und Koppeln Platz machten, schwitzte ich zum ersten Mal in Voerde, einer Stadt in der Nähe des Rheins. Ich hatte mein Notizbuch in der Gesäßtasche und überprüfte ständig die Adressen. Trotz des kühlen Wetters hatte ich obenrum nur noch mein T-Shirt an, als ich vor Krüsterhof 1 stand. Die Baumreihen, die den langen Weg zur Tür säumten, waren streng gerade und gleichmäßig angelegt – Soldaten, die mir salutierten, während ich ein mutiges Gesicht aufsetzte. Gespannt sah ich dem ersten Treffen mit dem großen Reitmeister Johann Hinnemann entgegen. Sein Backsteinhaus war mit Efeu bewachsen, der sich herbstlich rot färbte.

Der Eingang zum Dressurstall Krüsterhof spiegelte das gesamte Anwesen wider: nichts Extravagantes oder Dekadentes, alles zielgerichtet und akribisch. Innerhalb weniger Tage sollte mir klarwerden, dass dies auch ein Spiegelbild von Hinnemanns Philosophie war.

Ich kam an, als Herr Hinnemann aus seinem Haus trat. Er war für die Stadt angezogen, nicht zum Reiten, in einem dunklen Anzug. Er hatte einen rötlichen Teint und kurzes graues Haar, etwas dichter an den Seiten. Ich ging die Auffahrt hinunter auf ihn zu, war vielleicht zwanzig Meter von ihm entfernt, als er mich durch seine mit Draht umrandete Brille bemerkte. Wir stellten Augenkontakt her, aber er sagte nichts. Ich winkte, aber er wandte sich ab und ging zurück in Richtung Stall, der sich neben dem Wohnhaus anschloss.

Ungewöhnlich, dachte ich, als ich weiterging. Bevor ich den Hof erreicht hatte, kam er mit einer jungen Frau wieder heraus und ich stellte meine Koffer ab, damit ich mich vorstellen konnte. Ich schüttelte beider Hände – die einen groß und fest, die anderen weich und kühl. Die junge Frau, erfuhr ich, war seine Sekretärin Julia, die mir die Einladung geschickt hatte. Herr Hinnemann verließ uns sofort nach der Vorstellung, aber Julia redete gerne mit mir weiter.

Julia hatte ihre Karriere als Architektin aufgegeben, um Hinnemanns Stall zu managen, und, wie es schien, auch sein Leben. Sie führte mich durch die Stallungen, zeigte mir das Büro und schließlich die Wohnräume. Sie trug eine aufgeräumte Bluse und ein schüchternes, cleveres Lächeln auf ihrem Gesicht. Sie hätte als Anwältin oder junge Politikerin durchgehen können. Sie ging vor mir her und gab ein paar Zusatzinformationen: „Das ursprüngliche Bauernhaus wurde im 19. Jahrhundert erbaut." Ihr Akzent war elegant, ihre Grammatik perfekt.

Mir wurde ein Apartment im Dachgeschoss der Stallungen zugewiesen. Es war eine von neun Wohnungen, die für Mitarbeiter, Studenten und weitere Hilfskräfte vorgesehen waren. Die Innenrenovierungen im gesamten Gebäude waren offensichtlich: riesige Dachfenster und zusätzliche Räume für Personal. Mein Dachboden verfügte über ein Bett und eine Kommode. Eine einzige Lampe rundete die Einrichtung ab. Ich dachte über Julia nach. Sie war nicht viel älter als ich. Ich fragte mich, ob ihr Leben so organisiert war, wie es den Anschein hatte.

„Wenn du nicht zu müde bist, dusch dich, hol dir etwas zu essen aus der Küche und geh in den Stall. Ich glaube, für dich stehen Pferde auf der Tafel." Sie steckte sich eine Strähne Haar hinters Ohr.

Ich wollte alles drei machen und sagte ihr das. Nach dem Mittagessen machte ich eine kurze Tour durch den Rest des Anwesens, bevor ich mich wieder dem Stall zuwandte und dem ersten von fünf Pferden, die mir für diesen Tag zum Beritt zugeteilt worden waren. Insgesamt verfügte das Gut über zwei Häuser, eine Ansammlung eigenständiger Apartments und Suiten in verschiedenen Größen, Ställe für vierzig Pferde, Innen- und Außenreitplätze, mehrere Nebengebäude und fünf Weiden, von dunklen Holzzäunen begrenzt, die größte mit einem Sandweg umrandet.

Abgerundet wurde das friedliche Bild durch Obst- und Nussbäume, die auf dem Gelände verteilt waren, sowie vier kauende, braune Kühe und ein Kalb. Diese, mit Getreide gefütterten, freilaufenden Rinder hatten häufig das Sagen auf dem Grundstück. Ich behaupte nicht zu wissen, was eine Kuh mag, aber es schien ein idyllisches Leben zu sein. Die Herde erwiderte unwissentlich die Gunst ihres Besitzers, indem sie seinen Pferdebetrieb als ordnungsgemäßen, landwirtschaftlichen Betrieb qualifizierte. Natürlich zahlte jedes Jahr eine von ihnen den ultimativen Preis.

Tatsächlich hatte unser „Chef" (wie in *Chef d'Equipe* – der Name für Reitsport-Teamtrainer im internationalen Wettbewerb), wie Hinnemann genannt wurde, sein Leben als Bauernsohn begonnen. Aber Dressurreiten war seine Berufung. 2008 war er einer von nur acht Reitmeistern in Deutschland – und Deutschland ist eine Hochburg der Dressur als Disziplin und Sport, wie Tischtennis in China oder Curling in Kanada. 1998 wurde Hinnemann internationaler Dressurtrainer des Jahres.

Aber was mich beeindruckte war Folgendes: Viele Male traf ich auf Coby van Baalen, als ich im Dressurstall Krüsterhof arbeitete.

Van Baalen war olympische Silbermedaillengewinnerin und selbst eine sehr erfolgreiche Dressurtrainerin, und wenn *sie* Hilfe brauchte, ging sie zu Hinnemann! Vielleicht, dachte ich, sollte ich mir bei der Suche nach anderen Trainern ansehen, wen ich bewunderte, und dann nach *deren* Trainern als potenzielle Mentoren Ausschau halten.

(Während die anderen Hinnemann „Chef" nannten, hatte ich es am ersten Tag einmal probiert und aufgegeben. Die Ungezwungenheit des Worts ließ es mich wie Kreide in meinem Mund anfühlen. Später hörte ich, wie Reiter in seinem Alter ihn „Jo" nannten, aber ich fühlte mich nie locker genug, um ihn anders als „Herr Hinnemann" zu nennen, oder manchmal in meinen Briefen und Texten, einfach „Hinnemann".)

Alles an Hinnemanns Hof – die neun Wohnungen, der Hausmeister, der Koch, die Autarkie und der Reichtum – erinnerte mich an ein mittelalterliches Herrenhaus. Und genau so führte er ihn: wie ein Gutsherr. Er delegierte und erteilte Befehle, sonst niemand. In militärischem Befehlston organisierte er den Tag: „Dieses Pferd 30 Minuten Schrittreiten" oder „Dieses Pferd für mich aufwärmen" oder „Das neue Pferd 20 Minuten an die Longe. Und sicherstellen, dass die Ausbinder richtig eingestellt sind".

Nie gab es ein Bitte oder ein Danke, nur die völlig uneingeschränkte Erwartung, dass ich genau wissen musste, was er meinte, und ich es richtig und effizient ausführte. Es war interessant zu sehen, dass er solcherlei Pflichterfüllung auch von seinen Pferden erwartete. Und tatsächlich habe ich bei einigen Trainern eine Ähnlichkeit in der Art, wie sie Pferde und wie sie Personal trainierten, beobachtet.

In Kanada hatte ich bisher noch keinen Mann getroffen, der ein Tier zu einer derartigen Unterwürfigkeit trainierte, und er war darin talentiert. Als ich Hinnemann in den ersten Tagen beim Reiten zuschaute, war ich derart beeindruckt von ihm. Ich wollte so sitzen wie er. Ich wollte lernen, einem Pferd fliegende Wechsel so beizubringen, wie er es ihm beibrachte. Doch gleichzeitig fühlte ich mich in seiner Umgebung nicht wohl.

Hinnemann sah alles. Er war ständig am Reitplatz und um ihn herum, reitend und lehrend, oder – oft – sah er einfach von seinem Büro aus zu, das die Halle überblickte. Während meiner ersten zwei Wochen half er mir nur in Form von kurzen, knappen Anweisungen, normalerweise vom Pferderücken aus, unter der Annahme, dass ich danach meine Hausaufgaben machen … und den Rest herausfinden würde.

„Lass das Pferd sich *strecken!*", wies er mich an meinem dritten Tag zurecht.

„Sitz nicht so schwer ein!", knurrte er mich an meinem vierten Tag an.

Drei Tage lang sprach er nicht mit mir und dann: „Du musst lernen, wie man Schritt geht!", als er den Platz verließ. Und so parierte ich mein Pferd durch in den Schritt. Es waren noch vier andere Reiter auf dem Platz und sie trabten und galoppierten weiter, ohne von mir Notiz zu nehmen. Ich ging weiter Schritt, aber es war mir peinlich.

Hinnemanns Akzent war deutlicher als der von Julia, aber seine Stimme dröhnte problemlos durch die Arena. Er trug fast immer einen dunklen Pullover über einem weiß-gestreiften Hemd mit Knöpfen am Kragen. Seine Stiefel waren jeden Tag poliert, und er machte mir klar, dass meine es auch sein sollten.

Auch besaß er zusätzliche Augen in Form seiner Hauptbereiterin. Steffi war vierundzwanzig Jahre alt und seit ihrem achtzehnten Lebensjahr professionelle Reiterin. Nach nur zwei (in der Regel sind es drei) Jahren Berufsausbildung bestand sie die Pferdewirtprüfung. Zuerst hatte ich ein wenig daran zu knabbern, dass mich dieses junge Mädchen unterrichtete, aber mir wurde schnell klar, dass sie weit mehr wusste als ich. Ich beschloss, Hilfe anzunehmen, woher ich sie auch bekommen konnte. In meinem ersten Monat half sie mir fast jeden Tag ein wenig. Es war demütigend und unangenehm. Und am Ende genau, was ich brauchte. Ich ritt jeden Tag zwischen drei und sechs Pferde. Manchmal ließ ich sie nur laufen oder wärmte sie für Herrn Hinnemann oder Steffi auf; andere Male arbeitete ich sie selbst.

Eines Morgens kam Hinnemann herein und sah mich auf seinem zehnjährigen Rapphengst Timeless reiten. Ich hatte Probleme mit den Galopp-Trab-Übergängen. Sie waren nicht weich. Der Galopp verkürzte und versammelte sich zu sehr, und es kamen ein paar Schritte sozusagen halb Trab, halb Galopp heraus, die, wie man in der Branche sagen würde, „passageartig" waren.

„Deine Übergänge sind nicht weich", sagte Hinnemann. „Arbeite daran!", befahl er, als er ging. Nun, danke, dachte ich, aber fragte mich verzweifelt, wie? Da sprang Steffi wie ein sanfter Westwind ein. Ihre Anweisungen schienen alle Unklarheiten zu beseitigen: „Reite ihn Schulter-vor und etwas runder, benutze deine Stimme und reite Übergänge, bis es passt." Wumms! Genau so! Befehl übersetzt. Der Betrieb operierte mit militärischer Organisation und Qualifikation.

Ich stellte bald fest, dass ich das *Brrrrr*, das die meisten Reiter für Übergänge in die langsamere Gangart verwendeten, nicht erzeugen konnte. Sie vibrierten mit der Zunge hinter den Zähnen und bedeuteten dem Pferd, langsamer zu werden oder anzuhalten. Stattdessen brrrrrte ich mit meinen Lippen. Ich hörte mich an wie ein Kind, das Blasen in einen Milchshake bläst. Die Pferde schienen es zu verstehen, aber alle anderen fanden es urkomisch.

Die Arbeit – im Stall, auf dem Hof und in der Pflege der Pferde – war ebenso wie die Ausbildung der Pferde diszipliniert und strukturiert, aber aus Notwendigkeit auch den aktuellen Bedürfnissen angepasst. Die Tage waren lang, aber ich fand jeden Abend die Energie, Notizen über das zu schreiben, was ich lernte. Im Nachhinein betrachtet waren die Einträge in der Regel kurz.

Eines Tages gegen Ende meines ersten Monats kam Hinnemann – der seit ein paar Tagen nicht mehr mit mir gesprochen hatte – aus seinem Büro, sah mich traben und verkündete: „Arbeite an deinem Aussitzen." Ich *wusste*, dass ich am Aussitzen arbeiten musste, aber ich wusste nicht *wie*. Welche Übungen würden mir helfen? Steffi ritt ebenfalls gerade, und ich wartete, bis sie eine Schrittpause machte, bevor ich sie fragte: „Was kann ich tun, um mehr Hilfe von Hinnemann zu bekommen?" Ihr Englisch war, wie bei den meisten Deutschen der jüngeren Generation, exzellent.

„Du musst üben, was er dir sagt und darfst nicht aufhören. Du musst es übertreiben. Zum Beispiel hat er dir gerade gesagt, du sollst aussitzen, und du gehst bereits wieder Schritt. Übe Aussitzen im Trab, bis er dir sagt, du sollst damit aufhören."

„Jetzt sofort?"

„Jetzt sofort!" Sie lächelte nicht. „Bis er dir sagt, du sollst aufhören."

Und so machte ich es. Ich begann auszusitzen. Zehn Minuten. Zwanzig Minuten. Es lief nicht gut. Ich hüpfte herum wie ein kleines Boot auf weißen Schaumkronen. Durch die Tür hinter dem Stall hindurch sah ich Hinnemanns Auto, wie es das Grundstück verließ. Aber ich machte weiter. Mir tat bereits einiges weh, als Steffi zu mir rief: „Ich glaube nicht, dass er noch zurückkommt. Lass es besser gut sein."

Ich ließ es gut sein. Es war eine Sache, wenn ich der Märtyrer war, aber ich vermutete, dass das Pferd die Einheit noch weniger genoss als ich. An diesem Abend schrieb ich: *Ich bin verwöhnt worden. Lernen ist ein großes Privileg. Ich hatte keine Ahnung! Wenn der*

*Geist nicht lernt, sehnt er sich danach. Ich habe Lernen als selbstverständlich angesehen. Nie wieder!*

So sehr wollte ich mich verbessern. Ich legte das Notizbuch weg und nahm Hinnemanns Buch zur Hand. Er hatte es zusammen mit Coby van Baalen geschrieben. Ich öffnete es und musterte den Text.

*Seit mehr als zehn Jahren lernt Van Baalen bei Hinnemann. Sein System ist daher ihres, und Hinnemanns System ist ganz einfach das deutsche System.*

Ich blätterte um. Meine Augenlider schlossen sich flackernd und öffneten sich dann wieder. Ich biss die Zähne zusammen.

*„Ich bin mir sicher"*, sagt van Baalen, *„dass jeder prominente deutsche Spring- oder Dressurtrainer die sechs Kernbegriffe aus dem Stegreif aufzählen kann: Takt, Losgelassenheit oder Leichtigkeit, Anlehnung, Schwung, Geraderichtung und Versammlung."*

Ich war damit einverstanden, aber dabei, den Fokus zu verlieren. Die Wände fühlten sich so beengend an um mich herum. Ich liebte Bücher, aber ich hätte dieses zu Hause in Vancouver lesen können. Ich sollte laufen gehen, dachte ich. Ich musste mich bewegen. Entspann dich, sagte ich mir. Bleib optimistisch.

Ich legte mich rücklings aufs Bett und schaute zur Decke, um meine Gedanken zu sammeln. Ich entspannte meine Muskeln einen nach dem anderen, begann bei meinen Zehen und arbeitete mich bis zum Scheitel meines Kopfes empor, bis ich ruhiger geworden war. Schließlich flüsterte ich, was ich bereits geschrieben hatte, als ein Gelöbnis in den leeren Raum: „Ich habe Lernen als selbstverständlich angesehen. Nie wieder." Ich legte das Buch weg und löschte das Licht. Das dunkle Rechteck des Dachfensters wurde plötzlich der hellste Teil des Raums. Ich blickte hindurch und wiederholte mein Versprechen: „Nie wieder!"

## „DEIN BEIN IST ZU KURZ!"

Jeden Morgen fing das eigentliche Reiten erst an, nachdem alle anderen Arbeiten erledigt waren. Die Tage begannen um 7:00 Uhr morgens, und fünf Leute brauchten zwei Stunden, um die morgendlichen Aufgaben zu erledigen – Füttern, Ausmisten, und manchmal Spinnweben aus den Ecken entfernen oder andere Gelegenheitsarbeiten. Der gesamte Stallbereich wurde dreimal am Tag gekehrt, und die Ränder der Reitplätze wurden von Hand geharkt. Wir machten je eine Pause zum Frühstück und zum Mittagessen, wo wir gemeinsam aßen, und arbeiteten bis etwa 19:00 Uhr. Dann duschte ich und bereitete das Abendessen vor, das ich allein zu mir nahm.

Nach vier Wochen war ich es leid. Ich arbeitete zwölf Stunden täglich. Alle zwei Wochen bekam ich einen freien Tag. An vielen Tagen hatte ich das Gefühl, nichts gelernt zu haben. Hinnemann sprach kaum mit mir, geschweige denn, dass er mich unterrichtet hätte. Ich wurde nicht bezahlt. Und ich sprach kein Deutsch. Ich bemühte mich zu lernen. Ich kaufte ein Englisch-Deutsch Taschenwörterbuch für Reiter und studierte es. *Stallion* hieß der Hengst, *mare* die Stute, *gelding* der Wallach, *thoroughbred* war das Vollblut, ein *heavy horse* das Kaltblut, *saddle* war der Sattel, *bridle* das Zaumzeug.

Und ich stieß auf interessante Sprachunterschiede, die sich auf das jeweilige Verhalten auswirken könnten. Hieß es auf Englisch *rising* oder *posting trot*, hieß es auf Deutsch Leichttraben. Nicht so bestimmend wie der englische Begriff „posting", aber mit mehr Aussage darüber, wie die Aktion dem Pferd und den beteiligten Partnern *erscheinen* würde. Das gefiel mir. Auch gibt es für das Wort *Losgelassenheit* keine wörtliche englische Übersetzung. Es steht für gleichzeitige Geschmeidigkeit und Entspannung seitens des Pferdes – sowohl geistig als auch körperlich. *Losgelassenheit* war wie ein Kind, das die Pause genossen hatte und jetzt seinem Lehrer durch Kopfnicken bedeutete, dass es bereit war sich zu konzentrieren, bereit zu arbeiten.

Dann die *Durchlässigkeit*, die sich merkwürdig übersetzte. Sie bedeutete das Ergebnis jahrelanger Pferdeausbildung. Ein *durchlässiges* Pferd war der Partner, von dem jeder Tänzer träumt: sportlich, entspannt, konzentriert. *Durchlässigkeit* war Baby in ihrem rosa Kleid, wie sie mit Johnny zu „The Time of My Life" tanzte. Sie war ihr Lächeln und ihr Selbstvertrauen; ihre Freude daran, geführt zu werden.

Ich genoss es Deutsch zu lernen, aber es ging nur langsam voran. Ich konnte die anderen im Stall nicht verstehen, es sei denn, sie sprachen direkt mit mir, langsam und mit einfachen Worten. Nach fünf Wochen sprach Hinnemann wieder mit mir. Ich saß gerade auf einem jungen Wallach.

„Du reitest wie ein beschissener Hase."

Ich war mir nicht sicher, ob der Kraftausdruck ein Adjektiv oder ein Verb war, aber so oder so war er kein Kompliment. Und so richtig hilfreich war er auch nicht. Was machst du? fragte ich mich in dieser Nacht.

Du bist nicht gut genug, sagte ich mir. Du bist zu alt. Diese Reise ist blödsinnig. Eine Zeitverschwendung. Vielleicht *war* es lächerlich hier zu sein. Es war nicht zu leugnen, dass ich unterqualifiziert war. Eines Abends schrieb ich in mein Notizbuch:

*Ich denke, mein Aussitzen im Trab ist der Witz des Monats. Sie lachen mich lauthals aus. Sie sprachen Deutsch, also weiß ich nicht, was sie genau sagten. Aber als ich entlanghoppelte, sagte Steffi mir immer wieder, dass ich meine Hüften mehr entspannen müsse.*

Auch nach sechs Wochen wurde ich immer noch vom Reitplatz beordert und zurück in den Stall geschickt. Wenn ich die falsche Schabracke hatte, wenn ich vergessen hatte, die Hufe des Pferdes zu ölen, wenn das Pferd nicht sauber genug war, wenn *ich* nicht sauber genug war, wenn die Bandagen schief gewickelt waren, wurde ich angewiesen zu gehen. Ich wollte mit Hinnemann reden. Ich dachte, ich könnte ihn zwischen einem seiner Ritte und einer Unterrichtsstunde erwischen, wenn er durch den Gang käme. Drei Tage hatte ich mein Zusammentreffen geplant.

Schließlich sah ich ihn von der Halle zu den Stallungen gehen, die durch einen großen Raum mit zementiertem Boden verbunden waren, der groß genug war, um auf ein Pferd zu steigen und zu warten, bis die Halle frei war. Er erfüllte auch den Zweck, dass weder Pferd noch Reiter im Winter je nach draußen mussten.

„Herr Hinnemann?"

Er hielt inne, sah mich aber nicht richtig an. Ich fragte ihn umgehend, ob ich noch etwas zusätzlich tun könnte, um das Beste aus meiner Zeit bei ihm herauszuholen. Er trug heute einen grauen Pullover über einem blauen Hemd mit Kragen. Seine Stiefel glänzten wie immer. Er antwortete nicht.

„Was kann ich tun, um meine Beinarbeit zu verbessern?", forschte ich nach. Er legte den Kopf schief und sagte nichts.

„Ich möchte im Pferd sitzen können wie Steffi", versuchte ich es erneut. Ich wartete.

„Du hast kein schönes, langes Bein", antwortete Hinnemann schließlich. „Dein Rücken ist zu lang und dein Bein ist zu kurz."

Ich wusste nicht wirklich, was ich dazu sagen sollte. Als ich begonnen hatte ihm zu erzählen, dass ich daran arbeiten würde, war er bereits am Weggehen.

Zurück im Stall sah ich mich um. All die anderen Reiter waren jünger als ich. Für die meisten war die Arbeit als Praktikant etwas, das sie taten, anstatt zu studieren. Es war gleichbedeutend damit, einen Beruf zu erlernen. Und es gab einige Teenager, die vielleicht nicht daran dachten, Reiten als Berufsweg zu wählen, sondern nur ein Hobby darin sahen, das verbessert werden sollte, und die ihr

„freies Jahr" zwischen Schule und Universität dafür nutzten. Es *gab* Reiter, die älter waren als ich und unter Hinnemann ritten, aber das waren Profis, die ihre Pferde herbrachten und für den Unterricht bezahlten, oder Amateure, die ihre Pferde bei Hinnemann bereiten ließen. Mit sechsundzwanzig und in meiner Position fühlte ich mich weit abgeschlagen. Ich wollte das Beste aus meiner Zeit fort von zuhause herausholen und wurde ungeduldig. Ich fragte mich: Woher weiß ich, wann ich warten und zuschauen und wann ich auf weitere Hilfe drängen soll?

Viele der besten Reiter der Welt trainierten in Deutschland. Jessica Kürten, die weltbeste Springreiterin, lebte und trainierte gleich nebenan. Und man stelle sich vor, sie kam zu Hinnemann zum Dressurunterricht, um mit den Grundübungen ihr Springreiten zu verbessern.

Eine andere deutsche Reiterin, die ich kennenlernen wollte, war Ingrid Klimke. Die Klimkes waren für die deutsche Reiterei, was die Kennedys für die amerikanische Politik waren. Reiner Klimke, Ingrid Klimkes verstorbener Vater, gewann zwischen 1964 und 1984 sechs Gold- und zwei Bronzemedaillen in der Dressur bei den Olympischen Spielen. Einige Monate bevor ich in Deutschland ankam, hatte seine Tochter die Familientradition, olympische Goldmedaillen zu gewinnen, in Peking erfolgreich fortgesetzt. Ihr Stall befand sich in Münster, ungefähr siebzig Kilometer entfernt.

In meiner siebten Woche schrieb ich an Ingrid Klimke. Ich fragte, ob ich ihren Stall besuchen dürfe und vielleicht eines Tages Praktikant bei ihr werden könnte. Ich schickte ihr dreimal ein E-Mail. Keine Antwort. Sie musste eine sehr beschäftigte Frau sein, wie ich annahm. Also kaufte ich mir ein Handy und rief an. Sie war gerade am Aufbrechen, sagte aber, dass sie in zwei Tagen einen „Tag der offenen Tür" veranstalten würde und ich könnte gerne vorbeischauen.

Zwei Tage waren nicht viel Zeit, um die notwendigen Vorbereitungen zu treffen: Ich musste mir ein Auto ausleihen, meinen freien Tag mit einem anderen Praktikanten tauschen, mir eine Wegbeschreibung zurechtlegen und mich vom Kopf her vorbereiten – und das alles, während ich weiterhin meine Tagesarbeiten erledigte und die mir zugewiesenen Pferde ritt. Aber ich schaffte es.

Als ich ankam, waren ein paar Dutzend Männer und Frauen auf Klimkes Anlage gekommen. Der erste Teil unserer „Tag der offenen Tür"-Tour führte uns durch den zentralen Stalltrakt. Die Pferde auf der rechten Seite waren Vielseitigkeitspferde, die Pferde auf der linken Seite waren Dressurpferde, und der Unterschied war sofort bemerkbar. Die Dressurpferde hatten das Gebäude und die Muskulatur von Basketballspielern, während die Vielseitigkeitspferde Langstreckenläufern entsprachen.

Wir wurden in die Halle geführt, um Klimke kennenzulernen. Sie ritt drei Pferde an diesem Tag: ein junges, um die Wichtigkeit des Aufwärmens zu demonstrieren, ein Dressurpferd, um fliegende Wechsel zu zeigen, und als letztes ein Vielseitigkeitspferd.

Ein Assistent brachte einen einfachen Holzstuhl mit gerader Rückenlehne auf den Platz – einen, wie man ihn an einem Schreibtisch verwenden würde – und stellte ihn unter einen der Sprünge. Klimke und ihr Pferd übersprangen das ein Meter hohe Hindernis. Der Assistent entfernte das oberste Element und sie sprangen wieder. Der Assistent demontierte den Sprung methodisch, und Klimke und ihr Pferd übersprangen jedes Mal das, was noch übrig war. Dann war nur noch der schmale Holzstuhl übrig.

Wahnsinn. Ich hatte so etwas noch nie gesehen.

Klimke galoppierte an und das Paar näherte sich dem Stuhl. Die Menge hielt den Atem an. Frau und Pferd sprangen drüber weg, elegant und geradlinig abgefeuert wie ein Pfeil aus einem Bogen. Klimke blieb stehen, lächelnd, als wir alle klatschten. In fünfzehn

Minuten hatte sie ihrem Pferd beigebracht, über einen Stuhl zu springen, der halb so breit war wie es selbst! Was dies über seine Verbindung zu ihr und seine Aufmerksamkeit ihren Hilfen gegenüber aussagte, war unglaublich.

Klimke machte den Eindruck, die Balance zwischen Demut und Vertrauen, zwischen Freude und Professionalität gefunden zu haben. Es war ein Gleichgewicht, das ich noch nie zuvor gesehen hatte – teils Nonne, teils Ellen DeGeneres. Ich war beeindruckt.

„Danke, dass Sie mir erlaubt haben, Sie zu besuchen, Frau Klimke.", sagte ich, zurück im Stall, eine Stunde später zu ihr. Sie streckte mir die Hand entgegen. „Nenn mich Ingrid." Ich zog meinen Handschuh aus und nahm ihre Hand. „Danke, Ingrid."

Ich fand auch ein paar neue Freunde. Wie hoch waren die Chancen, dass Ingrid zwei kanadische Studenten in ihrem Stall haben würde? Und beide aus British Columbia! Jamie, ein ernster Junge, stammte aus Vernon, und Eiren, eine hübsche Brünette in meinem Alter, stammte aus Vancouver … und wir kamen alle hervorragend miteinander aus. Ich versprach wiederzukommen.

Ich war neidisch auf Jamie und Eiren. Sie schienen so … glücklich zu sein. Sie erhielten regelmäßig Unterricht und verstanden sich mit Ingrid. Sie sprachen mit Ingrid. Aber Eiren gab zu, dass es für sie nicht immer so gewesen war. Sie erklärte, sie habe jahrelang unter den härtesten und undankbarsten Bedingungen gearbeitet, bevor sie diese reiterliche Oase gefunden hatte. Wir wurden Brieffreunde auf kurze Distanz, was sich in meiner Situation anfühlte, als wäre ich, in der Wüste herumirrend, auf ein Glas Wasser gestoßen. Eiren schrieb mir immer zurück und sie gab mir bereitwillig Ratschläge, für die ich dankbar war. Ihre Tipps waren aufschlussreich:

*Wenn das Wetter schlechter wird und du mehr Zeit in der Halle verbringst, beobachte die anderen Reiter. Wenn sie Übergänge reiten – irgendwelche Übergänge – beobachte den Sitz, die Ellbogen, die Plat-*

*zierung der Unterschenkel, alles. Versuche, ein kritisches Auge zu entwickeln, indem du die Reiter vergleichst. Herr H. ist vielleicht nicht der Schönste auf einem Pferd, aber ich wette, er hat den besten Sitz. Vergleich seine Position (und damit meine ich, Details wie etwa Ellbogen auszumachen) mit den anderen Reitern und sieh dir an, was die besseren Reiter anders machen.*

Sie waren praktisch:

*Geh im Schritt aus den Steigbügeln und streck deine „Springreiter- beine", halte die Füße parallel zum Boden (vergiss mal den Fersen- Runter-Mist, nur die Zehen nicht nach unten zeigen lassen). Dann LEHN dich im Sattel ZURÜCK, weiter zurück, als du glaubst zu müssen. Fühle, wann du gerade bist und wann dein Körper hinter der Senkrechten ist. Wenn möglich, überprüfe im Spiegel, ob du richtig liegst, denn ich wette, dass du dann beinahe gerade bist, wenn du das Gefühl hast, zu weit zurück zu sein. Lerne diese Position wirklich gut kennen, indem du über deine Komfortzone hinausgehst (aus diesem Grund beginnen wir damit im Schritt). So kannst du Balance finden.*

Und sie waren lustig:

*Denk immer dran: Nicht die Schultern hängen lassen. Viele Män- ner, die Dressur reiten machen das zwar, aber Springreiter sind be- rüchtigt dafür. Denk nicht daran, sie nach hinten zu ziehen, weil das deinen Rücken meistens hohl macht und dir statt eines guten Sitzes den Jagdreiter „Entenhintern" verpasst. Drück stattdessen deine Schultern nach unten. Stell dir vor, du seist ein Mädchen mit großen Brüsten, und du bist stolz auf sie … als ob du möchtest, dass sie jemandem auffallen. So hast du eine gute Haltung im Sattel (und du musst nie- mandem sagen, was du denkst). Aber ist es nicht so, dass jeder Mann schon immer wissen wollte, wie es ist, einen Busen zu haben?*

Eiren brachte mich zum Lachen. Es fühlte sich an, als ob sie in meinem Team wäre, was wertvoll und selten war. Trotzdem wollte ich wissen, ob meine Erfahrungen typisch waren oder nicht. Ich hatte gedacht, ich würde mehr Hilfe von Hinnemann bekommen. Erneut wandte ich mich an Leonie Bramall, die folgendes über die Arbeit in Deutschland zu sagen hatte:

*Deine Probleme, Hilfe beim Reiten zu bekommen, sind hier überall gleich. Die deutsche Mentalität ist es, dass du dich privilegiert fühlen solltest, auf einem ihrer Pferde überhaupt zu sitzen. Es wird überall, wo du hingehst, ähnlich sein. Erwarte nicht zu viel.*

Ihr Rat? Zusammengefasst am Schluss ihrer E-Mail: „Lerne durch Praxis!"

In meinen acht Wochen hatte mir Herr Hinnemann nicht mehr als ein paar Minuten seiner Zeit geschenkt. Meist ging er an mir vorbei. Als sich das Ende meiner ersten zwei Monate näherte, sprach er ein paar Mal öfter mit mir. Jedes Mal kurz und auf den Punkt. „Tiefer", sagte er, bezogen auf die Oberlinie des Pferdes.

Hätte Hinnemann einen Unterrichtsstil, wäre er, denke ich, minimalistisch. Obwohl ich mich an einem Ort gefangen fühlte, der nicht zu mir passte, hörte ich zu. Ich wusste in meinem Kopf, dass alles, was er sagte, durch jahrelanges Training unzähliger Pferde und Reiter untermauert wurde. Aber manchmal war mein Herz nicht bei der Sache.

Trotz meiner Frustration über Hinnemanns Führungsstil fühlte ich mich acht Wochen nach meiner Ankunft endlich so, als ob ich mich verbesserte. Mir wurden die jungen Pferde zugeteilt, und mir wurde immer noch nicht viel geholfen, aber ich verbesserte mich *tatsächlich*.

Ich war von Großartigkeit umgeben: teuren Pferden, ausgebildeten Reitern und einem perfekt gepflegten Stall. Verbesserte ich mich also durch Osmose? Nein. Ich beobachtete und probierte. Ich saß aufrechter, meine Beine fühlten sich länger an, meine Hände waren ruhiger und meine Hilfen feiner. Diese Lektion – dass ich mich verbesserte, wenn ich einfach mit Menschen und Pferden zusammen war, die besser waren als ich – war eine, die ich nie vergessen habe. Und ich lernte durch Praxis. Trotzdem fragte ich mich dauernd, was zur Hölle ich da machte. Mit jedem Tag, der ohne ein Wort von Hinnemann und sehr wenigen Worten meiner Arbeitskollegen verstrich, fühlte ich mich mehr in der Falle. Eines Tages sagte eine der Stammkunden, dass das Pferd, auf dem ich saß, gut für mich sei.

„Oh, warum glauben Sie das?", fragte ich. In einem tiefen Akzent antwortete sie: „Das ist ein gutes Pferd für Anfänger." In mir machte es *Ohhh!*

In diesem Moment wurde es mir klar: Zu Hause war ich ein Reiter. Hier war ich es *nicht*. Hier war ich nur ein Anfänger. Ich musste meine Situation überdenken. In diesem Moment wünschte ich mir, ich hätte einen Freund, der nicht meilenweit entfernt war.

Ich hatte Mühe, mit den anderen auf Hinnemanns Hof wirklich Kontakt zu knüpfen. Sie kamen größtenteils aus Deutschland und hatten ihre eigenen Freunde, ihre eigene Kultur und ihre eigene Sprache. Auch vermutete ich, dass es für sie offensichtlich wurde, dass sich die Distanz zwischen mir und dem Management vergrößerte. In schwierigen Zeiten neigen Menschen dazu, sich für eine Seite zu entscheiden.

Die schwelende Anspannung, die ich wie Dampf in einem Kessel spürte, entlud sich, sobald ich die Anlage verließ, um spazieren zu gehen oder zu laufen. Eines Mittwochabends nach der Arbeit machte ich mich voller Sorgen auf den Weg. Die Zweifel an der Position, die in meinem Unterbewusstsein auftauchten, vermehrten sich schnell. Laufen hatte mir immer dabei geholfen, Probleme schneller zu lösen. Ich sehnte mich danach, besonders dann, wenn ich mich in einer Menschenmenge allein fühlte. Das Mittagessen auf dem Hof in der Gruppe war für mich der schmerzhafteste Teil des Tages, wie ich saß und schweigend aß. Die einzigen Worte, die ich von mir gab, waren „Reich mir das Salz" oder „Reich mir das Brot", und wenn ich auf Salz verzichten konnte, tat ich es. Ich war total einsam … umgeben von Menschen.

Vielleicht fühlte sich Laufen gut an, weil ich es brauchte, dass mein physischer Zustand meinen mentalen Zustand, der aufgeregt und verwirrt war, widerspiegelte. Manche sagen, Pferde sind so – erst wenn sie sich bewegt haben, können sie sich entspannen.

In dieser Nacht warf mein Körper lange graue Schatten, als ich unter den paar Straßenlaternen joggte. Es waren sehr wenige Autos unterwegs und bald waren auch die verschwunden. Die Straßenlaternen entfernten sich immer weiter voneinander. Es war ein Abend voller Kälte und Schneegestöber – nicht so kalt, dass es schmerzhaft wurde, aber kalt genug, um in Bewegung zu bleiben.

Ich befand mich bald in einem Gebiet, das ich nicht erkannte. Ich bog um eine Ecke und plötzlich lag ein Friedhof vor mir. Ich hielt an. Ich erstarrte. Vor jedem Grabstein stand eine Kerze, die flackernd einen winzigen Schneekreis schmolz. Es gab hunderte von ihnen! Vielleicht tausende! Um jede Kerze herum reflektierten treibende Schneeflocken das Licht und vergrößerten es – es war wunderschön.

Ich stand still und dachte über diesen Tag nach … und die kommenden Tage. Die Dinge standen nicht zum Besten und ich vermutete, dass sich etwas ändern musste. Ein Zitat von Dietrich Bonhoeffer, das ich aufgeschrieben hatte, kam mir in den Sinn:

*„Es ist der Vorzug und das Wesen der Starken, dass sie die großen Entscheidungsfragen stellen und zu ihnen klar Stellung nehmen können. Die Schwachen müssen sich immer zwischen Alternativen entscheiden, die nicht die ihren sind."*

Manchmal gaben mir lange Spaziergänge und seine Schriften Kraft. In anderen Nächten, wie dieser, ängstlich oder frustriert, zog ich Shorts an, damit ich trotz der Kälte laufen musste. Rennen musste. Jetzt aber joggte ich langsam nach Hause, der Schnee wirbelte mir ins Gesicht und ich dachte an viele Dinge und hatte viele Fragen. Weniger als eine Woche später wurde ich rausgeworfen.

## „KEINE FÜNF MINUTEN"

Es war ein Tag wie jeder andere, bis auf zwei Details in keiner Weise bemerkenswert. Das erste war, dass es ein Sonntag war. Sonntags war der Stall zur Hälfte besetzt, hervorragend, wenn es mein freier Tag war.

Aber an diesem Tag arbeitete ich – und halbes Personal bedeutet doppelte Arbeit. Als an diesem Morgen mein Wecker läutete, wurde mein Zimmer nur von den acht Sternen beleuchtet, die ich durch mein Dachfenster sehen konnte. Der Morgen dämmerte normalerweise, von mir unbemerkt, wenn ich mit meiner sechzehnten morgendlichen Box fertig war. Ich würde erst frühstücken, wenn ich zehn weitere Boxen ausgeräumt, frisches Stroh eingestreut, die Stallgassen und auch die Auffahrt gefegt hätte.

Die Auffahrt bestand aus Kopfsteinpflaster … das Fegen dauerte lange.

Das zweite Detail, ein sehr kurzes Treffen mit Hinnemann, irritierte und bekümmerte mich genug, um es später in meinem Tagebuch festzuhalten.

Etwa zu der Zeit, als ich mit meiner zwanzigsten Box begann, ging Hinnemann in einem dunklen Anzug mit Bügelfalten wie Messer hinaus. Ich sah, wie seine polierten schwarzen Lederschuhe durch den Innenhof zu seinem Audi gingen. Ich sah ihnen nach, wie sie den frisch gesaugten Innenraum betraten. Ich war schon fast zwei Stunden auf, aber meine Arme und Schultern waren inzwischen an die Arbeit gewöhnt und ich fühlte mich frisch. Jeden Tag und jede Woche sagte ich mir aufs Neue: Bleib positiv. Dies ist der Tag, an dem du endlich mehr Hilfe bekommst. Ich sehnte mich immer noch danach zu spüren, dass dies alles für etwas gut war. Ich wollte eine Lektion. Ich wollte so sehr lernen, dass mein Gehirn juckte. Klar, ein Teil von mir bemerkte, dass ich mich verbesserte, und obwohl es mir zeitweise anders vorkam, fühlte ich mich *trotz* Hinnemann besser, nicht seinet*wegen*.

„Guten Morgen", rief ich wertfrei.

Hinnemann blickte mich an. Wir stellten Augenkontakt her. Und dann drehte er mir den Rücken zu und ließ sich in sein neues Auto sinken. Als er die Tür schloss, glaubte ich, ein widerwilliges *„Morgen"* zu hören, aber vielleicht auch nicht. Als sein Auto die von Bäumen gesäumte Auffahrt zur Straße entlangfuhr, stand ich mit einer Heugabel in der Hand in der Tür des Hofes und starrte ihm nach.

Der Nachmittag verlief ruhig, aber eintönig, so auch der folgende Morgen. Erst am Montagnachmittag bestätigte sich mein Verdacht, dass etwas im Busch war. Herr Hinnemann, seine Sekretärin und Oberbereiterin trafen sich in dem mit Glasfronten versehenen Büro, das die Halle überblickte. Ich ritt ein junges Pferd, also machte ich viele Schrittpausen. Ich konnte sie beobachten, wie sie sich ernsthaft unterhielten und peinlich bedacht waren, nicht in die Halle zu schauen, in der ich mich unter ihnen aufhielt. Hinnemann warf mir ein paarmal einen Blick zu.

Als ich mein letztes Pferd dieses Abends absattelte, marschierte Julia in ihrem effizienten Schritt den Gang herunter. Sie hielt inne und blickte mich an. Sie sah so warm und sauber aus. Ich fühlte mich wie ein Soldat der Bodentruppe, der einen in Pelz gehüllten Piloten zu seinem Flugzeug gehen sieht. Es schien, als flöge Julia erhobenen Hauptes himmelwärts über den Schlamm und Dreck des normalen Stalllebens hinweg.

„Tik, bitte komm ins Büro, wenn alle Arbeiten im Stall erledigt sind."

„Natürlich", sagte ich leise. Ich brachte mich dazu, ihrem Blick zu begegnen.

In den letzten drei Wochen war meine Motivation zu fegen, auszumisten, Zaumzeug und Pferde zu putzen, geschwunden. Du bist nicht als Freiwilliger hier, sagte ich mir. Du bist hier, um zu lernen und im Gegenzug körperliche Arbeit zu verrichten. Psst. Sagte ich zu mir. Hör auf zu jammern. Hab Geduld. Und dann: Nein! Steh für dich ein.

Um die Stimmen in meinem Kopf mundtot zu machen, konzentrierte ich mich darauf, das Pferd fertig zu machen, dann die Sättel und Zäume zu säubern, dann auszukehren.

Zurück in meinem Zimmer sammelte ich meine Gedanken und bereitete mich schnell auf die zu erwartende Diskussion vor, indem ich mir ein paar Notizen machte. Ich nahm mein Notizbuch mit.

Im Büro saß Julia an einem Schreibtisch, ihre Hand an einer dampfenden Tasse. Steffi stand mit verschränkten Armen da und sah mich nicht an. Hinnemann war nicht zugegen. Die ganze Zusammenkunft dauerte kürzer als ich brauchte, um eine Box zu säubern, und ich redete genauso viel wie dabei. Es gab keine Einleitung – Julia kam sofort zum Punkt.

„Du bist nicht gut genug, um hier zu sein", sagte sie emotionslos. „Und du verbesserst dich nicht."

Ich sah Steffi an, die kurz Augenkontakt herstellte, aber stumm blieb. Ich wartete.

„Dies ist ein *professioneller* Stall", fuhr Julia fort. Und um die Sache klarzustellen, fügte sie hinzu: „Wir können dich keine fünf Minuten auf einem Pferd alleine lassen."

Ich sagte nichts. Ich fühlte, wie ich mich nach innen wandte in meinen eigenen Kopf, eine Schwäche, die zugegebenermaßen Selbstmitleid oft zu nahekam, als dass es mir gefiel. Der einzige Vorteil, wenn ich es so nennen könnte, bestand darin, dass viele potenzielle

Streitigkeiten vermieden wurden. Ich saß da und sah sie an und hielt meine Hände in den Taschen, mein Notizbuch voller Beobachtungen blieb geschlossen auf meinem Schoß. Während Julia fortfuhr, studierte ich sie genau. Da war ein bestimmtes Licht in ihren Augen. Sie war wunderschön wie ein Vogel. Vielleicht ein Falke … oder ein Habicht. Ihr Mund bewegte sich noch immer. Ihre Lippen glitzerten und ich fragte mich, ob sie Lippenstift trug.

„Hast du mir zugehört?", wollte sie wissen. Ich nickte.

Dann sagte sie: „Es wäre besser, wenn du gehst." Ich nickte erneut. Dann bot sie mir die Möglichkeit an, bis zum Ende der Woche zu arbeiten.

„Nein", sagte ich und sprach zum ersten Mal. „Ich gehe heute."

Ich verließ schweigend das Büro und verabschiedete mich von den anderen Reitern, die noch in der Sattelkammer plauderten. Ich zwang mich zu sprechen, um ihnen die Hand zu geben. Zurück in meinem Zimmer unter dem Dach begann ich, meine Koffer zu packen. Ich sah zur Wand – weiß und ordentlich. Was jetzt? Ich könnte nach Kanada zurückkehren, oder ich könnte bis über Weihnachten in Europa bleiben … vielleicht länger.

Wenn ich jogge, vor allem auf einer längeren Strecke, gibt es viele Momente, an denen mir danach ist, aufzugeben, Richtung heimwärts umzudrehen. *Du musst heute nicht laufen … du bist gestern gelaufen! Mach eine Pause. Niemand wird es wissen!*

„Aber *ich* werde es wissen!", sage ich dann zu mir selbst und verändere die Melodie in meinem Kopf. Du schwächelst. Sei nicht so kraftlos! Du rückgratloser Weichling! Mach weiter! Aber während ich mit mir selbst im Streit liege, bewegen sich meine Füße weiter – und nur das zählt. Und so setzte ich an diesem Tag trotz Schmerzen, Müdigkeit und voller Zweifel einen Fuß vor den anderen.

Mit halb gepackten Taschen rief ich einen Bekannten an – ein niederländischer Kamerad aus dem Modernen Fünfkampf. Der Moderne

Fünfkampf war jener Sport, dem Kelvin und ich ein Jahrzehnt unseres Lebens gewidmet hatten, und der zur gleichen Zeit und von derselben Person wie die Olympischen Spiele der Neuzeit erfunden wurde. Er bestand aus fünf Disziplinen, genau wie die fünf Ringe: Laufen, Fechten, Schießen, Schwimmen ... und Reiten. Kelvin und ich waren in Kontakt geblieben und er wusste, dass ich in Deutschland war.

„Kelvin!", begrüßte ich ihn. „Ich denke über eine Rückkehr nach Vancouver nach ... aber ich denke auch, ich sollte Deutschland eine zweite Chance geben. Kann ich eine Weile bei dir bleiben und die Dinge regeln?"

„Natürlich!", antwortete er sofort. „Steig in den Zug und komm!" Kelvin fragte mich nicht, wie lange ich bleiben würde – was perfekt war, weil ich es nicht wusste.

„Zu welchem Bahnhof soll ich fahren?" Mein Gehirn arbeitete bereits an neuen, alternativen Szenarien. Irgendwie würde ich diese Erfahrung verwerten.

„Arnheim", antwortete er. „Sag mir einfach Bescheid, wann ich dich abholen soll."

Ich ging zum Bahnhof, langsam zurück auf dem Weg, den ich erst zehn Wochen zuvor zum Dressurstall Krüsterhof genommen hatte. Ich kaufte ein Ticket. Ich verließ Voerde im Dunkeln. Während der Waggon dahinrollte, sah ich Bauernhöfe, Felder, Städte, Tunnel und Graffiti kommen und gehen. Ich hatte zweieinhalb Monate durchgehalten, wofür? Und warum? Sturheit? In der Hoffnung, dass es besser wird? Ein Gefühl der Verantwortung? Auf jeden Fall aus dem Wunsch heraus, meinen großen Plan zu verwirklichen. Aber jetzt ging ich und das nicht auf gutem Fuße. Mein Praktikantenabenteuer schien leider vorzeitig zu Ende zu sein. Aber mein Kopf hob meine Füße. Einen vor den anderen. Ich würde nicht aufhören. Nein, dachte ich. Von wegen! Ich würde weitermachen. Dies war nur eine neue Richtung.

# EIN SILBERSTREIF

Tausende von kleinen weißen Lichtern begrüßten mich in Arnheim. Ein Markt voller Menschen, die Kragen hochgezogen und die Hände in den Taschen. Der Geruch von brutzelndem Gebäck erregte meine Aufmerksamkeit. *Olliebollen* kamen mit Rosinen oder Apfelstücken und Staubzucker obendrauf. Mir wurde klar, dass ich den ganzen Tag nichts gegessen hatte.

„Eine Tüte bitte."

Der Niederländer war in Jacke und Schal gehüllt. Er zog seine Handschuhe aus, um das süße Gebäck einzupacken, und übergab es mir in einer kleinen, weißen Papiertüte.

„*Danke*", sagte ich und trug zum ersten Mal seit Tagen ein zögerndes Lächeln im Gesicht. Ich aß sie in Kelvins Auto auf dem Weg zu seinem Haus. Während er fuhr, erklärte Kelvin, dass in seiner Familie zu Weihnachten alle Gedichte schrieben, anstatt Geschenke auszutauschen. Mein Besuch fiel auf die Feiertage. Im Verlauf der nächsten Woche wuchs mein Gedicht zu einem Epos – sechszehn Strophen lang – und reimte sich auf eine Dr. Seussische Art und Weise. Es war eine angenehme und ablenkende Tätigkeit, genau eine, die ich jetzt am meisten brauchte.

Es war ungewohnt, Weihnachten nicht bei meiner Familie zu sein. Und jetzt, da ich nicht mehr bei Herrn Hinnemann war, hofften sie, dass ich bald zurückkehren würde. Aber ich wurde von Tag zu Tag unnachgiebiger in meiner Absicht, bis zu meinem ursprünglich geplanten Rückflug in Europa zu bleiben.

An den Nachmittagen liefen Kelvin und ich für gewöhnlich gemeinsam zehn Kilometer, und an den Abenden schrieb ich wieder – jetzt über das Reiten. Die *Gaitpost* hatte einige meiner Artikel veröffentlicht, und ich wollte, dass das so weiterginge. Hallo! dachte ich, als ich eine Ausgabe sah. Da steht *mein* Name gedruckt!

Und ich bemühte mich darum, zu Ingrid Klimkes Stall zurückzukehren. Ich bekleidete keine offizielle Position, aber ich dürfte kommen und lernen, sagte sie. Ich dachte, wenn ich hart genug arbeitete und höflich und freundlich wäre, würde sie mich wohl nicht wegschicken. Eine Woche nach Neujahr nahm ich den Zug zurück nach Deutschland. Ich umarmte Eiren fest, als ich bei Ingrid angekommen war. Beide hatten wir wattierte Jacken an, also war es wie das Treffen zweier Sumoringer.

„Ich bin bei dir untergebracht, oder?" Sie grinste. „Ja."

Ich sah mich freudig um. Es war kalt, aber erfrischend und die Sonne schien. Ingrid ritt auf uns zu und stieg ab. Eiren nahm ihr Pferd und ich lächelte schüchtern, als ich Ingrids Hand schüttelte, und sagte ihr, dass ich, wie auch immer und wann auch immer ich konnte, helfen würde. Wie ein Hengstfohlen, das man entwöhnt, war ich aus einer Welt ausgeschlossen worden, aber ich betrat eine neue.

Innerhalb weniger Tage wusste ich, dass Ingrids Stall genau das war, wonach ich gesucht hatte: Eine Chance, in einer positiven Atmosphäre zu lernen, die eher Fragen und Unabhängigkeit förderte als Gehorsam und Angst. Ein Stall, der Professionalität und Vertrauen schaffte und so Loyalität begünstigte.

Ich sehe zwei Wege, in Pferden Vertrauen aufzubauen. Der eine besteht darin, beständig positive und erfolgreiche Erfahrungen zu sammeln. Der andere, etwas Schwieriges durchzumachen, aber es in befriedigender Art und Weise hinter sich zu bringen. Vielleicht ist es bei uns ebenso.

Ingrid lebte in Münster, Westfalen, einer Region, die ich für ihr gutes Bier und ihre ausgezeichneten Pferde zu schätzen lernte. An den Sommerwochenenden fanden oft zehn Reitturniere statt, alle im Umkreis von hundert Kilometern um die Stadt, aber ich sah die Qualität nicht unter der Quantität leiden. (Das gleiche galt für das Bier.)

Ingrid vereinte alles, wonach ich bei einem Trainer suchte: das beste klassische Wissen, das ihr von ihrem hoch angesehenen Vater weitergegeben worden war; ein tiefes Einfühlungsvermögen in und Verständnis für das Pferd, dank einer Kindheit, in der sie sich um alle Arten von Pferden und Ponys kümmerte und auf ihnen ritt; Respekt der Kollegen für ihr Engagement und ihren offenen, ehrlichen Umgang mit Menschen; und Erfahrung in Dressur und Vielseitigkeit, darunter, bis dahin, dreimal Olympische Spiele mit einer Goldmedaille als Beweis.

Vor allem war es offensichtlich, dass Ingrid das Reiten sehr genoss; sie verbreitete Begeisterung wie Konfetti im Wind. Ich sah es jedes Mal, wenn sie auf einem Pferd war – ihre Konzentration und ihr Fokus leuchteten von ihrem Gesicht, wenn sie auf ihr Pferd, dann auf die Welt und die Zukunft schaute, dann zurück zu ihrem Pferd, immer zurück zu ihrem Pferd. Ihre Augen strahlten wie die eines fröhlichen Kindes, denn Spielen war ihre Arbeit.

An meinem zweiten Wochenende in Münster besuchte Ingrid ein „wirklich, wirklich wichtiges und prestigeträchtiges" Dressurturnier (so in der Art beschrieb es Eiren). Dort landete sie hinter Isabell Werth (die zu jener Zeit bereits bei vier Olympischen Spielen ihr Land vertreten hatte) auf dem zweiten Platz. Was mich jedoch am meisten beeindruckte, war ein kleines Fußnotenereignis – etwas, das in den offiziellen Turnierergebnissen nicht abgedruckt war.

Eiren amüsierte mich mit der Geschichte, wie Ingrid in der Nacht vor der Show Damon Hill, ihren damaligen Spitzenhengst, arbeitete, und dabei eine Gruppe von Helfern anderer Ställe über die Inkompetenz von Dressurpferden beim Springen lästern hörte.

Obwohl Top-Dressurpferde für ihre Gänge und nicht für ihre Springqualitäten gezüchtet werden, sind sie dennoch in der Lage zu springen, und viele von ihnen könnten wahrscheinlich in einer anderen Disziplin ebenfalls recht gut abschneiden. In der Regel führt ein Mangel an Training, nicht ein Mangel an Sportlichkeit oder Temperament, zu ihrer Schwäche im Überwinden von Hindernissen. Natürlich gibt es einen großen Unterschied zwischen einem Pferd, das einen Meter überspringen kann, und einem Pferd, das eineinhalb bezwingt.

„Mein Pferd kann springen", sagte Ingrid zu der Gruppe.

Die Helfer wussten, wer Ingrid war und waren neugierig, wie sich die Sache entwickeln würde. Sie forderten sie gespannt – wenn auch etwas nervös in Anbetracht der Umgebung – auf, einen Ballen Heu zu überspringen.

„*Ein* Ballen?", fragte sie mit einem Lächeln. „Holt zwei her."

Damon Hill meisterte den Sprung mit Leichtigkeit. Und dann sprang das Duo, das mittlerweile eine Zuschauermenge angezogen hatte, auch in die andere Richtung. Die Helfer jubelten. In diesem Moment erschien ein Mann mittleren Alters, der sich in eine große, rote Jacke eingemummt hatte und ein Bier in der Hand hielt (das wahrscheinlich nicht sein erstes war). In schleppend, beschwipstem Deutsch wettete er, dass sie ihn nicht auch noch überspringen könnte, wenn er auf dem Heuballen läge.

„Ich bin mir nicht sicher, ob er scherzte oder nicht", gestand Eiren ein, als sie mir die Szene beschrieb. Und er war sich vielleicht auch nicht sicher.

„Kein Problem", antworte Ingrid gelassen. Als sich Damon Hill dem provisorischen Sprung näherte, zeigte er kein Anzeichen von Nervosität. Die rote Jacke und der Mann in ihr waren überraschend ruhig, als sich das Pferd näherte, und das Paar sprang mit Leichtigkeit über ihn hinweg und landete behende auf der anderen Seite. Die Menge erhob sich und applaudierte, und als Eiren mir erzählte, wie alles ausgegangen war, jubelte auch ich!

Aber Ingrid war nicht nur Mut und Triumph, sie ergänzten ihre sehr ernsthafte Arbeitsmoral. In ihrem täglichen Training war sie eine unerbittliche Perfektionistin. Sorgfältig plante sie jede Saison, jede Woche, jeden Tag. Sie war strukturiert und doch flexibel. Sie meißelte ihre Ziele in Beton und schrieb ihre Pläne auf Sand. Sie umgab sich mit kompetenter und leidenschaftlicher Hilfe. Sie hielt die Anzahl der Pferde in ihrem Stall überschaubar zwischen zehn und fünfzehn, damit sie jedes Pferd reiten konnte und dafür sorgen, dass es den höchstmöglichen Standard an Pflege und Ausbildung erhielt.

An meinem ersten Tag ritt ich vier Pferde. Ich war mir ziemlich sicher, dass es für Ingrid eher darum ging, meine Reiterei einzuschätzen, als mir ein Kompliment für meine Fähigkeiten zu machen. Diese Einsicht konnte mich nicht davon abhalten, die Chance zu genießen, solch athletische und wettbewerbserprobte Pferde zu reiten. Mein letzter Ritt des Tages war auf FRH Butts Abraxxas, dem elfjährigen Hannoveraner, den sie bei den Olympischen Spielen in Peking geritten hatte. „Braxxi" und Ingrid waren im Einzel Fünfte geworden und hatten im Teamwettbewerb Gold errungen, also war es mit Sicherheit das herausragendste Pferd, das ich jemals reiten durfte. Ich fühlte mich geschmeichelt, als ich ihn in meiner ersten Woche noch zweimal unter dem Sattel hatte.

Mein geplanter Rückflug nach *British Columbia* bedeutete, dass ich nur noch zwei Wochen bei Ingrid im Stall hatte, bevor ich Deutschland endgültig verlassen würde. Während ich vielleicht länger bei Ingrid hätte bleiben können, beabsichtigte ich, an meinem ursprünglichen Plan festzuhalten und in den kommenden Monaten für andere Profis an anderen Orten zu arbeiten. Ich würde nach Vancouver zurückkehren, bevor ich meine nächste Position antrat. Ich war glücklich bei Ingrid, aber ich war mir auch noch nicht sicher, was ich von meiner Zeit bei Hinnemann halten sollte. Ich konnte es immer noch nicht einordnen: Hatte ich mich verhätschelt verhalten oder vernünftig?

Eines Freitagabends, an dem ich mich besonders nachdenklich fühlte, brieten Eiren und ich Kartoffelpuffer und tranken Bier, als sie fragte, was los sei.

„Nichts", antwortete ich, wie es in solchen Situationen üblich ist.

Sie sah mich an. Ihre dunklen Haare fielen über die eine wie die andere Wange. Anstatt sie nach hinten zu streichen, ließ sie sie stehen und ihr Gesicht umrahmen.

„Sag es mir", sagte sie. Ich holte tief Luft und nahm einen Schluck aus meinem Bierglas.

„Ich möchte kein „Opfer" sein", begann ich. „Ich möchte mit beiden Händen Wissen ergreifen und es aufnehmen. Ich möchte nicht einer von denen sein, die darauf warten, dass es ihnen überreicht wird. Ich weiß, ich sollte dafür kämpfen. Aber ich glaube nicht, dass ich bei Hinnemanns hart genug oder vielleicht auch lang genug gekämpft habe."

Eiren war eine Weile still. Sie wendete einen Kartoffelpuffer.

„Es gab viele Nächte, in denen ich mich in den Schlaf geweint habe", gab sie schließlich zu. „Viele Nächte, in denen es so schwer war. Und ich wusste nicht, ob es mit mir bergauf ging. Und ich wusste nicht, ob es das wert war."

Ich blickte auf mein Bier und dann zurück zu ihr. In diesem Moment wurde mir klar, dass wir ziemlich gleich alt waren, *sie* aber erwachsen. Sie hatte ihren Frieden mit der Mühsal geschlossen und hatte sich darüber hinausentwickelt, wie ich es nicht getan hatte.

„Das ist ein schwieriges Leben", fuhr sie fort und drehte erneut einen Kartoffelpuffer in der Pfanne um. „Ich meine, Pferde sind schwierig, und es ist schwierig, wirklich gut in etwas zu sein, und wenn man beides kombiniert, nun, das ist dann *verdammt* schwierig."

„Es macht mir nichts aus, dafür zu arbeiten. Ich habe das Gefühl, ich habe Hinnemann die Schuld an der Tatsache gegeben, dass es nicht geklappt hat."

Laut darüber zu sprechen und meine Fehler zuzugeben, war schwierig, aber Eiren machte es einfacher. Sie war eine gute Zuhörerin. Eiren setzte sich an den Küchentisch und fuhr sich mit den Fingern durch die Haare. Unsere Knie berührten sich fast. Ich lehnte mich zurück.

„Es war *sein* Versagen als Lehrer", sagte sie, „genauso wie deines als Schüler, dass du nicht viel gelernt und das Reiten nicht genossen hast." Was sie nicht sagte, war, dass ich tatsächlich noch nicht gut genug war, um von Hinnemann zu lernen. Aber das wusste ich damals noch nicht.

## JEDE ANTWORT FÜHRT ZU MEHR FRAGEN

Wie Leonie Bramall mich gewarnt hatte, ist eine Stelle als Praktikant schwer zu bekommen. Es ist vielleicht auch nicht der beste Weg, Reiten zu lernen. Es ist nicht der effizienteste Weg. Und es ist sicherlich nicht der einfachste Weg. Aber für manche Leute ist es der *einzige* Weg.

Um ein *großartiger* Reiter zu werden (nicht nur ein *guter* Reiter), muss man großartige Pferde reiten. Ich habe Leute sagen hören, dass sie besser geworden sind, weil sie sich auf all die schwierigen Pferde gesetzt haben – die, auf denen sonst niemand reiten mochte. Diese Leute werden großartig darin, *solche* Pferde zu reiten.

Grand Prix-Dressur zu reiten erfordert andere Fähigkeiten als das Jungpferdetraining, und wiederum andere als der Umgang mit extremen Verhaltensproblemen. Oft ist ein Grand Prix-Reiter nicht gut darin, Pferde anzureiten oder mit Problempferden zu arbeiten. Und ebenso umgekehrt.

Wenn du dir kein eigenes Heer großartiger Pferde leisten kannst, um auf ihnen zu lernen (und die meisten Menschen können das nicht), musst du auf fremden großartigen Pferden reiten. Das heißt, du musst ein Praktikant werden.

Bevor ich nach Deutschland ging, hatte ich alles gehört: Lehrer erzählten mir, wie schwer es sein könnte. Freunde warnten mich, dass ich wie ein Sklave behandelt würde. Meine Mutter beriet mich darin, meine Zeit optimal zu nutzen. Der Rat meines Vaters lautete: „Erwähne bloß nicht den Krieg!" (Hast du *Fawlty Towers* gesehen?) Ich hörte Geschichten – über Erfolge, aber die meisten über Tränen, Kämpfe, verfrühte Heimflüge. Ich hörte von den langen Tagen, den schicken Pferden, den spektakulären Turnieren, dem billigen Bier, der Autobahn, den kalten Wintern. All das stimmte – mehr oder weniger.

Ein Reitpraktikum in Deutschland bedeutet Zwölfstundentage oder mehr, den ganzen Winter hindurch lange Unterwäsche zu tragen. Es bedeutet, die Arbeit im Dunkeln zu beginnen und die Arbeit im Dunkeln zu beenden. Es bedeutet austauschbar zu sein. Es bedeutet, sich austauschbar zu *fühlen*. Es bedeutet aber auch *Wissen*. Bei Hinnemann sah ich *jeden Tag* Pferde, die Piaffe und Passage lernten. Bei Ingrid Klimke lernte ich auf Abraxxas fliegende Wechsel, einem Pferd im Wert von mindestens einer halben Million Euro. (Im Ernst!)

Obwohl ich nicht so viel formellen Unterricht erhielt, wie ich es mir vielleicht erhofft hatte, konnte ich jeden Tag lernen, indem ich zuschaute und durch praktisches Anwenden. Und je mehr ich lernte, desto mehr wurde mir klar, wie wenig ich wusste. Ich fühlte mich, als wäre ich ein Gymnasiast, der versucht, sich in einem Doktorandenprogramm über Wasser zu halten. Es war definitiv zu viel für mich. Aber hin und wieder tauchte ich auf, sah mich um und stellte fest, dass ich nicht nur am Wassertreten war, sondern tatsächlich ein wenig vorankam.

Bei Ingrid war einer der Höhepunkte, ihre Springstunde zu sehen. Ihr Springtrainer kam zuversichtlich und gut vorbereitet an. Er war schlank mit kurzen braunen Haaren, wahrscheinlich in den Fünfzigern – noch jung, was Reitunterricht betraf. Ingrid mochte seinen sachlichen Stil. Während ihrer Stunde stellte ich die Hindernisse auf und währenddessen konnte ich ihm viele Fragen stellen. Sein Verständnis und Wissen über die Reittheorien waren beeindruckend, und ich sah den Sinn in allem, was er lehrte – zumindest solange, bis er mir eine Antwort auf eine Frage gegen Ende einer der Stunden gab. Er mochte es, wenn der Reiter leicht vorne saß, sodass sich das Pferd freier bewegen konnte. Er ermutigte den Reiter, mehr Engagement vom Pferd zu fordern, sobald das Pferd nicht hart genug arbeitete. In der Regel ist dies lediglich eine Sache klarerer Kommunikation, aber möglicherweise mangelt es auch an der anderen Hälfte des Trainings: der Motivation. Schenkel! Seine Vorstellungen über die Reiterbalance und ihre Beziehung zur Bewegung und Balance des Pferdes spiegelten einen wissbegierigen Geist und ein exzellentes Auge wider.

Und so fragte ich ihn, ob er irgendwelche Übungen empfehlen könne, um den Reitern zu helfen, den passenden Abstand für einen Sprung zu finden. Genau wie bei einem menschlichen Weit- oder Hochspringer ist der Punkt des Absprungs bei einem weiten Sprung entscheidend für die erreichte Weite oder Höhe. Mein Vater brachte mir bei, „1–2–3–4–5" im Takt mitzuzählen, wenn ich mich einem Sprung näherte. Es half mir, mich darauf zu konzentrieren, die Galoppsprunglänge leicht zu verlängern oder zu verkürzen, um zum Absprung an die richtige Stelle zu gelangen. Aber ich hatte festgestellt, dass das Finden der Absprungdistanz eine der schwierigsten Aufgaben war.

Andere Reiter hatten andersgeartete Methoden, um eine Distanz zu finden, die meisten gedanklich dahingehend ausgerichtet, auf den Rhythmus des Takts des Pferdes zu achten – zum Beispiel durch Zählen von „1–2, 1–2". Wieder andere, einschließlich Ingrid Klimke, zählten gar nicht. Sie konnten eine Entfernung einfach

„sehen". Für mich war diese Fähigkeit unbegreiflich und eine, die ich gern erworben hätte. Also war ich neugierig, was ihr Trainer dachte.

„Der *Reiter* ist *niemals* für die Distanz zuständig", sagte er geduldig. Stattdessen, erklärte er, sei es Aufgabe des *Pferdes*, die Distanz zu finden. „Vier Galoppsprünge vor dem Hindernis findet jedes Pferd den richtigen Absprungpunkt."

„Und wenn es das nicht kann?", fragte ich.

„Nun, dann besorg dir ein neues Pferd." Ich sah ihn still an.

„Der Beweis", sagte er, „beobachte Pferde beim Freispringen. Ohne Reiter findet ein Pferd immer den Abstand zum Sprung."

Auch angenommen, er meinte einen „guten" Abstand, und nicht irgendeinen Abstand, war das doch schwer für mich zu verstehen. Ein guter Abstand beträgt normalerweise etwa zwei Meter, obwohl er von der Höhe und der Art des Hindernisses abhängt. Dies ist der Abstand, der eine reibungslose Bascule ermöglicht, um das Hindernis zu meistern. Ihm zuzuhören, war, als würde man einer Vorlesung eines Biologieprofessors über die Ursprünge der Doppelhelix lauschen und ihn dann plötzlich die Bemerkung fallen lassen hören, dass er in Wirklichkeit Kreationist ist.

Es brachte mich dazu, mich zu erinnern und alles, was er zuvor gesagt hatte, noch einmal im Geiste durchzugehen und *alle* seine Theorien infrage zu stellen. In gewisser Weise kapierte ich, worauf er hinauswollte. Ein Pferd, insbesondere ein unerfahrenes Pferd, stößt gegen ein Hindernis, wenn es zu kurz davor abspringt oder es landet auf dem Hindernis, wenn es zu weit davor abspringt. Es lernt in beiden Fällen aus der Erfahrung. Je athletischer das Pferd ist, desto weniger wird es daran interessiert sein, am Hindernis anzustoßen, weil es den Sprung sowieso leicht meistern kann.

Solange der Reiter sich raushält, kann das Pferd selbst regulieren, wo es abspringt, wenn der Reiter aber sein Pferd im Maul festhält, das Gleichgewicht stört oder unsanft im Rücken landet – nun, dann trägt er sicher dazu dabei, dem Pferd das Springen zu vermiesen.

Sehr relevant für das Lernen ist das Angstniveau des Pferdes. Viele Pferde stürmen auf ein Hindernis zu – und zwar fast immer dann, wenn sie sich Sorgen machen, nicht weil sie es lieben zu springen. Entspannung und Verständnis sind zwei Seiten derselben Medaille. Und sie führen zu Vertrauen. Ein nicht sicheres Pferd jedoch wird anfangen zu rasen oder es wird zu flach springen. Vielleicht sogar verweigern.

Bei einem erfahrenen Springpferd auf Grand Prix-Niveau könnte ein Mangel an Vertrauen gefährlich sein. Manchmal waren diese Sprünge so groß wie das Pferd! Und wie verhielt es sich mit einer engen Kurve in einem Stechen, wenn das Pferd das Hindernis, das es überspringen sollte, nicht einmal sehen konnte, bis es eine Galoppsprunglänge entfernt war? Konnten wir in diesem Szenario immer noch darauf vertrauen, dass das Pferd seine Distanz findet?

Ingrids Springtrainer gab keine Antworten auf diese Fragen, aber er behauptete dennoch: „Es ist meine Theorie und es ist die beste Theorie." Ich dachte darüber nach. Vielleicht hatte er recht – vielleicht ging es nur darum, das richtige Pferd zu finden. Ich mochte *sein* Selbstvertrauen. War diese Selbstsicherheit typisch für die deutsche Denkweise oder nur typisch für jemanden, der lange Zeit Pferde studiert hatte?

Ingrid Klimke war alles andere als typisch. Mit achtunddreißig Jahren und einer sechsjährigen Tochter (und einem sehr solidarischen Ehemann) trat sie auf höchstem Niveau in Vielseitigkeit und Dressur an. Sie war immer vorzeigbar. Nie habe ich sie ihre Stimme erheben hören, doch jedes Wort, das sie sprach, trug das Gewicht ihrer Familiendynastie. Ihr verstorbener Vater war vielleicht der einzige, den ich als noch besseren Reiter in Betracht zöge.

Es würde Jahre dauern, bis ich über den Unterschied zwischen dem *Reiten* eines Pferdes und dem *Verstehen* eines Pferdes nachdachte. Oder zwischen dem *Trainieren* eines Pferdes und dem *Präsentieren* eines Pferdes. Aber diese Monate in Deutschland lieferten den Keim für solche Ideen, denn Ingrid konnte das alles.

Allzu schnell kam mein letzter Tag bei Ingrid. Ich war nur ein paar Wochen dort gewesen, um meinen letzten Monat bei Hinnemann zu ersetzen. Ich war traurig zu gehen, hatte aber bereits Pläne gemacht, was mein nächstes Ziel sein würde.

Ich sollte Ingrid zu einem letzten Gespräch treffen, als alle Pferde geritten waren. Ein „Gespräch" wie dieses würde jeden nervös machen, aber ich hatte Notizen und Fragen vorbereitet. Ich wusste, dass dies anders sein würde als mein letztes Gespräch bei Hinnemann. Dort hatte mich die Frage nervös gemacht, wie *schlecht* es laufen würde; diesmal machte mich die Frage nervös, wie *gut* es laufen könnte.

*Vielleicht lädt sie mich ein wiederzukommen.*

Dieser Gedanke tröstete mich – bis Ingrid zu mir hinüberblickte und sagte: „Es ist schön draußen. Lass uns mit den Pferden ums Feld reiten und jetzt reden."

Ich hatte gedacht, wir würden uns in ihrem Büro treffen, vielleicht beim Mittagessen, vielleicht bei einem Kaffee. Es war aber okay … ich konnte damit leben. Ich würde mich an die wichtigen Fragen erinnern, die ich aufgeschrieben hatte. Ich könnte meine Gedanken über unser Gespräch später niederschreiben. Ich machte meine Aufzeichnungen in billigen Notizbüchern aus dem Laden um die Ecke. Jedes hatte einen knalligen Deckel: rot oder blau oder grün. Wie Buntstiftfarben.

Ingrid führte uns auf einen schmalen Weg, der ein Getreidefeld vom nächsten trennte. Die Reihen brauner Erde bildeten eine traurige

Szenerie. Das Feld und der Weg waren schlammig und an einigen Stellen konnte ich nicht sagen, wo das eine begann und das andere endete. Zusammen mit dem grauen Himmel bildeten sie einen formlosen, farblosen Hintergrund.

Sofort vergaß ich fast alle meine Fragen – sie schwanden aus meinem Gehirn, genau wie die Farbe unserer Umgebung verblasst war. Und so blieb es bei dieser einen Sache, auf die ich besonderes Augenmerk legte: die große Frage.

„Kann ich wieder hier arbeiten? In Zukunft meine ich … vielleicht nächstes Jahr?"

Die Wörter sprudelten heraus in dem Versuch, mein Engagement auszudrücken, ohne wie ein Wahnsinniger zu klingen. „Wenn du Platz hast …?"

Sofort bereute ich es. Ich hätte zuerst etwas weniger Bedeutendes fragen sollen. Vielleicht hatte ich einen Fehler gemacht. Ich wartete.

„Im Moment haben wir bereits die volle Belegschaft für das Jahr", antwortete Ingrid.

Der Wallach, auf dem ich saß, ging schneller als der ihre, also bat ich ihn, langsamer zu werden, und er schüttelte leicht den Kopf. Ich sah mehr Ingrid an als wohin ich ritt. Ich behielt ein Pokerface.

„Ich denke, deine Idee, als Praktikant an verschiedenen Plätzen und in verschiedenen Disziplinen zu arbeiten, ist interessant", fuhr sie fort, „und in Zukunft wärst du hier gerne wieder willkommen."

Ich holte tief Luft, aus den Rippen, wie ein Pferd, das entlang des Zauns auf und ab patrouilliert war und endlich wieder zurück in den Stall durfte.

„Danke."

Meine Erleichterung entsprang einem aufrichtigen Wunsch, wiederzukommen, und sie stärkte auch mein Selbstvertrauen, das es, ehrlich gesagt, nach meinem letzten „Gespräch" bei Hinnemann auch nötig hatte.

„Was hast du als Nächstes vor? Wohin gehst du?" Ihre Stute hielt jetzt besser Schritt, und Ingrid war neben mir.

„Ich habe mit Karen und David O'Connor gesprochen", sagte ich. „Dort gehe ich hin."

„Nach Virginia?", fragte sie.

„Sie sind die Sommer über in Middleburg, Virginia, aber sie überwintern in Ocala, Florida, also werde ich dorthin gehen." Ich verlangsamte mein Pferd erneut, um die Pferde gleichauf zu halten.

„Und was ist mit einem Springreiter?", fragte Ingrid. „Wolltest du nicht auch bei einem Springreiter lernen?"

Ich nickte und teilte mit ihr, wer meine erste Wahl wäre. Zu meiner Überraschung sagte sie, dass sie Beziehungen hätte, die mir dort vielleicht eine Stelle verschaffen könnten. Und tatsächlich hatte sie einmal selbst für denselben Reiter gearbeitet. Dass Ingrid Klimke bereit war, für mich zu bürgen und meinen Namen einem international bekannten Reiter zu empfehlen, war ein verdammt großes Kompliment.

Ich lächelte und dankte ihr noch einmal. Wir erreichten das Ende des Feldes, bogen rechts ab und ritten einen weiteren, schlammigen Weg zurück. Nachdem nun in gewisser Weise „alles geklärt" war, konnte ich ihr andere Fragen stellen, die mir in den Sinn kamen, und sie verliehen unserem Gespräch einen merkwürdigen, zerstückelten Rhythmus – jede Frage hatte nichts mit der vorherigen zu tun. Es war wie eine Partie Trivial Pursuit – ich wechselte ständig die Themen.

Wie oft verwendest du Cavalletti? Ab welchem Alter fängst du mit Piaffe an? Wonach suchst du in einem jungen Pferd? Konntest du deinem Vater oft beim Turnierreiten zusehen? Welche Bücher empfiehlst du? Kannst du mir von Herrn Stecken erzählen?

Major Paul Stecken war Ingrids Dressur-Mentor und mehr als bereitwillig erzählte sie von ihm und seinen Theorien und Methoden.

Und wie wir da so ritten, unter bedecktem Himmel, bei unserem letzten gemeinsamen Ritt, hörte ich ihr wissbegierig zu.

## HERR STECKEN

Bevor ich Major Paul Stecken traf, sah ich ein Foto von ihm, das während des Zweiten Weltkriegs aufgenommen worden war. Zu den Rändern hin hatte es sich aufgewellt, aber das Motiv war immer noch scharf. Da waren vier braune Pferde, alle gleich hoch, und vier Militärreiter, die für die Kamera posierten. Die Reiter trugen die Kavalleriekleidung des Dritten Reichs. Sie sahen jung und stolz aus und saßen locker und selbstbewusst auf ihren Pferden. (Ich wollte fragen, was Pferde in einem Krieg mit Panzern, Flugzeugen und Maschinengewehren machten. Aber der Rat meines Vaters kam mir in den Sinn, und, vielleicht gut, vielleicht schlecht, die Gelegenheit verstrich.) Nach dem Krieg leitete Herr Stecken von 1950 bis 1985 die Westfälische Reit- und Fahrschule in Münster. Er hatte die Stelle von seinem Vater Heinrich Stecken übernommen. In dieser Zeit verhalf er auch Ingrids Vater Reiner Klimke zu internationalem Ruhm im Dressurring.

Am späten Nachmittag eines regnerischen Tages kam Herr Stecken an, um Ingrid zu coachen. Ich wusste, dass er bis spät abends bleiben würde, um ihren Auszubildenden eine Gruppenstunde zu geben. Ich hoffte sehr, dass ich eingeladen würde mitzumachen, also versuchte ich, den ganzen Morgen jederzeit bereit zu sein, ein Pferd zu besteigen, falls ich gerufen würde. Sobald eine Arbeit außerhalb der Stallungen zu tun war, beeilte ich mich sehr. Ich muss ein sehr seltsamer Anblick gewesen sein, wie ich da, um Pferde zu holen, über die Anlage hastete, um den Pfützen auf dem Weg zu den Paddocks auszuweichen!

Sieben oder acht *Bereiter*-Schüler besuchten einmal pro Woche Theoriestunden bei Herrn Stecken, und ich wünschte, mein Deutsch wäre gut genug gewesen, um etwas aus ihnen mitzunehmen. Meistens mögen wir Dinge, in denen wir gut sind, aber bei mir gibt es eine Ausnahme: Ich bin kein Sprachentalent, aber seltsamerweise genieße ich es, zu versuchen, sie zu lernen. Ich war mir sicher, dass ich Deutsch lernen würde, hätte ich mehr Zeit, und Ingrid sagte, die Reittheorie von Herrn Stecken sei *ohnegleichen*. Als sie das von ihrem Vater verfasste Buch *Grundausbildung des jungen Reitpferdes* überarbeitete, habe sie ihn oft konsultiert, sagte Ingrid. Sie konnte ihn *alles* fragen. Nur als Beispiel: „Wer hat den leichten Sitz erfunden?" Herr Stecken konnte eine Stunde lang darüber referieren.

„Er sagte", erklärte Ingrid mit einem Lächeln, und senkte ihre Stimme ein bisschen, als wollte sie ihn ein wenig imitieren. „Training mit Cavaletti und aus dem heraus der „leichte Sitz" wurden um 1930 in Italien entwickelt, während der heute selbstverständliche „Springsitz" noch weiter zurückgeht, auf den italienischen Hauptmann Federico Caprilli. Caprilli erkannte, dass Pferde am besten in der Lage sind, sich über Hindernisse hinweg auszubalancieren, wenn der Reiter durch Vorwärtsbewegen des Oberkörpers sein Gewicht vom Rücken seines Pferdes nimmt." Ingrid lachte und fuhr dann mit leiser Stimme fort. „Oder so ähnlich! Ich überprüfe besser meine Notizen, wenn ich nach Hause komme, bevor ich wieder mit ihm rede."

Sogar eine olympische Goldmedaillengewinnerin musste auf eine Stunde mit Herrn Stecken vorbereitet sein! Er war zweiundneunzig Jahre alt, hatte aber die Augen und den Verstand von jemandem, der fünfzig Jahre jünger war. Er war ein Gentleman. Wir haben ihn nie mit seinem Vornamen oder auch bloß mit Stecken angesprochen, für alle, die ich getroffen habe, war er immer Herr Stecken.

Als ich nach meiner Lauferei zu und von den Koppeln zurück im Stall ankam, bemerkte ich, dass die Pferde, die gerade aus einer Stunde kamen, an den Beinen bis hinauf zum Gurt mit feuchtem Schlamm bespritzt waren. Mehr Sattelzeug zum Reinigen, dachte ich. In diesem Moment, kurz bevor sie abstieg, sah Ingrid mich an: „Tik, heute Nachmittag wirst du Jazz Rubin im Unterricht mit Herrn Stecken reiten."

„Danke", sagte ich, ohne nachzudenken mit einer leichten Verbeugung. Ich lachte mich selbst aus. Es war lächerlich.

Ich hatte festgestellt, dass alle Praktikanten unterschiedliche Lieblingsaufgaben hatten. Mein Favorit war Ausmisten. Mein ungeliebtester Job: Zaumzeug putzen. Aber an diesem Tag lächelte ich mit jedem Backenstück, Stirnband und Gebiss, das ich putzte.

Unser Unterricht fand in der Halle statt und wir begannen mit Schritt am langen Zügel. Dann Trab, vorwärts abwärts. Ein normales Aufwärmen. Den Galopp ritten wir alle gleichzeitig und fügten auf jeder langen Seite zwei kleinere Galoppzirkel ein. Ich kann mich nicht so sehr daran erinnern, was er während des Aufwärmens sagte, sondern vielmehr daran, wie er uns und unsere Pferde beobachtete. Als könnte er durch uns hindurchblicken. Wie ein Pferd, das in dein Herz sehen kann. Nach einer kurzen Schrittpause arbeiteten wir an den Schlangenlinien.

„Mehr Biegung!", wiederholte Herr Stecken immer wieder. Ihm ging es weniger darum, diagonal zu queren, als auf die Richtungsänderungen zu achten. Die Schleifen, die wir machten, ähnelten mehr der Linie zwischen Yin und Yang. Mehr Biegung.

Spät an diesem Abend hörte ich einen der Betreuer Eiren erzählen, dass Herr Stecken Ingrid gesagt hätte, ich hätte Gefühl. Oft ist ein indirekt erhaltenes Kompliment mehr wert, als wenn es einem offen gesagt wird, und das war hier sicherlich der Fall. Hie und da ein wohlwollendes Wort kann Motivation schaffen, die dich monatelang voranbringt.

Jahre später, obwohl sich unsere Wege nur kurz gekreuzt hatten, war ich sehr traurig von Herrn Steckens Tod zu hören. Es war 2016. Er wurde 100 Jahre alt.

## VIELSEITIGKEIT (I)

Ich blickte nach unten. Ich sah meinen Schweiß auf Sapphires Widerrist tropfen. Er vermischte sich mit ihrem und rann über ihre Schultern. Ihr Hals schäumte, wo die Zügel an der Haut rieben. Sabber fiel von ihrer Unterlippe und wurde vom Wind aufgefangen. Wir waren zwei Galoppsprünge weiter, bevor er den Boden berührte. Ich war zurück in Kanada, auf Vancouver Island, in vollem Galopp. Aus Deutschland zurückgekehrt genoss ich eine Pause, bevor es nach Ocala, Florida, ging, um für Karen und David O'Connor zu arbeiten. Ich blickte nach vorne, wie ein Fußballspieler sich am Feld umschaut, bevor er den Ball zu einem Teamkollegen schießt.

Vielseitigkeit. *Vielseitigkeit*! So war *das* also. Dies war eine aufregende und wilde Angelegenheit. Meine Eltern schauten verhalten zu. Es schien, als hätten sie diese großartige Sache vor mir versteckt. *Was! Wie?* Jetzt boten sie schüchtern Ratschläge an. Meine Freunde wussten nicht, wo ich war. Aber das war kein Scherz; es war Liebe. Es riss mich von zu Hause weg. Es nahm die Wünsche von gestern gefangen und ersetzte sie durch ein neues Ziel.

Ich hatte keine Ahnung, wohin mich dieser Sport führen könnte. Würde ich am Ende in Deutschland leben? Oder vielleicht in Ontario oder den Carolinas antreten? Aber ich war mir selbst einen Schritt voraus, und das war das eine, vielleicht das Wichtigste, was ich in dieser Situation nicht tun sollte. Ich roch die Luft, frisch vom Pazifik. Sapphires Hufe schlugen wie Paukendonner auf den Boden, und wir galoppierten weiter.

Ich war halb durch meine erste Prüfung und fragte mich, was ich mein ganzes Leben zuvor gemacht hatte. Ich schaute nach links – eine hölzerne Kordel versperrte mir den Zugang zum Wald. Es ging weiter, die Beine meines Pferdes flogen doppelt so schnell, ehrlich und wahrhaftig, und wir wendeten zum nächsten Aufsprung. Und dann waren wir drauf und drüber und auf einem neuen Pfad. Die Bäume zogen vorbei! Unscharf. Ich wusste, es handelte sich um Steineichen, aber es hätten Tannen, Wacholder oder Hemlocks sein können. Die Braun- und Grüntöne vermischten sich. Wir rasten hindurch; dann waren wir wieder draußen auf der Wiese.

Der Boden war fest, aber nicht zu fest. Trocken, aber nicht zu trocken. Grün wie die smaragdgrünen Weiden aus einem Bilderbuch. Ich hatte keine Ahnung, dass so ein Boden nicht nur hervorragend war – er war eine Rarität.

In meiner Kindheit ritt ich in einer Reitbahn. Meine Eltern waren meine Trainer. Meine Mutter zeigte mir die Freuden und Prinzipien des Reitens als Amateur. Mein Vater erklärte mir die Pflichten und Verantwortlichkeiten des Profis. Obwohl sie beide Vielseitigkeit geritten waren, hörten sie auf, als meine Mutter schwanger wurde.

„Zu gefährlich", erklärten sie, als ich vierzehn war, „zu viele gebrochene Knochen."

„Ach ja?", hatte ich gefragt.

„Zu viele gebrochene Herzen. Vielseitigkeit ist wie der Versuch, vor einem Zug herzulaufen: Irgendwann wird er dich einholen."

„Sicher", hatte ich mit einem Lachen entgegnet. „Aber keine Sorge, ich kann auch über hohe Bauwerke springen!" Und ich nahm die Couch als Hürde und stolperte über sie. In Wahrheit war ich nicht wirklich an Vielseitigkeit interessiert – zumindest damals nicht.

„Glaubst du, ich mache mir Sorgen um *dich*? Keineswegs!", hatte meine Mutter kopfschüttelnd gesagt. „Es sind die Pferde. Das haben sie nicht verdient."

Fünfzehn Jahre nach diesem Gespräch fand ich mich bei meiner ersten Vielseitigkeit wieder. Und meine Eltern waren da, um mich zu unterstützen.

Ich saß auf dem Radkasten des Hängers, meine nackten Füße auf einem umgedrehten Kübel hochgelegt. In meiner linken Hand hielt ich ein Blatt Papier.

„Was siehst du dir da an?", fragte mich mein Vater.

„Ich lerne die Dressurprüfung ...", murmelte ich, meine Augen klebten an der Liste der Anweisungen vor mir.

„Du kannst sie wahrscheinlich ansagen lassen. Ich sehe zu, ob ich es herausfinde." Er drehte sich um und ging los. „Bin gleich zurück", sagte er über seine Schulter.

Meine Eltern hatten seit fünfundzwanzig Jahren nichts mehr mit der Vielseitigkeitsszene zu tun gehabt. Keiner von uns kannte die Regeln. Ich schaute auf das Papier in meiner Hand.

Meine Mutter warf mir einen strengen Blick zu.

„Was?", fragte ich.

„Du weißt genau, was."

Ich antwortete nicht. Ich versuchte mich zu konzentrieren. Geistesabwesend nahm ich eine Dressurgerte in die Hand.

„Du solltest die Prüfung auswendig lernen", sagte sie.

„Ja", stimmte ich halbherzig zu und klopfte mit der Gerte gegen mein Bein.

Als meine Mutter mir erklärt hatte, wie man eine Peitsche benutzt, hatte sie sie mit dem Skalpell eines Chirurgen verglichen.

„Sie muss ebenso *präzise* benutzt werden", hatte sie erklärt. „Die Gerte kann bei einem Pferd mit derselben Härte eingesetzt werden, mit der ein Pferd ein anderes schlägt, und sie kann mit derselben

Sanftheit eingesetzt werden, mit der eine Fliege aufsetzt. Du solltest in der Lage sein, sie entweder drei Zentimeter oder zehn Zentimeter hinter deinem Bein einzusetzen. Und du solltest diese Fähigkeit mit beiden Händen haben."

Wenn sie über Reiner Klimke sprach, sprach sie wie ein Hindu über Ganesha. *Es gibt viele Götter, aber er ist mein Favorit!* Sie erzählte mir, wie Klimke sich ohne Steigbügel für die Olympischen Spiele in Montreal aufgewärmt hatte und erst kurz vor dem Start von einem Trensen- auf einen Kandarenzaum umgestiegen war. Und dann zeigte sie mir die vergilbten Fotos ... von seinem jugendlichen Gesicht und seinem gut proportionierten Körper ... mit einfacher Trense und ohne Steigbügel!

„Du denkst, Klimke ließ sich seine Prüfungen ansagen?", bohrte sie nach.

„Passt!" Mein Vater kam aufgeregt zwischen uns zum Stehen. „Er kann sie sich ansagen lassen."

Meine Mutter wandte sich ihrem Mann zu.

„Ich habe Tik gerade erklärt, dass er die Prüfungen auswendig lernen muss. Wenn er nicht bei den Einfachen damit anfängt, wird es nur schwerer und schwerer."

„Ich kann sie ansagen lassen?", wiederholte ich.

„Er sollte sie auswendig lernen", insistierte meine Mutter.

„Er kann die nächste Prüfungsaufgabe auswendig lernen. Kein Drama."

„Es ist eine Frage des Prinzips."

„Du willst, dass er gewinnt, oder?"

„Ich bin hier." Ich stand auf. „Ich kann euch hören."

Die Zankerei ging weiter, nachdem ich gegangen war, aber es war ohnehin irrelevant. Eine Dressurprüfung dauerte ungefähr fünf Minuten und bestand aus vielleicht dreißig verschiedenen Aufgabenteilen. Zum Beispiel: „Halt bei X. Antraben. Bei E Zirkel links. Angaloppieren …" Jeder Buchstabe markierte eine andere Stelle in der Reitbahn. X befand sich in der Mitte. Sich an die Aufgaben auch nur zu *erinnern*, war eine Aufgabe für sich. In Kombination damit die Aufgaben gleichzeitig vor einem Richter und Publikum zu *reiten*, bedurfte, nun ja, es bedurfte einiges an Übung.

Obwohl es verlockend war, die Prüfung ansagen zu lassen, verzichtete ich darauf und ritt sie aus dem Gedächtnis. Ich kam von der Reihenfolge ab und die Richter zogen mir zwei Punkte von meiner Note ab. Aber es spielte keine Rolle … nicht, sobald ich auf der Geländestrecke war. Nicht, sobald ich da draußen war mit einem Pferd unter mir.

Die Dressurprüfung der Vielseitigkeit war ein Teil vom rauf-runter, rauf-runter, rauf-runter, Leichttrabenlernen, mit dem ich aufgewachsen war. Aber der Geländeritt! Das war *schnell*! Das war mein Herz, das mir bis zum Hals schlug, Tränen in meinen Augen! Das waren meine Arterien, die wie Kolben arbeiteten und im Takt von Sapphires Galopp pochten. Bum-BUM. Bum-BUM. Bum-BUM!

Und dann waren da die zwei Wassersprünge, der erste, der mich zurückwarf, aber der zweite, der glatt lief. Meine Beine schwangen leicht nach vorne, ich landete auf meinen Fersen in den Steigbügeln und fand das Maul meines Pferdes wieder. Unter uns spritzte das Wasser, kühlte Sapphires Brust und hinterließ einen winzigen Regenbogen. Und schon ging's weiter.

Wir blickten nach vorne. Zu meiner Linken stieg das Tal von Cowichan empor. Zu meiner Rechten war Wald. Wir drängten vorwärts.

Zuschauer saßen auf dem Hügel. Hunde an der Leine. Sie warteten auf Action. Manchmal hielten sie den Atem an. Ich sah all diese Dinge, und ich sah keines von ihnen. Es näherte sich die Ziellinie. Es gab zwei Flaggen, die sie kennzeichneten: rechts rot, links weiß. Ich war im Ziel und vergaß auf meine Uhr zu schauen. Ich atmete schwer, gemeinsam mit Sapphire. Die Stewards warfen einen Blick auf ihre Klemmbretter. Den Tierarzt beschäftigten andere Teilnehmer. Sapphire senkte den Kopf, aber ihre Ohren blieben gespitzt und nach vorne gerichtet. Jemand machte ein Foto von uns. Später würde ich feststellen, dass ich auf dem Bild lächelte.

In jeder Sportart gibt es diejenigen, die den Wettbewerb mit einem Gefühl der Erleichterung beenden, und diejenigen, die ihn beenden und sich wünschen, dass er noch weiterginge. Ich hielt widerwillig an. Sapphire und ich gingen einen Zirkel. Wir meldeten uns zur Untersuchung. Die Tierärztin legte ihr Stethoskop an Sapphires Brust.

„Hmmm", sagte sie und dachte nach. Später tat sie es dann nochmal und sagte diesmal: „Okay. Du kannst gehen."

Ich dankte ihr. Bevor wir gingen, schaute ich noch einmal zurück zur Strecke. Wie ein Süchtiger gierte ich nach mehr.

## OCALA, FLORIDA

Lauren parierte ihren Fuchswallach zurück in den Schritt und drehte sich zu mir um. Das Gegenlicht ließ sie blinzeln. Hinter ihr erstreckten sich fünfzig Hektar grasbewachsene Hügel mit verstreuten Hindernissen, Bänken und Gräben. Hinter mir ging die Sonne unter, müde nach einem weiteren Tag, an dem sie das ohnehin braune Gras gebacken hatte.

Die Pferde hatten gerade einen ruhigen Trainingsgalopp auf dem Hügel hinter dem Hof beendet. Es war etwas weniger als ich erwartet hatte, aber der Hals von Laurens Pferd war immer noch mit Schweiß wie dicker, weißer Meeresschaum bedeckt. Und wir sprachen … über alles *außer* Pferde.

„Also *glaubst* du nicht an Evolution?", fragte ich erneut und versuchte, meine Stimme neutral zu halten. Lauren antwortete, ohne im Geringsten defensiv zu klingen: „Wenn du mich fragst, ob ich glaube, dass Menschen von Affen abstammen, dann nein."

Lauren war eine der beiden Vollzeitbereiterinnen von David und Karen O'Connor (die andere war Hannah). Lauren war seit fast vier Jahren bei ihnen. Sie kam aus dem Mittleren Westen und war intelligent und redegewandt – auf alle Fälle wusste sie, wie man reitet. Sie war kürzlich für das *US Developing Riders Team* nomminiert worden, das von der englischen Vielseitigkeits-Ikone Captain Mark Phillips trainiert wurde. Und sie war katholisch.

Ich hatte kürzlich gehört, dass „fundamentalistischere" Christen eine abfällige Bezeichnung für eher „gemäßigte" Christen hatten: Sie nannten sie „Buffetchristen", was bedeutete, dass sie im Vorbeigehen auswählten und sich nahmen, was ihnen gefiel … sie nahmen ein wenig von diesem und ein wenig von jenem – eine Portion Vergebung, eine Kelle Nächstenliebe. Sie nahmen, was auch immer ihren Hunger stillte und ihren Durst löschte. Ausgesprochen vernünftig, dachte ich. Statt einer Beleidigung sollte Buffetchrist ein Kompliment sein.

Es überraschte mich, als Lauren mir erzählte, sie sei Kreationistin. Für mich war Evolution keine Glaubenssache, sondern eine Tatsache. Bevor ich Lauren kennenlernte, waren Kreationisten wie Karikaturen – nur in meiner Vorstellung lebendig. Sie lebten in einem Land, in dem sie möglicherweise eine andere Sprache sprechen oder drei Augen haben. Und sie existierten in einer früheren Epoche oder zumindest vor dem Zeitalter der staatlich geförderten Bildung.

Ich fragte Lauren: „Wie kannst du *nicht* an die Evolution glauben? Glaubst du, dass sich Hunde aus Wölfen entwickelt haben? Glaubst du, dass das Pferd, auf dem du sitzt, und die Zebras einen gemeinsamen Vorfahren haben? Es ist kein so großer Gedankensprung zu glauben, dass alle Kreaturen den gleichen Ursprung haben, oder?"

„Aber es ist auch kein so großer Gedankensprung zu glauben, dass Gott Himmel und Erde geschaffen hat", entgegnete sie. „Das ergibt für mich viel mehr Sinn. In Wirklichkeit geht es *nur* um Glauben. Nicht alles, was uns beigebracht wird, ergibt sofort Sinn. Aber wenn du dafür bereit bist, verstehst du es."

Lauren glaubte. Glaube ist etwas, das alle Religionen teilen: der Glaube der Menschen an etwas, das größer ist als sie selbst. Und der Glaube an die Erschaffung des Menschen am „siebten Tag" war nur ein Teil ihres Glaubens.

In Florida gab es viel, an das man sich gewöhnen musste – sogar noch mehr als in Deutschland. Alles, von der Religion bis zu den kleinen Nuancen, wie der Hof geführt und die Pferde geritten wurden. In Deutschland konnte ich die Kultur, die Regierung, das Klima verstehen. Die Kälte – nun ja, ich hatte schon mehr gefroren. Bei Hinnemann fühlte ich mich wegen der persönlichen Beziehungen als Außenseiter, nicht wegen der deutschen Kultur. In Florida lernte ich zum ersten Mal den Süden kennen. Hier standen Plakate neben der Interstate 95, auf denen für Waffen („Der Weihnachtsmann weiß, was Sie *wirklich* wollen") und für das Christentum („Jesus ist der Herr! Und Sie *wissen* es!") geworben wurden.

Eines Morgens im Radio witzelte der DJ, Florida habe mehr Plakate als jeder andere Staat. Hawaii habe am wenigsten. Das war leicht nachvollziehbar. Recycling war hier unüblich, abwegig sogar. Hier gab es keine Berge – außer denen aus Müll. Hier spross die Pferdekultur und das mit ihr verbundene Geld direkt neben denen, die ohne Handy oder Strom lebten. Ein fünfhundert Hektar großes, gepflegtes Gestüt mit Polopferden grenzte an ein Wohnmobil mit einem Maultier, drei Kühen und einem Lama, das im Vorgarten lebte. Hier war *ich* der Fremde, beiden Enden des Spektrums fremd.

Ein paar Tage später entschied Lauren, dass es an der Zeit wäre, „Natural Horsemanship" zu lernen. Die O'Connors begannen mit dem Anreiten all ihrer Pferde mit Methoden, die denen ähnelten, die der amerikanische Trainer Pat Parelli lehrte, der sich in den achtziger Jahren einen Namen gemacht hatte, als er seine Schule und Reitlehre begründete. Parelli hielt die Leute dazu an, eine Beziehung mit einem Pferd, anstatt vom Pferderücken vom Boden aus aufzubauen. Die Person verwendete dabei ein Knotenhalfter und oft einen Stock mit einer Schnur an einem Ende, der als „Carrot Stick", „Savvy-Stick" oder „Horseman Stick" bezeichnet wurde. Die Arbeit mit einem Pferd vom Boden aus bezeichnete Parelli als „Bodenarbeit" oder „Bodenarbeit am Seil".

Ich war mir nicht sicher, inwiefern sich „Natural Horsemanship" von „Horsemanship" unterschied. In Wirklichkeit war ich mir nicht einmal sicher, was „Horsemanship" bedeutete. Ich hatte das Wort oft gehört und selbst benutzt, aber eine Definition hatte ich nicht parat.

Wir brachten Mick, einen riesigen, sanftmütigen Schimmel – der erst fünf war und noch dunkles Fell hatte – zum Roundpen. Ich stand draußen und lehnte an der Umgrenzung, wo ich binnen kurzem mit Staub bedeckt war. Aber ich wollte Lauren und Mick nicht aus den Augen lassen. Zuerst wurde Mick an der Umzäunung entlanggeschickt, wo er trägen Westerngalopp zeigte und ein Auge auf Lauren gerichtet hielt. Er änderte die Richtung, sobald Lauren zurücktrat und mit Hand und Arm in die neue Richtung wies. Manchmal durfte Mick in die Mitte des Roundpens kommen. Lauren erklärte, die Mitte sei die „neutrale Zone" – was das bedeutete, wusste ich nicht. Das erste Mal dieser Art von Bodenarbeit zuzusehen, war, als würde man ein Vogelpaar beobachten, das in Formation fliegt, und versuchen, herauszufinden, welcher der beiden die Kurve zuerst geflogen war. War es der? Oder *der*? Es spielte sich genau dort vor mir ab, es passierte, aber ich hatte keine Ahnung, welche Arbeit dahintersteckte. Ich hatte keine Ahnung warum es funktionierte. Ich hatte viele Fragen.

Sie zeigte mir vier Arten des „Nachgebens": die Hinterhand des Pferdes vom Druck wegzubewegen; seine Schultern vom Druck wegzubewegen; seinen Kopf in eine Stellung des Vertrauens zu senken; und es zu bitten, zurückzutreten. Jedes Nachgeben begann mit einem Signal von Lauren, dem dann eine Form von Druck folgte, aber je bereitwilliger das Pferd auf ihre Anfragen reagierte, desto mehr wurde der Druck verringert und die Hilfen wurden feiner.

Der „Druck" konnte in Form einer Berührung ausgeübt werden – ihre Hand auf seinem Genick, um ihn zu bitten, den Kopf zu senken. Oder er konnte etwas sein, das Mick sah, wie der wedelnde Stock vor ihm. Die sanfteste Hilfe war Kommunikation. Als Lauren den Druck erhöhte, wurde er zur Motivation. Die Idee war, dass wir eine Form der Kommunikation mit Mick aufbauen konnten. Wir wollten nicht, dass er nur deshalb zurücktrat, weil wir ihn gestoßen hatten. Wir wollten, dass er *verstand* zurückzutreten. Ein Felsbrocken bewegt sich, wenn du nur genug Druck ausübst, das ist keine Partnerschaft.

Lauren zeigte mir, wie Mick, je nach Signal, stillstand, während sie sich im Roundpen bewegte, oder ihr folgte. Was auch immer sie machte, Mick achtete stets darauf, wo sie war und was sie tat. Ich hatte die meiste Zeit meines Lebens mit Pferden und Pferdeleuten verbracht, aber dies war das erste Mal, dass mir jemand etwas über die Körpersprache erklärte – die des Pferdes und meine. Lauren half mir zu sehen, wie das Pferd jede meiner Bewegungen, die ich machte, interpretierte … und auch die, die ich nicht machte.

Lauren schwang den Stock und die Schnur in einem Kreis über dem Kopf des Pferdes und redete gleichzeitig mit mir. Ich dachte, dass viele Pferde in dieser Situation Angst haben würden. Mick beobachtete sie wie ein Welpe.

„Die Leute sagen, wenn sie eine neue Sprache lernen und anfangen, in dieser Sprache zu träumen, dann wissen sie, dass sie sie wirklich verstehen", sagte sie. „So ist es auch hier. Sobald du es verstehst, siehst du alles als ein System von Nachgeben und Einfluss-linien. Es verändert die ganze Art und Weise, wie du Situationen mit Pferden siehst."

Ich nickte. Ich nahm an, dass eine „Einflusslinie" so etwas wie ein Nachgeben ist, das sich durch den Raum erstreckt. Hätte ich zum Beispiel ein Pferd, das ums Roundpen trabt, und ich stünde versetzt zur Mitte, würde das eine Seite „öffnen" und die andere „schließen". Dies war eine Lektion, die ich als Kind mit unseren Enten und Hühnern gelernt hatte. Es war meine Aufgabe, sie für die Nacht in den Stall zu treiben. Manchmal bekam ich Hilfe von Freunden, aber wenn sie sich nicht mit Geflügel auskannten, waren sie immer zur falschen Zeit am falschen Ort, die Vögel zeterten und stoben auseinander, und oft war es schon dunkel, ehe wir sie alle in ihrem Käfig in Sicherheit gebracht hatten.

Mick stand in der Mitte des Roundpens, in geschlossener Stellung, der Schweif entspannt und die Augenlider halb geschlossen. Lauren ging auf mich zu. Mick stand immer noch, öffnete seine Augen etwas weiter und folgte ihr mit ihnen, als sie sagte: „Viele Leute glauben nicht daran. Sie denken, es ist Blödsinn." Und dann sah sie mich abwartend an. Ich war an der Reihe, etwas zu sagen.

„Wie könnte ich *nicht* daran glauben?", erwiderte ich und deutete auf sie und den Schimmel. „Ich sehe es ja vor mir. Es ist erstaunlich! Natürlich funktioniert es! Ich habe dir gerade dabei zugesehen. Jeder wird das *sehen* und daran glauben, wenn er nur die Augen aufmacht."

Und dann, kurz überlegt, fügte ich hinzu: „… wie die Evolution." Lauren lächelte.

Ich hatte damals den gewaltigen Unterschied zwischen etwas zu *sehen* und etwas zu *verstehen* nicht wirklich verinnerlicht. Es sollte Jahre dauern, bis ich begriff, was Lauren in diesem Roundpen ge-macht hatte – und einen langen Weg erfordern, bis ich die gleiche Art von Arbeit mit einem Pferd selbst machen konnte.

Lauren gab mir auch meine erste Dressurstunde in Florida. Ich ritt Danny, einen Schimmelwallach, der 2008 an den Paralympischen Spielen in Peking teilgenommen hatte.

Ingrid Klimke hatte mir erst einen Monat zuvor ihr Dressur-Aufwärmsystem beigebracht, und sie war immer noch frisch in meinem Kopf. Bei Pferden ist es wichtig, einfache Dinge gut auszuführen, sie zu schätzen und Ehrfurcht vor ihnen zu haben. Und in der Tat fand ich, dass mit meinem neuen Wissen etwas so Alltägliches wie Aufwärmen spannend *war*! Und jetzt hatte ich die Chance, es in die Praxis umzusetzen. Vielleicht ein bisschen anzugeben. So verstand ich Ingrids System:

Schritt 1: Vorwärts im Schritt am langen Zügel.

Schritt 2: „Vorwärts-abwärts" im Trab und dann Galopp, dabei das Pferd auffordern, sich zu strecken und den Rücken zu verwenden, ohne dass sein Kopf hinter die Senkrechte kommt. Der Galopp kann im leichten Sitz geritten werden, um den Pferderücken so frei und entspannt wie möglich zu halten.

Schritt 3: Eine kurze Schrittpause, immer vorwärts und am hingegebenen Zügel. Jedes Pferd sollte lernen, am hingegebenen Zügel geritten zu werden, im Englischen „on the buckle", also „an der Schnalle" genannt. Die Schnalle verband die beiden Zügel, wenn ich sie nun an dieser Stelle hielt, waren sie ziemlich lang. Die meisten Pferde sind am langen Zügel entspannter. Doch manche sind so ängstlich, dass sie, wenn sie auf einem langen Zügel gehen, wie ein Stein werden, der sich auf einem Berggipfel löst. Sie beschleunigen … und beschleunigen. Sie gehen da hin und dort hin, diesen Weg und jenen, bis ihnen der Saft ausgeht oder sie durch blanke Gewalt eingebremst werden. Diese Pferde sind ängstlich wegen des Reiters oder des Sattels oder der Dinge, die sie sich von der bevorstehenden Reitstunde erwarten, oder einer Kombination von vielen Dingen. Es kann eine Menge Geduld und Können erfordern, um diese Angst loszuwerden, damit sie lernen können, gelassen „an der Schnalle" zu gehen.

Nach dem Aufwärmen begann die *echte* Arbeit. An manchen Tagen in Deutschland hatte es keine echte Arbeit gegeben. Wir wärmten nur auf und ritten dann ab. Oder falls Arbeit mit dem Pferd anstand, stiegen Ingrid oder Eiren auf und machten sie. Ich schaute dann zu. Oder arbeitete und schaute zu. Ich schaute gern zu.

Aber sofort stellte ich fest, dass die Dinge bei den O'Connors etwas anders liefen: Lauren bat mich, Danny sofort in Anlehnung zu reiten. Die Idee war, dass das Pferd als erstes mit den Hinterbeinen untertreten und so die Hinterhand einsetzen sollte, und dann von *dieser* Position aus beginnen würde, seinen Rücken zu benutzen. Der Rücken des Pferdes würde sich nicht entspannen, bis es „vor dem Schenkel" (vorwärts) und „durchlässig" war („durchlässig" zu sein ist wie die sogenannte „triple threat", also „dreifache Bedrohung" im Basketball oder eine Hocke beim Abfahrtslauf – es ist eine athletische, geschmeidige Position, die sich durch den ganzen Körper zieht). Und dann, später in der Stunde, sollte das Pferd vorwärtsabwärts traben.

Ich war in der Defensive. Ich dachte, warum sollte es hier anders sein? Ingrid Klimke erzielt mit ihrem System großartige Ergebnisse, und sie hat das Buch über das richtige Training des jungen Pferdes (im wahrsten Sinne des Wortes) geschrieben.

Ich glaubte von ganzem Herzen an Ingrids System und obwohl es mir schwerfiel zu erklären, warum, hatte ich dennoch keinen Zweifel daran, dass es funktioniert. Ich hatte es mit eigenen Augen gesehen.

Aber ich machte, was mir gesagt wurde. Und Laurens Anweisungen funktionierten. Danny löste sich und begann sich mehr zu versammeln. Natürlich wünschte ich mir, ich hätte Ingrids Buch zur Hand, aus dem ich zitieren könnte. Als ich später die Gelegenheit hatte, darin nachzuschlagen, fand ich es sofort:

*Zu Beginn jeder Reitstunde steht zwingend die Überschrift: Lösen der Pferde. Denn nur ein losgelassenes Pferd ist in der Lage, sich frei und ungezwungen zu bewegen und die Hilfen des Reiters anzunehmen.*

Aber dann sagte Lauren, die mitten auf dem sandigen Reitplatz stand, etwas, das mich beeindruckte.

„Alle guten Trainer versuchen, dasselbe zu erreichen. Es gibt verschiedene Wege zu diesem Ziel. Es gibt viele Möglichkeiten, es zu erreichen. Mein Rat an dich ist, nicht zu vergessen, was du zuvor gelernt hast, aber stattdessen von ganzem Herzen in das System einzutauchen, indem du dich gerade befindest. Nur durch dieses völlige Untertauchen kannst du darauf hoffen, *wirklich* herauszufinden, was dir jemand beibringen möchte. Und dann, wenn du wieder zu Hause bist, kannst du auswählen, was dir an den Methoden der einzelnen Trainer gefallen hat."

Sie hatte recht. Ich war gekommen, um zu lernen, und solange ich an einem anderen System festhielt, machte es keinen Sinn, hier zu sein. Zumindest während der Zeit, in der ich bei den O'Connors war, musste ich lernen loszulassen und einfach nur an dieses neue System *zu glauben* ... so wie ich seinerzeit dazu gekommen war, an das alte zu glauben. Wie Lauren sagte, sollte ich von jedem System das nehmen, was mich ansprach. Ich nannte es Buffetreiterei.

## UNKOMPLIZIERT

An einem Dienstagmorgen wachte ich auf und verkündete dem Wohnmobil, in dem ich lebte: „Ich bin in Florida. Ich bin bei David und Karen O'Connor! *Bada-Bing. Bada-Boom!*" Ich schaltete das Radio ein. John Mayer begrüßte mich und sang über vergangene Frustrationen und sogenannte Probleme. Ich führte einen kleinen Tanz auf.

Einige Tage begannen so; die besseren endeten so. Als Erstes stand an diesem Tag auf dem Programm, dass ich endlich die Gelegenheit bekam, mir eine von Davids Lektionen anzusehen. Er unterrichtete Waylon Roberts, den Sohn des kanadischen Olympioniken Ian Roberts, und einen der talentiertesten, jungen Reiter, die mein Heimatland bisher gesehen hatte. Auf der Anlage der O'Connors war er jedoch mehr durch sein zotteliges braunes Haar und seine Brille als „Harry Potter" bekannt – er war sein Doppelgänger. Waylon war einer der wenigen Glücklichen, die auf einem Pferd mehr zuhause wirkten als auf dem Boden. Ich fand David und Waylon im Dressurviereck, was mir die Möglichkeit gab, im Schatten einer großen Virginia-Eiche zu sitzen und zuzusehen. Die Virginia-Eiche war ein südländischer Baum, den ich zuvor noch nie gesehen hatte. Sie hatten fantastische, dicke, verdrehte Stämme und Zweige, die Schatten spendeten (und die ideale Kulisse für Fotos bildeten). Sie wurden Immergün genannt, weil sie auch den Winter über ihr Laub behielten.

Die ersten zwanzig Minuten über, die ich unter diesem alten Baum saß, sagte David kein einziges Wort. Er hatte sich in seinen Plastikstuhl zurückgelehnt, den staubigen Cowboyhut tief ins Gesicht gezogen, die weißen Ärmel hochgekrempelt, die Augen wie eine Katze, die einen Vogel beobachtet. Später erklärte er, dass er die Schüler, die er regelmäßig unterrichtet, gerne eine Weile beobachtet, um zu sehen, woran sie arbeiten, und um zu sehen, ob sie das umsetzen, was er ihnen in ihrer letzten, gemeinsamen Einheit beigebracht hat. Davids System verband das Beste aus beiden Welten: Manchmal ließ er den Reiter einfach reiten. Er war aber auch jederzeit bereit, Einzelunterricht zu geben.

Wenn ich Davids Herangehensweise an das Reiten in einem Wort beschreiben könnte, wäre es: *Verständnis*. Und in seinem Unterricht versuchte David zuerst zu verstehen, was das Pferd dachte und dann, was es tat. Zum Schluss sah er sich dann an, was der Reiter mit diesen beiden Dingen zu tun hatte.

Es schien mir, dass der Ehrgeiz aller Trainer, gleich welcher Disziplin, darin bestand, ein „unterwürfiges" Pferd zu erschaffen – das heißt, der Reiter sollte dem Pferd sagen, was zu tun ist, und die richtige Reaktion sollte sofort erfolgen. Der Reiter sollte das Pferd nicht physisch oder mit Gewalt dazu bewegen müssen. Stattdessen sollten sie eins werden, als wäre der Reiter das Gehirn und das Pferd der Körper: Die Neuronen feuern, die Füße beginnen sich zu bewegen.

Später habe ich „unterwürfig" in „kooperativ" geändert. Ich stellte mir vor, ich tanzte mit einem Mädchen. Wie ich mich danach sehnte, dass sie sich mit mir bewegte. Und selbst wenn ich führte, wie gerne ich *sie* präsentieren wollte. Und wie ich wollte, dass sie meine Freundin wäre.

Ich verwende jetzt „bitten" anstelle von „sagen". „Begeistert" anstelle von „aufgeregt". „Sollte", nicht „muss". Ich ziehe „normalerweise" „immer" vor und vermeide „nie".

Leider fehlt es oft an der Zusammenarbeit zwischen Pferd und Reiter. Die Fäden laufen nicht zusammen, der Schweif schlägt, die Ohren werden angelegt – das Pferd versteht nicht. Der Reiter tritt oder zieht. Beide werden frustriert oder unsicher, vielleicht sogar ängstlich.

Es war David, der mich darauf hinwies, dass wir lernen sollten, die Sprache des Pferdes zu sprechen, anstatt das Pferd zu zwingen, unser menschliches Vokabular zu verstehen. Das war der Grund, warum jedes Pferd bei den O'Connors im Roundpen angeritten wurde, um Vertrauen und Respekt zu erlernen, aber auch seinen Trainern die Chance zu geben, es besser zu verstehen. Nicht nur in der Art, wie es sich bewegte, sondern im Herzen und im Verstand. Junge Pferde wurden zuerst nur mit Knotenhalfter geritten und mit *Carrot Sticks*, um zu lenken. Kein Zaumzeug! Die Sticks wurden neben den Kopf des Pferdes platziert, nicht um es zu schlagen, sondern um es zu lenken. Sie halfen das Pferd zu lehren, sich von Druck wegzubewegen. Dieser Druck vom Stick wurde später in ein Andrücken des Reiterbeins übersetzt.

Der erste Sprung jedes Pferdes erfolgte ohne Reiter, ebenfalls nur mit Knotenhalfter und Führstrick. Pferde finden es einfacher, sich über Uferböschungen hinauf und hinunter, über Gräben und ins Wasser ohne die zusätzliche Belastung durch einen Reiter auszubalancieren. Das Gleichgewicht fällt dem Pferd leichter ohne einen Reiter, selbst dem Talentiertesten. Es ging immer darum, die Dinge einfach zu halten und Vertrauen aufzubauen. Je einfacher es für das Pferd war, während des gesamten Trainingsprozesses zu verstehen, desto besser würde seine spätere Leistung sein.

David und Karen hatten jahrelang eine Partnerschaft mit Pat Parelli und seiner Frau Linda. Von den vieren gibt es Onlinevideos von gemeinsamen Auftritten auf Pferdemessen in ganz Nordamerika. In einem erklärt David, dass wir so oft lernen, *an Wettkämpfen teilzunehmen*, bevor wir lernen *zu reiten*, und dass wir lernen *zu reiten*, bevor wir lernen, Pferde *zu verstehen*. In dem Video reitet David ohne Zaumzeug. Er tut nichts Tiefgründiges, aber es gibt nur eine Handvoll Menschen auf der Welt, die etwas so Kompliziertes so unkompliziert *aussehen* lassen können.

Die ersten Wochen den O'Connors bei der Arbeit mit ihren Pferden zuzusehen war wie das erste Mal „Der Alchimist" zu lesen. Viele Profis *verstehen* Pferde, aber nur wenige versuchen, anderen beizubringen, wie man sie versteht. Meist wird uns beigebracht, wie man Pferde *kontrolliert*. Noch weniger Ausbilder inspirieren uns zu lernen, wie Pferde *fühlen*. Reiter in der glücklichen Lage, ein Verständnis dafür zu erlangen, wie Pferde denken, gelingt dies normalerweise durch „Fühlen" oder Osmose. Aber ich sah, dass es etwas *war*, das gelehrt werden konnte.

Hey, dachte ich, nachdem ich David zugehört hatte. Es geht um mehr als nur ums Reiten. Hier gibt es ein größeres Ganzes, ich kann es fühlen. Wenn ich ein gutes Fahrrad habe, kann ich damit fahren. Ich kann lernen, ihm zu vertrauen. Vielleicht kann ich mein Fahrrad sogar lieben. Aber mein Fahrrad kann nicht lernen, mir im Gegenzug zu vertrauen. Oder mich zu respektieren. Mein Fahrrad ist außerstande, mich zu mögen. Vielleicht ist es das, worum es in der *Reiterei* geht.

## PFERDE SIND OPTIONAL

Frustration ist bei einem Mann ungefähr so schwer zu übersehen wie ein Pferd in einer Hundeausstellung. Noch deutlicher wird sie, wenn er die Zügel in der einen und eine Gerte in der anderen Hand hält.

Karen hatte dem Mann und seinem Pferd den Rücken zugekehrt. Sie unterrichtete eine Dressurstunde, ungefähr fünfzig Meter von mir. Sie drehte sich beiläufig um, als wollte sie sich strecken, und warf ihm einen Blick zu. Sie redete weiter mit ihrem Schüler, behielt aber auch die Situation auf der anderen Seite im Blick: „Mehr innerer Schenkel! Gut. Jetzt diagonal wechseln."

Ich versuchte, Dressur zu studieren, aber es war wie Kunstgeschichte zu lernen, faszinierend, wenn ich die Nuancen verstand, sogar atemberaubend, aber auch leicht den Fokus zu verlieren, wenn ich Amateure beobachtete. (Und noch leichter abgelenkt zu werden, wenn im Hintergrund eine Schlacht ausgetragen wurde.)

Pferde zu schlagen ist keine Seltenheit. In diesem Fall ging es darum, dass der Wallach nicht durch einen Wassergraben gehen wollte. Das Pferd war mittelgroß und fuchsfarben. Es war später Nachmittag und das Licht sanft, wie es in Ocala zu dieser Tageszeit oft vorkommt. Wie die Virginia-Eichen im Hintergrund ideal für die Fotografie. Obwohl ich kein Foto von dieser Paarung gewollt hätte.

Der Mann hatte das Pferd so lange geschlagen, dass ich in der Zwischenzeit 1 500 Meter hin und zurück hätte laufen können. In den Augen des Mannes lag Sturheit, und das Schlagen hatte einen müden Rhythmus angenommen: ZWACK. Pause. ZWACK. Pause. ZWACK.

Zunächst hatte sich das Pferd jedes Mal gewehrt, sobald die Gerte sein Fell traf. Schließlich stand es nur noch da und zuckte zusammen. Und jetzt stand es ungefähr einen Meter vom Wasser entfernt und zuckte nicht einmal mehr. Blinzelte nicht. Seine Beine blieben ruhig stehen. Sein Kopf war weder hoch noch niedrig. Seine Augen waren weder aufmerksam noch geschlossen.

Während der ersten paar Minuten war es Kraft gegen Kraft gewesen, aber jetzt hatte sich das Pferd in sich selbst zurückgezogen. Jetzt war es einfach der Unwissende, der den Hilflosen schlug, und ich fühlte mit beiden, aber mehr mit dem Wallach. Ich bemerkte, dass Karen aufgehört hatte zu reden. Sie sah gelassen aus, strahlte aber eine innere Energie aus, als sie ihr Handy herausnahm und ans Ohr hob. Sie war vielleicht nicht bereit gewesen, selbst einen Kampf zu beginnen, aber es schien, als würde sie sich auch nicht gegen einen wehren.

„Fahr mit dem Golfwagen rüber zum Wasser und sag ihm, dass er woanders hingehen muss, wenn er sowas macht", hörte ich sie ins Telefon sagen.

Eine Pause und dann „Ja". Sie drehte sich um und blickte auf den Mann. Schließlich sagte sie ruhig in ihr Telefon: „Es gibt bessere Wege."

Profis versuchen, sich nicht in das einzumischen, was andere mit ihren Pferden machen. Man betrachtet es im Allgemeinen als das Beste, einem anderen einen Vertrauensvorschuss zu geben. Aber jeder hat seine oder ihre rote Linie, besonders wenn auf heimischem Boden. Karen war bereit, ihre rote Linie zu ziehen – mit aller Härte.

Jahre später las ich auf der Website des Horseman Martin Black einen Artikel mit dem Titel „Wie ist es mit einem, das kämpfen will?" Er fasste meine Vorstellung dessen zusammen, was Karen an diesem Nachmittag gedacht hatte: Der alte Mythos, „das Pferd nicht mit etwas davonkommen zu lassen – weiterzumachen, um das zu beenden, was du begonnen hast", hat wahrscheinlich mehr Pferde ruiniert und mehr Pferdeleute frustriert als alles andere. Du gewinnst nicht durch Kämpfen. Du kannst einen Kampf gewinnen, aber dabei verlierst du den Krieg. Oft stellen sich Stolz und Ego dem Menschen in den Weg, und sobald Emotionen das Beurteilungsvermögen übermannen, hast du bereits verloren. In diesem Fall ist es am besten, die Situation so schnell wie möglich zu erkennen, den Schaden zu begrenzen und auszusteigen.

Der Mann wurde gebeten, das Anwesen zu verlassen, und das tat er auch. Ich würde mich auch nicht mit Karen anlegen. Nachdem die Dressurstunde, die Karen unterrichtete, beendet war, ging ich zurück in den Stall. Ich fing an, den Gang zu kehren. Beim Fegen kann man nachdenken und das tat ich auch.

Hätten wir mehr zu dem Mann sagen sollen, der sein Pferd schlug? fragte ich mich. Hätte Karen ihn tadeln sollen? Ihn in Verlegenheit bringen? Ihn anzeigen? Wenn ja, bei wem? Unmöglich war mein erster Gedanke. Andererseits, vielleicht auch nicht. Aber hätte es geholfen? Es hätte das Symptom vielleicht behandelt, aber es war Unwissenheit, die die Krankheit war.

Es wäre leicht, Schuld zu suchen. Aber es ist schwer zu erkennen, dass wir mit Pferden alle auf unserer eigenen Reise sind. Sogar jetzt sind wir alle an verschiedenen Stationen. Manchmal sind wir mit Pferden „streng". Aber wie „streng" geht in Ordnung? Wann ändert sich „streng" in „hart" und „hart" in „gemein" und „gemein" in „Missbrauch"? Es muss sich um ein Spektrum handeln, denn ich habe noch nie zwei Menschen getroffen, die genau die gleiche Vorstellung davon hatten, was „streng" ist und was nicht. An diesem Tag, während ich fegte, fand ich die Antworten auf meine Fragen nicht. Ich wusste allerdings, dass sich meine Ideen weiterentwickelten. Und sie änderten sich, weil ich lernte. Und ich lernte, weil ich inspiriert war.

Als ich Karen beim Unterrichten des kleinen, aber feinen Theodore O'Connor zuschaute, der von einem begeisterten Publikum als „Teddy" bezeichnet wurde, war ich fasziniert. Als ich sah, wie David sein Pferd ohne Zaumzeug ritt – Donnerwetter! Ich bekam Gänsehaut.

Ich wollte fähig sein zu machen, was sie machten. Vielleicht war Ausbildung die Pille, die wir gegen Unwissenheit benötigten. Vielleicht war Inspiration das Rezept.

Ich fegte, als Karen den Gang herunterkam. Sie hielt sich das Handy ans Ohr. Es war windig und alles, was ich fegte, flog mir sofort in die Augen und in die Nase. Mit einer Hand über dem Hörer und einem Lächeln in ihren Mundwinkeln flüsterte sie: „Warum fängst du nicht mit dem *anderen* Ende an?" Gute Idee. Ich ging hinüber und begann von vorne.

Karen redete weiter und gab das Telefon an Max weiter, ihrer Oberpflegerin. Max, aufgewachsen in Massachusetts, studierte an der Northeastern Universität Soziologie und hatte ihre Karriere als Partnerin in einer Börsenmaklerfirma begonnen. Jeden Tag, wenn sie im Büro an einem Fenster mit Blick auf den Parkplatz vorbeiging, schaute sie in die Ferne und sah, wo das Land auf den Himmel traf. Eines Tages bemerkte sie, dass das Licht tief unten in der Nähe des Horizonts graublau und darüber ein dunkleres Marineblau war; an einem anderen Tag sah sie, wie die Krähen spielten und sich um Krümel stritten, nachdem jemand ein Sandwich fallen hatte lassen. Und sie stellte sich jeden Tag die gleiche Frage: „Was mache ich hier?" Schließlich gab sie das Geld und das Büro auf, zog in einen

Stall und fühlte sich endlich wohl und glücklich. Als Max das Telefon von Karen übernahm, drückte sie auf „Lautsprecher".

„Ich kann Hilfe gebrauchen. Ich fahre nach Rocking Horse mit vier Pferden und das Mädchen, das mir hilft, ist krank."

„Klar, wir haben da einen Kerl. Er ist aus …"

„Ein Kerl?", unterbrach die Stimme.

„Ja. Einen Kanadier", antwortete Max ohne zu zögern, während sie mich ansah.

Es gab eine Pause in der Leitung; dann: „Ich will keinen *Kerl*. Ich will jemanden, der mir *hilft*."

„Das ist alles, was ich dir bieten kann."

„Wie alt ist er?"

„Hmmm … sechsundzwanzig, denke ich." Max sah mich an. „Tik, wie alt bist du?"

„Siebenundzwanzig", sagte ich. Mein Besen versäumte keinen Taktschlag.

„Siebenundzwanzig", sagte sie ins Telefon.

„Oh mein Gott. Bist du am Lautsprecher? Kann er mich hören?"

„Ja", sagte Max und zwinkerte mir zu. Nachdem sie aufgelegt hatte, fragte mich Max, ob ich zu den *Rocking Horse Trials* in der Nähe von Altoona fahren und einem Freund zur Hand gehen könnte.

„Klar", sagte ich mit einem Grinsen.

Ich borgte mir den alten roten Pickup des Hofs und fuhr los, als die Sonne am nächsten Morgen aufging. Die Straße nach Altoona führte durch den Ocala National Forest, wo Kiefern dominierten und nur wenige Bestände der dicken Virginia-Eichen alt geworden waren. Die Kiefern waren Sand-Kiefern, die gut mit wenig Wasser und viel Sonne auskommen. Ihre Zapfen können jahrelang geschlossen bleiben, bis Feuer die alten Bäume verbrennt und sie öffnet. Dann säen sie sich auf dem verbrannten Boden neu aus. Am Straßenrand lagen ein paar tote Gürteltiere und Opossums verstreut, sowie ein einzelner Rotfuchs. Es war interessant, wie ich auf die durch den Verkehr ums Leben gekommenen Tiere reagierte: Ich war vom Anblick der Gürteltiere angezogen, vielleicht weil ich noch nie ein lebendes gesehen hatte. Den Opossums gegenüber blieb ich neutral; aber beim Fuchs musste ich wegsehen. Ich hasste es, an das Ende seines Lebens zu denken, mit einem quietschenden Reifen, blitzartiger Angst und dann dem letzten *Wums*. Vielleicht war er nicht schnell gestorben, was den Mord noch schlimmer machen würde. Die Fahrt dauerte etwa eineinhalb Stunden.

Geparkt wurde auf *Rocking Horse* im Gras neben den Zeltboxen. Als ich aus dem Auto stieg, erkannte ich einige der bekannteren Reiter: Leslie Law mit den britischen Farben auf seiner Schabracke. Darren Chiacchia mit seinem Zylinder. Lauren und Karen waren auch schon da. Aber ich wusste, dass ich einen Job zu erledigen hatte, also lief ich zu den Ställen, in denen die meisten der Gastpferde untergebracht waren.

Ich wurde langsamer, als ein Pferd meinen Weg kreuzte, und beschleunigte dann wieder. Ich war nicht spät dran, aber die Sonne war aufgegangen, die Luft frisch und es fühlte sich gut an zu laufen – es war eine Weile her. Ich lief etwas schneller.

Als ich mich dem Stall näherte, sah ich eine junge Frau in meinem eigenen Alter stehenbleiben und mich ansehen. Sie musterte mich einen Moment länger als normal. Vielleicht ist sie es, nach der ich suche, dachte ich.

Sie schaute weg, aber als ich näherkam, sah sie mich wieder an. Ich musterte sie. Sie war ungefähr einen Kopf kleiner als ich. Sie trug eine weiße Reithose und eine blaue Daunenjacke. Ich wusste nicht, ob Weiß schlank machen sollte, aber egal – sie hatte es nicht nötig. Ihre Beine waren so schlank wie die eines Rehkitz. Ich war ungefähr fünfzehn Meter von ihr entfernt, als sie sprach.

„Bist du Tik?"

Volltreffer. Ich wurde etwas langsamer, rannte aber, bis ich direkt vor ihr stand. Ich schwitzte nicht, aber ich atmete schwer. Aus der Nähe konnte ich sehen, dass sie lächelte, mehr mit ihren Augen als mit ihrem Mund. Ich stellte mich vor und umarmte sie spontan. Sie wehrte sich nicht. Sie roch nach frischer Einstreu und ein bisschen nach Pferd. Sie trat zurück und sagte nichts. Sie legte ihren Kopf leicht schief, als wollte sie sagen: „Du bist seltsam", aber ihre Augen sagten auch: „… und interessant." Ich lächelte und wartete.

„Schön, dich kennenzulernen", sagte sie schließlich. „Ich bin Sinead."

Ich lächelte immer noch albern. „Brauchst du ein wenig Hilfe?"

„Auch wenn du nur das Tränken übernimmst. Alles hilft." Sie ging auf die Ställe ihrer Pferde zu. Ich folgte etwas dahinter. Eine ehrerbietige Position, wie es sich für einen Helfer gehört.

*Rocking Horse* hatte permanente Ställe aus Holz. Die Pferde von Sinead befanden sich jedoch in einem provisorischen Stall, der aus zwei rechteckigen, weißen Zelten bestand, von denen jedes groß genug war, um mindestens einhundert Boxen darin unterzubringen. Die Zelte standen auf einem Feld wie Zwillingsfestungen, umgeben von Autos, Lastwagen, Anhängern, einem Menschengewühl … und Pferden. Jede Zeltbox war quadratisch, vier Meter breit. In den Gängen zwischen den Reihen packten Reiter und Helfer Kisten mit Zaumzeug aus und bürsteten ihre Schützlinge. Der Boden bestand schlicht aus dem Gras des Feldes. Sineads Pferde waren in der vorigen Nacht angekommen, und so war das Gras in ihren Ställen aufgefressen, und der Boden war jetzt mit Holzspänen eingestreut. Außer den Spänen lag da auch Mist. Das war dann meine erste Aufgabe: Boxen reinigen.

Ich werde schnell vom einfachen, rhythmischen Zen des Ausmistens einer Box aufgesogen. Es war therapeutisch, sich in die sich wiederholenden Bewegungen des Schaufelns und Werfens zu verlieren und dann zu ebnen und zu glätten, wie ein Golfer eine Sand-falle. Als nächstes entleerte ich die Tränkeimer, schrubbte sie und befüllte sie wieder.

Bevor es für ein Pferd an der Zeit war, an den Start zu gehen, putze ich es, zäumte es auf, und hielt es, während Sinead aufstieg. Wenn sie nicht bald mit einem anderen Pferd dran war, sah ich ihr beim Reiten zu. Andernfalls blieb ich im Stall, um das nächste zu bürsten, zog ihm Boots an und wartete, bis sie zurückkam. Nachdem ein Pferd fertig war, spritzte ich es ab und brachte es raus. Alle Pferde von Sinead teilten sich ein Zaumzeug und einen Sattel, also musste ich zwischen den Pferden die Backenstücke und den Nasenriemen neu einstellen und das Gebissstück wechseln. Meine Finger waren im besten Fall schon nicht flink, und wenn ich es eilig hatte, fühlte es sich an, als hätte ich Ofenhandschuhe anstelle von Händen. Mehr als einmal ließ ich die Trense fallen, fluchte in mich hinein und maß-regelte mich selbst, mich zu beeilen und gleichzeitig langsamer zu arbeiten.

Während einer nachmittäglichen Pause saß ich auf einem Heu-ballen und lehnte mich zurück gegen den Stall. Ich konnte die Pferde kauen hören, als ich mein Buch aufschlug. In der Schule hatte ich hauptsächlich kanadische und britische Romane gelesen. Jetzt holte ich amerikanische Autoren nach. Jim Harrison, berühmt für *Legen-den der Leidenschaft*, schrieb auch eine Novelle namens *Revenge*.

*Er lebte als Opfer, wenngleich ein erfolgreiches, jener Träume, die er im Alter von neunzehn Jahren hatte, wenn wir alle unseren Höhe-punkt idealistischen Unsinns erreichen. Neunzehn Jahre alt ist der perfekte Fußsoldat, der ohne einen Mucks sterben wird, sein Herz lodernd vor Patriotismus. Neunzehn ist das Alter, in dem das Gehirn eines aufstrebenden Dichters in seinem Untermietzimmer sich zu den höchsten Höhen aufschwingt und wohlig unter dem Angriff auf jenes leidet, das er als den Gott in sich erachtet. Neunzehn ist das letzte Jahr, in dem eine junge Frau nur aus Liebe heiratet.* Und so weiter.

Worte waren mir wichtig. Ich bemerkte sie. Zum Beispiel sagten einige Leute: „Ich werde mein Pferd *trainieren*." Andere erklärten: „Ich werde mit meinem Pferd *arbeiten*." Einige boten liebenswürdig an: „Ich werde mit meinem Pferd *spielen*."

Ich fragte mich, ob der Mann, der am Tag zuvor sein Pferd geschlagen hatte, so vorgegangen wäre, wenn er gedacht hätte, er würde „spielen", anstatt zu „trainieren" oder zu „arbeiten".

In den Vereinigten Staaten, in Europa und im Vereinigten Königreich sind Pferde in der heutigen Zeit (größtenteils) optional. Es gibt sicherlich immer noch Situationen, in denen es keine andere Wahl gibt, als das Pferd als Partner bei der Arbeit einzusetzen. Es gibt immer noch Orte, an denen Pferde für Transport, Arbeit oder Krieg eingesetzt werden. Aber die meisten von uns, mit Sicherheit, wenn wir dieses Buch lesen, haben es sich *ausgesucht*, Pferde zu haben. Warum nennen wir es also nicht „spielen"? Wahrscheinlich, weil manche das Gefühl haben, es würde, wie ernst wir unseren Pferdesport und den damit einhergehenden Lebensstil nehmen, nicht Genüge tun.

Ich mag „Kooperation", nicht „Gehorsam". Doch in der Dressur sprechen wir über „gehorsame" Pferde. Es gibt sogar eine Note für Gehorsam in Wettbewerben. Warum verwenden wir nicht stattdessen „kooperativ"? Ist es nicht das, worum es bei einer Partnerschaft wirklich geht?

Pferde können sich normalerweise nicht aussuchen, wer ihre menschlichen Partner sind. Sie haben auch keine Wörter – zumindest keine die unserer verbalen Sprache entspricht. Von David habe ich gelernt, mich darauf zu konzentrieren, wie Pferde kommunizieren, indem sie ihren Körper bewegen. Und ich fing an, die gleichen Feinheiten in ihrer Sprache zu sehen, die wir in unserer haben. Ich wurde

immer *achtsamer*. Ich begann zu verstehen, wie ein Pferd auf fünfzehn verschiedene Arten „Zisch ab!" sagen kann.

Ein Weg, wie Pferde zeitunabhängig kommunizieren, besteht
darin, zurückgelassene Gerüche zu beschnuppern. Vielleicht ist das
der einzige Weg? Wenn sich ein Pferd nach unten streckt und sich
eine Kostprobe des Geruchs gestrigen Kots holt, überlegte ich, wäre
das in etwa so, als würde ich eine Kurzgeschichte lesen? Es gibt
nicht viel, das mich mehr ärgert, als wenn ich in der Mitte eines
Satzes bin und mich jemand stört oder mir mein Buch wegnimmt.
Vielleicht waren die Pferde, die ich trainierte, irritiert, wenn sie
etwas „lasen" und ich sie wegzog. Vielleicht würde ich sie das
nächste Mal an diesen Pferdeäpfeln schnuppern lassen. Als ich dort
saß und nachdachte, mit meinem Buch im Schoß, hörte ich ein
Gespräch im nächsten Gang der Stallboxen: „… und er scheint nett
zu sein."

„Nun, Wassereimer kann er jedenfalls schleppen."

„Was macht er jetzt?"

„Ich glaube, er liest ein Buch."

Gelächter. „Ein Buch? Auf einem Turnier?"

„Jo."

Ich runzelte die Stirn. Ich legte mein Buch weg, klopfte mir das
Heu von der Hose und stand auf. Sie hatten Recht: Es machte keinen
Sinn, die Geschichte eines anderen zu lesen, wenn ich meine eigene
leben sollte.

## „ÜBERHEBLICH? ICH?"

Es war interessant, David O'Connors Trainingsmethode mit der von
Ingrid Klimke und Johann Hinnemann zu vergleichen. Jede war für
sich erfolgreich, aber jede hatte einen bestimmten Geist und Stil, und

es war schwierig – manchmal quälend –, sich von einer auf die andere umzustellen.

All diese Trainer waren Gewinner – aber es gibt viele Möglichkeiten, ein Gewinner zu sein. Eines Abends forderte ich mich heraus, jeden von ihnen mit nur einem Wort zu definieren. Es war eine Idee, auf die ich kam, als ich versuchte, an ein Wort zu denken, das eine halbe Parade definierte. Das Beste, das mir einfiel, war *Neujustierung*. Eine physische Neujustierung, aber auch eine mentale oder vielleicht sogar emotionale. Sie könnte subtil sein, wie für einen Schwimmer ein zusätzlicher Atemzug vor einer Wende. Oder dramatisch sein, wie ein Schlag ins Gesicht, wenn ich abgelenkt bin – He!

Davids Wort war *Verstehen*. Er wollte wissen, wie man ein Pferd beschlägt, wie man ein Pferd anreitet, wie man Grand Prix reitet. Wenn er einem Reiter beim Reining zusah, wollte er wissen, woraus die Disziplin besteht. Und was das Eintauchen in die Gedankenwelt des Pferdes betrifft, sagte David: „Monty Roberts hat „Join-Up" patentiert, oder? Pat Parelli die „Sieben Spiele". Was ich möchte ist *Der Blick*. Danach sind es nur mehr Zirkuskunststücke, finde ich. Ich werde einem Pferd nicht beibringen, wie es ein Podest besteigt oder wie es sich hinlegt. Ich werde nicht am Rücken eines Pferdes stehen. *Der Blick* ist, was ich will."

*Der Blick* war, wenn ein Pferd ihm zwei Augen schenkte, zwei Ohren und zu sagen schien: „Okay, was machen wir nun?" Ohne diesen *Blick* könnte man ein Pferd zwar dazu bringen, vieles zu tun … aber ohne echtes Verstehen, Lernen oder Sich-Verbessern.

Ingrid Klimkes Weg war klassisch, wie die nahezu perfekte Konzertpianistin, die lächelte, aus ihrem Herzen heraus spielte und das Publikum zu stehenden Ovationen verführte. Sie ließ die 30 000 Übungsstunden fast unsichtbar werden. Ingrid hatte ein System von ihrem Vater geerbt und sie erweiterte es. Sie schrieb Bücher, produzierte Lehrfilme und sprach auf internationalen Symposien.

Sie besaß kein Paar Schlaufzügel – ein Standardhilfsmittel vieler Trainer, wie ich beobachtet hatte.

Ich bezweifle, dass Ingrid sich als „Natural Horseman" bezeichnen würde. Sie besaß weder ein Knotenhalfter noch einen Carrot Stick. Aber ich würde es. Ihr Umgang mit Pferden war so „natural" – natürlich – wie der eines Fischotters, der durch Wellen glitt.

Ich hatte Mühe, ein Wort für Herrn Hinnemann zu finden. Professionalität war das erste, das mir in den Sinn kam. Sein Reiten und Training waren technisch großartig, aber als ich seine Pferde Seite an Seite mit denen von Ingrid und denen der O'Connors verglich, wurde mir klar, wie sehr die Pferde der letzteren, nun ja, eher wie Pferde waren: Sie blubberten, wenn ich vorbeiging; Sie waren ruhiger und glücklicher beim Rauslassen, weil es für sie nicht unerwartet war. Es handelte sich nicht um eine einzige, bestimmte Sache, nur um ein Gefühl; Die jeweiligen Stiche in den Stoffen des Stalllebens erzeugen viele verschiedene Kleidungsstücke.

Mir wurde klar, dass meine Worte der Wahl nicht nur die Art und Weise betrafen, wie diese Personen mit Pferden umgingen, sondern auch die Art und Weise, wie sie ihre Mitarbeiter behandelten. Eine E-Mail, die ich von einer Frau erhielt, die ich noch nie zuvor getroffen hatte, rüttelte mich auf, gab aber auch den Anstoß, ein Problem zu klären, das sich in meinem Hinterkopf geregt hatte. Sie schrieb mir, nachdem mein zweiter Artikel in der *Gaitpost* veröffentlicht worden war. Es handelte sich um einen Text über meinen Aufenthalt bei Hinnemann.

*Es macht mich traurig, dass Sie anscheinend nicht verstehen, was es heißt, ein Praktikant zu sein. Meiner Erfahrung nach ist Überheblichkeit ein typisch männliches Merkmal, das Männer davon abhält, ihre Zeit als Praktikant optimal zu nutzen. Es ist so schade, dass Sie nicht in der Lage waren, aus derart phänomenalen Möglichkeiten den größtmöglichen Nutzen zu ziehen. Ich würde es begrüßen, wenn*

*Sie einige Monate nach Ihrer Rückkehr einen Artikel über Ihre Erfahrungen schreiben würden, da dies meiner Erfahrung nach der Zeitpunkt sein wird, an dem Sie es endlich „verstanden" haben, sobald Sie einmal fähig sind, den Aspekt des Missbrauchs zu überwinden.*

Da ich nun schon ein paar Monate fort war aus Deutschland, konnte ich tun, was sie verlangte. In einer Hinsicht hatte sie natürlich Recht: Was sich mir geboten hatte, *waren* einmalige Gelegenheiten gewesen. Ein Trainer musste nicht mein bester Freund sein, um sich als talentiert und kenntnisreich, sogar phänomenal zu erweisen. Vielleicht war ein zurückhaltender, professionellerer Trainer sogar besser als einer, der einem näher kam und bei dem man sich immer wohl fühlte. Wenn Beziehungen klar definiert sind, gibt es weniger Gründe für Streit oder Angst. Tief in mir spürte ich jedoch, dass Einfühlungsvermögen in Menschen und Pferde die Größe eines Trainers nicht minderte, sondern den Trainer *größer* werden ließ.

David und Karen O'Connor haben mir in lebendigen Farben bewiesen, dass es auf lange Sicht lohnender ist, andere mit Güte zu behandeln. Respekt förderte Loyalität und Arbeitsmoral. Missbrauch (nicht mein Wort, sondern jenes der Frau, die die E-Mail schickte) hingegen führte zu Unzufriedenheit und Untreue. Er könnte sogar ironischerweise den Effekt haben, durch Schwäche Abhängigkeit zu schaffen. Missbrauch ist nicht etwas, das irgendjemand zu „überwinden" haben sollte. Als ich die E-Mail zum ersten Mal las, dachte ich: Überheblich? Ich?

Es ist oft einfacher, Emotionen in jemand anderem zu sehen und zu bewerten – wir sind unseren eigenen zu nah! Also beschloss ich, mir ein Urteil vorzubehalten. Diese Dame könnte Recht haben. Aber die Erfahrung erwies sich als auf meiner Seite, weil ich auch andere Orte fand, an denen Lernen und harte Arbeit sich entsprachen; sogar Spaß machten. Ich wusste, dass es eine Gratwanderung darstellte, ob man die Tapferkeit besaß etwas durchzustehen, oder ein aussichtsloses Unterfangen zu spät aufgab.

Meine E-Mail-Kritikerin hatte offensichtlich Praktikumserfahrungen aus erster Hand gesammelt, denn sie hatte Recht ... wie die Monate und Jahre so vergingen, blickte ich anders auf meine Anfangszeit in Deutschland zurück. Die Frustration wich einem ironischen Stolz. Ich hatte es überlebt! Und einfach durch das Überleben hatte ich etwas gelernt, das ich gegen nichts anderes eintauschen wollen würde.

Ich wusste, dass das, was ich von Hinnemanns Stall sah, nur eine Momentaufnahme des Lebens war, dass andere sicherlich andere Erfahrungen haben würden. Mein Schreiben, meine Artikel, sollten niemals als endgültiges Urteil über Pferdeleute und ihre Trainingsmethoden gedacht sein. Sie sollten nur meine Geschichte sein.

## ICH LIEBE DICH, KAREN O'CONNOR!

Ein „Platin"-Sponsorenpaket für das Kentucky-Vielseitigkeitsturnier im *Kentucky Horse Park* in Lexington kostete 20 000 Dollar. Das billigste Sponsorenpaket, „Bronze", belief sich auf 6 000 Dollar. Beide beinhalteten gegrilltes Gemüse, sautierte Zuckererbsen, Huhn-Paninis, Tomaten-Kräuter-Suppe, Bio-Spinat-Salat und eine an allen vier Wettbewerbstagen geöffnete Bar mit Ausblick auf einen Großbildfernseher, auf dem die Liveübertragung der Dressur-, Gelände- und Sprungprüfungen lief. Der Zutritt zum Sponsorenzelt umfasste auch einen Zuschauerbereich im Freien, der von modischen jungen Damen und Herren bevölkert war, die Prada, Ray Ban und Maui Jim präsentierten.

Vielseitigkeit ist ein Test. In jeder Schwierigkeitsklasse ist es ein Test, der nichts für schwache Nerven ist. Wie Rennfahren oder Unterwasser-Höhlenforschung, wenn etwas schief geht, ist der Tod eine Möglichkeit. Aber *gut* ausgeführt … *Gut* ausgeführt, na dann, dann ist es Jack Reacher, der einen Kampf beginnt, Kurt Vonnegut allein in einem Raum mit einer Schreibmaschine, Michael Jordan, der den Ball in die Hände bekommt bei sechs Sekunden verbleibender Spielzeit.

In der Welt der Vielseitigkeit ist die Vier-Sterne-Turnierkategorie traditionell die höchste – viele sagen, sie sei noch schwieriger als die Olympischen Spiele. Pro Jahr gibt es sechs Vier-Sterne-Veranstaltungen, in Nordamerika jedoch nur eine. (Die anderen sind in Frankreich, Deutschland und Australien mit je einer, während es in England zwei gibt.)

Dieses Turnier war ein Vier-Sterne-Event. Und ich war zum ersten Mal auf einem. Ich hatte ein Glas kühles belgisches Bier in der einen Hand, Cola-Rum in der anderen, und ich trug ein Grinsen, das der deutschen Bettina Hoy sehr ähnlich sah (die gerade eine „28" in der Dressur erzielt hatte und die Weltspitze in der ersten Prüfung um vierzehn Punkte anführte), als ich Karen bemerkte.

„Wie bist du hier reingekommen?", fragte sie und sah mich überrascht an.

„Durch die Küche", antwortete ich und hatte absolut keine Ahnung, ob sie das lustig oder mutig oder unhöflich finden würde. Hätte ich nicht schon zwei Cola-Rum mit Limette gehabt, hätte ich vielleicht eine bessere Vorstellung davon gehabt, wie sie reagieren würde.

Karen musste direkt vom Ausstellerbereich gekommen sein, wo sie und David Autogramme am Stand des *Practical Horseman* geben sollten, eines beliebten US-Reitmagazins. Ich war vor zwei Stunden vorbeigekommen und hatte die Reihe eifriger Kinder und geduldiger Eltern gesehen, die den Verkehr blockierten. Ich wusste, dass die O'Connors Fans hatten, aber die Atmosphäre war eher wie bei J.K. Rowling, wenn sie Bücher in den Universal Studios signierte.

Die meisten der jungen, aufstrebenden Reiter hielten Magazine oder Bücher zur Unterschrift bereit – Karen und Davids Buch *Life in the Galloping Lane*, eine Chronik ihrer Erfahrungen und Erfolge, war vor kurzem veröffentlicht worden. Ich erkannte den blau-grünen Umschlag, weil ich ein eigenes, eselsohriges Exemplar besaß.

Karen stand da mit einer kleinen Gruppe, aber jetzt trat sie von ihnen weg und sah mich an. Sie trug eine blaue Bluse, goldene Ohrringe und ein Pokerface. Ich stand still. Die letzten Monate mit den O'Connors gingen mir durch den Kopf.

Während meines gesamten Aufenthalts bei ihnen hatte ich ein Vertrauen in mein Reiten bewahrt, das nicht immer durch die Realität zu rechtfertigen war. In meiner ersten Springstunde mit David – auf Danny, einem seiner Lieblingspferde – krachte ich durch einen Oxer, verlor meine Steigbügel und landete vor dem Sattel am Hals des Pferdes. Wenn ich gewollt hätte, hätte ich nach unten greifen und nach Dannys Ohren fassen können. David sagte nichts; er verkleinerte einfach das Hindernis und sagte: „Nochmal." Es dauerte allerdings lange, bis er mich wieder diese Höhe versuchen ließ.

Karen andererseits sagte genau das, was sie dachte. Als sie an einem Wochenende auf dem Hof eines Nachbarn unterrichtete, ritt ich Danny (der schnell zu einem *meiner* Lieblingspferde wurde) im Schritt, als Karen ihr Pferd neben mir verlangsamte und mich fragte, wie es mit ihm liefe.

„Perfekt!", sagte ich.

„Perfekt. *Perfekt*? Was meinst du?" Sie runzelte die Stirn. „Die Leute sind viel zu schnell mit dem Wort *perfekt* bei der Hand."

„Er ist ziemlich gut", korrigierte ich mich schnell. Ich ritt Danny weiter im Schritt und Karen ging jetzt neben mir. Wir hielten beim Wassergraben im Schatten zweier großer Palmen an und sahen zu, wie ein paar andere Reiter und Pferde hindurchrauschten.

„*Perfekt* wird viel zu oft verwendet", wiederholte sie, während wir zuschauten. Sie sprach jetzt mit der Stimme eines Lehrers. „Die Leute werfen damit einfach um sich, ähnlich wie mit den Worten *Ich liebe dich.* Jetzt sag mir ehrlich, *wie* ist er?"

„Er geht solide vorwärts und benimmt sich sehr gut", antwortete ich.

Sie hatte recht. Wenn ich es nicht so meinte, war perfekt ein fauler Ausdruck. Dann gab es da zwei Tage im April, an denen ich nichts richtig machen konnte. Das waren Kleinigkeiten, aber zusammengenommen brachten sie mir einen strengen Vortrag von Karen über die Wichtigkeit von *Horsemanship* ein. Horsemanship war ein Konzept, das ich zu begreifen begann – nur begann – zu begreifen.

Der erste Vorfall war, als ich mich aufs Gras setzte, um zu beobachten, wie ein Pferd einem potenziellen Käufer gezeigt wurde und es erschreckte (das Pferd, nicht der Käufer). Viele Pferde scheuen möglicherweise vor einer Person, die an einem unerwarteten Ort sitzt.

Dann war da der Moment, als ich ein Pferd aus dem Stall führte und beinahe geradewegs in ein anderes hineinlief, das für einen Vet-Check laufen sollte, aber bereits ohne meine Hilfe am Steigen war und Ärger machte.

Und dann war da noch der Zeitpunkt, als ich während des Ausmistens eine Schnittwunde am Kniegelenk eines Pferdes nicht bemerkte. Zum Glück waren diese Fehler weder schwerwiegend noch tragisch. (Die Wunde am Kniegelenk beim ersten Mal nicht zu sehen, kostete jedoch einen unnötigen, zweiten Tierarztbesuch.) Mir wurde jedoch sehr deutlich gemacht, dass es im Umgang mit Pferden nicht ausreichte, neunundneunzig Prozent der Zeit wachsam und aufmerksam zu sein. Es war Karen, die mich lehrte, was Horsemanship *bedeutet.* Nach meinem dritten groben Fehler (dem Cut am Knie) bekam ich eine Standpauke, und dies sind die Notizen, die ich in dieser Nacht aufschrieb:

*Horsemanship ist mehr als Reiten. Mehr als Pferdepflege. Es geht nicht um das Erlernen fliegender Galoppwechsel oder des Flechtens von Mähnenzöpfen, obwohl es diese Dinge beinhalten kann. Horsemanship ist eine fast undefinierbare Fähigkeit, Pferde zu verstehen und sich ihrer bewusst zu sein. So wie manche Musiker niedergeschriebene Musik hören und verstehen können, bevor sie gespielt wird, kann ein Horseman vorhersagen, wie sich Pferde unter bestimmten Umständen verhalten werden. Horsemen erkennen, dass alle Pferde auf bestimmte, vorhersehbare Weise reagieren und dennoch jedes Pferd ein Unikat ist. Große Horsemen haben weniger Unfälle, genießen mehr Vertrauen ihrer Tiere und haben letztendlich mehr Erfolg.*

Nach meinem nicht gerade angenehmen Gespräch mit Karen entschloss ich mich, Zaumzeug putzen zu gehen – nicht meine Lieblingsaufgabe, aber an diesem Tag fand ich sie beruhigend, weil der Sattelraum kühl und ruhig war, nicht wie draußen heiß und feucht. Ich griff nach dem ersten Zaumzeug, das an einem vierzackigen Haken von der Decke herabhing, und begann den ersten Schritt zur ordnungsgemäßen Reinigung mit einem feuchten Schwamm. Ich hoffte immer noch auf ein paar Minuten für mich, da betraten Karen und ein paar andere Reiter den Sattelraum, auch auf der Suche nach Zuflucht vor Hitze und Feuchtigkeit. Es war zu spät zu gehen, also blieb ich einfach still und wünschte, ich wäre ein bisschen kleiner. (Ich bin 1,80 m, wiege 90 Kilo ... kein Riese, aber mit Sicherheit als Vielseitigkeitsreiter größer und schwerer als die meisten anderen.) Karen sah mich an und scherzte über etwas. Ich muss schockiert geschaut haben, denn sie lachte und sagte vor allen: „Was? Darf ich nicht nett zu dir sein, nachdem ich gemein war?"

„Ich denke, du kannst", war alles, das ich herausbrachte. Aber ein kühler Schwall der Erleichterung schwappte über mich und mit ihm begann mein Zutrauen zurückzukehren. Einige Trainer folgen einer Struktur, die sie für jedes Pferd verwenden, aber Karen glaubte, dass das Trainieren eines Pferdes dem Malen eines Bildes gleicht: Jede Bildkomposition unterliegt der Gestaltungslehre, und doch beschreitet jeder Maler einen eigenen Weg, um sein Bild zu vollenden.

Karen verfügte über eine Art und Weise, Konzepte zu erklären und zu vereinfachen, die bei mir schlichtweg funktionierte. In meiner ersten Unterrichtsstunde vermittelte sie mir die vier Sitzpositionen beim Geländereiten (leichter Sitz, Kontroll-, Kontakt- und Landungssitz) und die vier Aufgaben des Reiters (Richtung, Geschwindigkeit, Gleichgewicht und Takt). Sie beschrieb wie das Pferd, wenn man im Galopp in den Steigbügeln stand, eine Veränderung des Gleichgewichts und eine leichte Zunahme des Luftwiderstands spürte, die ihm signalisierte, langsamer zu werden. Sie brachte mir bei, dass ich meine Füße etwas weiter vorne im Steigbügel positionieren konnte und dass der Steigbügelriemen auch bei Tiefsprüngen und Böschungen hinab senkrecht zum Boden bleiben sollte.

Bis zu diesem Zeitpunkt hatte ich den Geländeritt der Vielseitigkeit einfach für eine schnellere und längere Version des Parcoursspringens gehalten. Jetzt begann sich meine ganze Körperhaltung zu verändern … und mit ihr meine Denkweise. Ich erwarb die Fähigkeit, mich auf die größten Hindernisse einzustellen. Beim ersten Mal lief noch nicht alles glatt für mich, aber beim zweiten oder dritten Versuch begann es sich ziemlich gut anzufühlen. Ich stellte fest, dass ich mehr Geschick als Erfahrung hatte. Das bedeutete, dass ich tun konnte, was mir *gesagt* wurde, aber noch nicht herausgefunden hatte, wie ich es selbst einschätzen konnte.

Ich fragte mich, ob sich eine unbequeme Wahrheit anzuhören, außerhalb jedermanns Komfortzone lag, oder ob es möglich war, so weit zu reifen, dass man sie schlussendlich leicht schlucken und verdauen konnte. Karen hatte jedenfalls die Angewohnheit, ihre ernsten Gespräche später mit einem Lachen auszugleichen. Was sich daraus entwickeln würde, wusste ich nicht, als ich an diesem Tag in Kentucky mit einem Drink in jeder Hand vor ihr stand. *Jedenfalls* dachte ich, sie hätte eigentlich draußen beim Turnier sein sollen, und nicht in dieser Bar.

Karen war begabter und erfahrener als die meisten anderen, hatte jedoch in dem Jahr, in dem ich ihr Praktikant war, kein Pferd für das *Kentucky Three-Day-Event*. Im Jahr zuvor hatte sie sich mit *fünf* Pferden qualifiziert. Karen hatte das Turnier in den Neunzigerjahren drei Mal gewonnen (David hatte es auch drei Mal gewonnen). Aber Pferdesport fordert Pferde und Reiter sehr stark, und es war nicht ungewöhnlich, dass ein Reiter mit einer großen Anzahl wettbewerbsfähiger Pferde auf einmal keines mehr hatte. Ich stellte mir vor, Karen müsste sich wie ein Mauerblümchen fühlen, aber zwischen dem Trainieren anderer Athleten, der Mitwirkung bei Präsentationen und den Treffen mit einigen der jüngeren Sportler und Fans, die gekommen waren, um zuzuschauen, schien sie das Beste daraus zu machen.

Zu diesem Zeitpunkt wusste ich, dass Karen eine der ehrlichsten Personen war, die ich jemals getroffen hatte. Deshalb hätte ich mich an diesem Tag im Sponsorenzelt nicht wundern dürfen, als sie mir direkt in die Augen sah und sagte: „Schlechtes Benehmen!"

Der Rum machte es mir ein wenig schwer zu begreifen, dass sie es wirklich ernst meinte, und obwohl sich mir der Magen umdrehte, als es langsam einsickerte, hielt mein Lächeln einen Moment länger, als es hätte bleiben sollen. Karen warf einen Blick auf meine Getränke und sah mich dann wieder an.

„Wirklich schlechtes Benehmen!"

Ich stand unbeholfen neben dem Tisch, erstarrt, und wusste nicht, ob ich mich entschuldigen oder nur still zum nächsten Ausgang gehen sollte. Karen saß einen Moment bei ihren Freunden und Sponsoren, die den Großbildschirm betrachteten, drehte sich dann wieder zu mir um, nachdem der nächste Reiter seine Prüfung beendet hatte. Ich schwitzte und fühlte mich unwohl.

Sie lächelte und sagte: „Nun, ich denke, deine Entschuldigung ist, dass du aus Kanada kommst. Setz dich besser zu uns!"

Ich konnte meinen Puls in der Fläche meiner Hand fühlen, die das Bier hielt. Ich setzte mich auf die äußerste Kante eines der leeren Stühle und starrte auf den Fernseher, ohne wirklich etwas zu sehen. Niemand schenkte mir Aufmerksamkeit, als ich ein paar Minuten später einen Moment fand, um mich zu verdrücken. Ich ging nicht wieder ins Sponsorenzelt.

Später fiel mir ein, wie ich Danny nach meinem ersten Gelände-Unterricht mit Karen abgespritzt hatte, meine Ausrüstung gereinigt hatte und zu einer Aufgabe zurückgekehrt war, die mir zuvor auf-getragen worden war: Laub rechen. Ich hielt meine Gedanken be-schäftigt, während ich fegte, indem ich die Stunde immer und immer wieder in meinem Kopf durchspielte. Ich konnte fühlen, wie sich mein Körper zurücklehnte und meine Beine nach vorne gingen, als Danny im Wasser landete. Ich fühlte einmal mehr, wie ich die Zügel verlor und sie dann wieder aufnahm, während Danny sich unter mir ausbalancierte. Die fünf Galoppsprünge auf gebogener Linie zur schmalen, sich leicht öffnenden linken Hand. Landen, ausba-lancieren, vorwärts … Ich war so sehr damit beschäftigt, die Stunde nochmals zu erleben, dass ich erst bemerkte, dass Karen sich mir mit ihrem Golfwagen näherte, als sie bereits neben mir war. Sie rollte zu einem Halt und sah mir in die Augen.

„Super Arbeit heute!"

Ich sah sie an, überrascht. Ich sagte nichts.

„Tik, ich denke, du hast vielleicht deine Bestimmung gefunden", sagte sie sachlich und fuhr dann los.

Ich hoffte, dass sie über meine Reiterei sprach und nicht über die ordentlichen Haufen brauner Blätter, die ich hinterlassen hatte. Genau wie Karen wusste ich bereits, dass ich lieber das *Kentucky Three-Day* reiten würde, als es auf dem Riesenbildschirm zu verfolgen. Mir wurde jedoch klar, dass es in diesem Jahr nicht um diese wenigen Minuten in der internationalen Arena oder auf der äußerst herausfordernden Vier-Stern-Strecke unter den wachsamen Augen und den gebräunten Gesichtern der Sponsoren im weißen Zelt ging. Stattdessen lernte ich die 10 000 Details, die diesem Punkt vorausgingen.

Nach dem *Kentucky Three-Day* fuhr ich mit Hannah und zwei von Karens Pferden zurück nach Middleburg, Virginia, dem Sommersitz des O'Connor Vielseitigkeitsteams. Der Hof überblickte die *Blue Ridge Mountains*. Wenngleich die *Rocky Mountains* zu Hause in Kanada sie, was Höhe betrifft, deutlich übertrafen, konnte die Klasse dieser Hügel nicht geleugnet werden. Der Geländeparcours der O'Connors wurde als „Spielplatz" bezeichnet und war auch einer. Ich hatte noch ein paar Tage mit David und Karen, bevor ich nach Hause fuhr, um die nächste Etappe meines Praktikantenplans vorzubereiten: mich einem Springreiter anzuschließen. Ich musste nur herausfinden, *welchem* Springreiter.

## CAPTAIN CANADA

Jeder kann *auf* einem Pferd sitzen. Ein guter Reiter sitzt *im* Pferd. Ein *großartiger* Reiter wird, was Gleichgewicht, Kommunikation und Harmonie betrifft, scheinbar zu einem *Teil* seines Pferdes.

Der großartige Reiter sieht nicht nur voraus, vor welchem Schatten sein Pferd scheut, sondern in welche Richtung es dies tun wird. Und der Reiter weiß das, ohne darüber nachzudenken. Er wird zu einem

Gehirn, eingebaut direkt hinter dem Widerrist, das sich zusammen mit seinem Pferd bewegt, auf und ab wie Treibholz im Wogen der Wellen.

Die Waden, die Fersen, die Hände verfügen über große Kraft, wenn nötig, was manchmal der Fall ist, aber am Ende werden sie einfach zu Hilfsmitteln, die Signale vom großartigen Reiter auf sein Pferd übertragen, so wie das Gehirn Nachrichten entlang der Nervenkabel zu den Muskeln sendet. Sie erzwingen nie, sie lenken ganz einfach. Sie fragen: „Könnten wir?" Es ist großartig, das zu sehen.

Ich beobachtete Ian Millar im Juni bei einem Wettkampf in *Spruce Meadows* in Calgary. *Spruce Meadows* ist ein Turnier im Freien mit vielen Reitplätzen, Vorführungen, Wettkämpfen, Shows, Bars, Restaurants und Einkaufsmöglichkeiten. Es ist Disneyland für Springfans. Ich wartete drei Tage auf eine Gelegenheit, mit ihm zu sprechen, weil ich ihm meinen Lebenslauf geben wollte. Nachdem ich sein Reitritual über mehrere Tage beobachtet hatte, war der einzige Ort, von dem ich wusste, dass ich ihn dort finden würde, der Turnierplatz, und jedes Mal, wenn er aus einer Prüfung kam, war mir klar geworden, dass ein Tanz beginnen würde: Millar übergab sein Pferd an seinen Pfleger – mit einem Lächeln und einem Abklopfen, unabhängig davon, wie er sich in der Prüfung geschlagen hatte – dann wandte er sich um und sprach mit den Reportern, den Sponsoren, den Fans. Er führte sie um das Turnierzelt der Sponsoren herum, bevor er auf dem Parkplatz landete, auf dem er sein Motorrad bestieg. Das Dröhnen des Motors brachte die Schar der Anhänger endlich zum Schweigen. Ein Winken, ein Lächeln und weg war er. Irgendwie musste ich einen Weg finden, ihn abzufangen.

Zwei Tage bevor ich die Veranstaltung verlassen sollte, schlängelte ich mich durch die Menge und gab ihm meinen Lebenslauf, als er gerade sein Motorrad startete.

„Hier", sagte ich. „Ich habe mich gefragt, ob Sie vielleicht eine Stelle für einen Praktikanten hätten." Er warf einen Blick auf das Blatt Papier.

„Tik Maynard", las er laut vor. Er sah weiter unten auf die Seite. „Du hast für Ingrid Klimke gearbeitet? Toll. Ich habe so viel Respekt für ihre Familie."

„Hab ich."

Ingrid war eine derjenigen gewesen, die gesagt hatten, dass ich viel von Millar lernen könnte. Für einen Kanadier war das jedoch ziemlich selbstverständlich. Millar wurde mit einem Pferd namens Big Ben berühmt – zusammen gewannen sie vierzig Grand Prix-Titel. Big Ben gab es schon lange nicht mehr, aber Millar – in der Presse als „Captain Canada" bekannt – hatte es geschafft, Pferd um Pferd zu finden, das springen konnte, und im Jahr zuvor hatte er in Hongkong gerade an seinen neunten Olympischen Spielen teilgenommen. Ja, seine *neunten*!

Ingrid hatte eine Weile als Praktikantin für Millar gearbeitet. Sie war im Sommer nach Ontario geflogen, mit ihm die Ostküste entlang gereist und hatte gelernt, wie es ist, sich in Nordamerika in der Grand Prix-Szene zu messen. Manchmal versorgte sie die Pferde, manchmal ritt sie, manchmal ging sie mit ihm aufs Turnier. Bevor ich Deutschland verließ, hatte Ingrid sogar gesagt, sie würde mir helfen, einen Posten bei Millar zu finden, wenn ich wollte, aber ich war dem nicht nachgegangen. Ich hatte Angst, zu viel ihrer Zeit zu beanspruchen, ihr lästig zu fallen oder Dinge zusehends als gegeben zu betrachten, die es nicht waren. Und ich dachte, ich könnte den Posten von allein bekommen.

„Ingrid war unglaublich", sagte ich und sah Millar in die Augen. „Ich würde auch gerne in einem Springstall arbeiten."

„Nun, ich kann weder zu- noch absagen. Meine Tochter kümmert sich um die Stellenvergabe. Ich werde es ihr weitergeben."

Er faltete die schriftliche Aufzeichnung meiner Berufskarriere ungleichmäßig zusammen und steckte sie in seine Hosentasche.

Am nächsten Tag war meine Mission: Finde Ian Millars Tochter Amy und präsentiere ihr deinen Lebenslauf. Amy, ihr Bruder Jonathan und ihr Vater führten die *Millar-Brooke Farm* in Ontario. Sie hatten 300 Hektar Land direkt außerhalb von Perth, einschließlich Reitplätzen, Ställen, Wäldern, Feldern, Reitwegen und mehreren Häusern. Ich hatte das Gefühl, dass ein Job bei Ian Millar – sogar auch noch zu Hause in Kanada – eine großartige Möglichkeit wäre, meine Zeit als Praktikant abzurunden.

Ich wusste, wie Amy aussah und hatte sie oft reiten sehen. Sie und ihr Bruder Jonathan ritten beide auf internationalem Niveau. Amy war blond, schlank, ein bisschen kleiner als ich, ein paar Jahre älter als ich. Statistisch gesehen wahrscheinlich eine recht häufige Beschreibung von Reitern in *Spruce Meadows* in diesem Jahr, aber mittlerweile hatte ich herausgefunden, wo ihre Pferde untergebracht waren, sodass sich die Suche viel einfacher gestaltete.

Als ich das erste Mal vorbeikam, studierte sie eine Teilnehmerliste und sprach mit einer anderen, jüngeren Dame. Beide trugen beige Reithosen und ihre hohen Stiefel glänzten. Nachdem ich mich vorgestellt hatte, fragte ich, ob ich mit ihr über eine Stelle als Praktikant sprechen dürfe.

„Ich bin gerade sehr beschäftigt", sagte sie.

Der nächste Morgen begann frisch und kühl, und ich erreichte das Turniergelände, als sich die Warteschlangen für den Morgenkaffee formierten. Ich ging an den Schlangen vorbei und steuerte auf den *Millar-Brooke*-Stall zu, der ein Ende einer langen Stallzeltreihe einnahm. Wenn man Boxen bei diesem Turnier mietete, waren sie karg: Es gab Industriestahl für den Rahmen, unlackiertes Holz für die Wände und die Tür und darüber ein offenes Dach. All dies wurde von einem großen weißen Zelt überspannt. Auf dem Boden lagen

Gummimatten. Nachdem man die Einstreu und Eimer für Futter und Wasser hinzugefügt hat, ist es bei Springprüfungen üblich, den gemieteten Stallbereich zu dekorieren. Rindenmulch, Blumen, Korbstühle und Tische werden arrangiert. Manchmal werden sogar Bilder aufgehängt, um den Bereich zu verschönern. Besucher sind beeindruckt und die Reiter fühlen sich mehr zu Hause.

Amy trug einen Helm in der einen Hand und in der anderen sah es nach einem heißen Getränk aus. Hinter ihr trug ein Mädchen einen Sattel. Die Art und Weise, wie Amy sich bewegte, war zielgerichtet, wie eine Katze, die auf ihr Lieblingsjagdgebiet zusteuerte. Ich konnte sehen, dass sie sich aufs Reiten vorbereitete. Ich war nicht überrascht, als sie mich sah und sofort sagte: „Guten Morgen. Wir können jetzt nicht reden."

Ich nickte. Ich überlegte, meine Hilfe für diesen Tag anzubieten, aber wie es aussah, hatte sie alles unter Kontrolle.

„Bis später", sagte ich und drehte mich um, um zu gehen. „Vielen Dank!"

Nach einem Morgen, an dem ich Pferde auf den Abreitplätzen beobachtet hatte, entschloss ich mich, es noch einmal zu versuchen. Ich würde so oft zurückkehren, wie es nötig war. Die Stelle würde nicht von alleine kommen. Als die Sonne hoch am Himmel stand, schaute ich wieder in ihrem Stallbereich vorbei und erwischte Amy diesmal beim Mittagessen. Perfekt, dachte ich. Dann lachte ich über mich selbst und änderte das Wort: Praktisch.

Sie ließ mich reden. Ich erklärte, dass ich zur *Millar-Brooke* Farm kommen wolle. Ich würde gern für ihren Vater reiten.

„Und mit dir", fügte ich hinzu. „Und mit deinem Bruder."

Amy fragte, ob ich ein Reitvideo von mir hätte. Ich hatte. Sie sagte, sie möchte, dass ihr Bruder einen Blick darauf werfe, bevor sie sich entscheiden. Und gleich darauf kam er um die Ecke. Praktisch. Wieder.

Jonathan war groß, 1,90 m und schlank wie seine Schwester. Ich zeigte ihm ein kurzes Video von mir, wie ich auf einem Pferd meines Vaters – der Stute, die wir Sapphire nannten – einen Parcours ritt.

„Aber nicht McLain Wards Sapphire", fügte ich hinzu und bezog mich auf eines der berühmtesten Springpferde der Welt. Jonathan nickte, als wollte er sagen: „Natürlich nicht."

„Sieht gut aus", sagte er. Aber er wollte nicht unter Druck gesetzt werden, als ich ihn nach einer Praktikantenstelle fragte.

„Lass mich darüber nachdenken. Einer von uns ruft dich in ungefähr einem Monat an."

„Danke, Jonathan." Ich gab ihm die Hand. „Danke, Amy." Ich schüttelte ihre. Beide guter Händedruck. Fest. Einen Monat später, auf den Tag genau, bekam ich den Anruf. Amy hinterließ eine ausführliche Nachricht und informierte mich, wohin und wann ich anreisen sollte, um meine Aufgaben zu übernehmen. Ihr Ton war jung und fröhlich, aber es war auch eine Stimme, die es gewohnt war, Befehle zu erteilen, das Kommando zu übernehmen. Sie hatte keine Ahnung, dass ich ihre Nachricht dreimal abhören würde, bevor ich das Telefon meinem Vater übergab. Er hörte es sich selbst ein paar Mal an und lächelte.

## EIN TAG MIT IAN MILLAR

Ich sollte Ian Millar auf Spruce Meadows beim Masters Turnier im September treffen. Ich hatte also sechs Wochen Pause, um Sapphire und TJ zu reiten, die Pferde meines Vaters; auf den schattigen Pfaden zu laufen, die sich im *Pacific Spirit Park* durch Zedern- und Tannenwälder schlängeln; und Freunde wiederzusehen. Zu Hause stand ich auch schnell mitten im Familienleben, das ausgefüllt und rege war.

Es war geplant, Millar von Mittwoch bis Sonntag beim *Masters* zu assistieren und dann einen Flug nach Ontario zu nehmen, um weitere sechs Monate bei ihm zu Hause zu verbringen. Ich packte einen Koffer mit Winterkleidung – Pullover, Jacken, lange Unterwäsche – und einen mit Reit- und Freizeitkleidung. Ich putzte meine Stiefel. Ich brachte auch meine Sporen zum Glänzen. Ich reinigte meinen Helm. Ich bestellte eine neue Reithose. Ich kaufte mehr Schuhcreme. Ich hatte *Because Every Round Counts* von George Morris gelesen und achtete mehr auf Details. Und zudem wusste ich, dass ich auf der Hut sein musste, den Posten zu behalten.

Millar hatte zwei Pferde dabei. Sie waren für die Woche aus Ontario eingeflogen worden. Ich war in sein Team aufgenommen worden, noch ehe sich meine Augen an das schwache Licht im Stall gewöhnen konnten. Christy, eine ruhige Neuseeländerin, die ausgebildete Lehrerin war, aber ihr ganzes Leben lang mit Pferden gearbeitet hatte, führte mich durch den Fütterungsplan. Wir begannen mit Nahrungsergänzungsmitteln: „Das ist für die Blutzellen ... das soll die Durchblutung fördern ... das ist Vitamin E ...“

Ich erinnerte mich an die ersten drei, verlor aber schnell den Überblick über den Rest. Als Christy die letzte Dosis abgemessen hatte, waren meine Handflächen verschwitzt. Ich dachte an einen Rat zurück, den ich erhalten hatte, bevor ich mich auf diesen Abschnitt meiner Reise gemacht hatte. Der Horseman Jonathan Field lebte fast zwei Stunden von mir entfernt, aber Zeit mit ihm zu verbringen, war immer die Fahrt wert. Ich hatte Jonathan ein paar Jahre zuvor kennengelernt und war sofort beeindruckt gewesen. Er war ein Schüler von bekannten Reitern wie Ronnie Willis, Craig Johnson und Ray Hunt und hatte fast ein Jahrzehnt bei Pat Parelli gelernt. Jonathan besaß den Scharfsinn eines Wissenschaftlers und die Seele eines Heiligen. Er sagte zu mir: „Hör auf Ian Millar. Er ist ein Meister, ein Horseman. Seine Pferde gehen immer korrekt vorwärts und sie sind wirklich durchlässig." Darüber hinaus hatte Millar auch die Zutaten, die darüber entscheiden, was es bedeutet, im Pferdegeschäft erfolgreich zu sein: Reitkunst, nachweisliche Leistung, Geschäftssinn und ein Gespür für Marketing.

Natürlich kommt es auf das Geschäftsmodell an. Ein Reitlehrer oder Kursleiter benötigt keine nachgewiesenen Turnierleistungen (obwohl dies beim Marketing hilft). Er braucht die Fähigkeit zu kommunizieren. Und nicht zu verwirren.

In Bezug auf Marketing ermahnte mich Jonathan auf seine spielerische, scherzhafte Art: „Es gibt viele großartige Horsemen, aber wenn du dich nicht selbst vermarkten kannst, wirst du immer ein „armer" Horseman sein."

Im Laufe der Jahre haben mir andere Trainer ihre Rezepte verraten. George Morris erklärte auf einem Kurs, was es braucht, um zu gewinnen: „Erstens steht Ehrgeiz. Ehrgeiz! Zweitens emotionale Kontrolle. Ich bin streng, aber mit einem Pferd verliere ich nie die Beherrschung. Drittens Management. Sei akribisch. Viertens die Pferdewahl. Hol dir das beste Pferd, das du kriegen kannst. Zuletzt Talent. *Talent steht zuunterst.* Jedes Land hat Talente. Aber nicht jedes Land gewinnt. Talent steht zuunterst."

Pat Parelli, bei Sushi und Sake in Ocala, sagte über das Trainieren von Pferden: „Kräftige Beine, weiche Hände und Willenskraft."

Ernest Shackleton, Entdecker und Anführer, schrieb über die Eigenschaften, die er an den Rekruten für seine Polarexpeditionen schätzte: „Erstens Optimismus; zweitens Geduld; drittens physisches Durchhaltevermögen; viertens Idealismus; fünftens und letztens Mut." Es ist interessant, dass er sie in dieser Reihenfolge nennt und besonders interessant, dass er Optimismus an erster Stelle nennt. Hoffnung ist für Reiter so wichtig wie Wasser, um ihre Reise fortzusetzen.

Der von mir am meisten geschätzte Ratschlag stammt ebenfalls nicht von einem Reiter, trifft aber auf Pferdetraining zu:

*Bei menschlichen Angelegenheiten gefährlicher und heikler Natur wird der erfolgreichen Zuendeführung durch Überstürzung eine scharfe Schranke gesetzt. Allzuoft bringt Eile die Menschen zu Fall. Wenn man eine schwierige, verwickelte Tat richtig ausführen will, dann muss man zuerst das Ziel, das man erreichen will, genau ins Auge fassen und dann, wenn man sich von dessen Erwünschtheit überzeugt hat, überhaupt nicht mehr daran denken, sondern sein Augenmerk ausschließlich auf die Mittel richten. Verfährt man so, dann wird man durch Bedenken, Eile oder Angst nicht zu einem falschen Schritt verleitet. Sehr wenige Menschen erlernen das.* Steinbeck, *Jenseits von Eden*.

Es geht hier nicht um das Trainieren von Tieren, sondern um Giftmord. Steinbecks Wahrheiten haben eine Art und Weise, auf viele Dinge zuzutreffen, wie ich fand.

Vor allem anderen sehe ich als erste Eigenschaft, die *ich* in einem Trainer sehen möchte, Freude. Ich möchte ihn sagen hören: „Wie funktioniert es *da*mit? Wie können wir das mit der Pferdewelt teilen?" David O'Connor hat diese Leidenschaft, wenn er über Pferde spricht. Er spricht von Herzen: „Hier geht es um eine ganze *Welt an Möglichkeiten* mit Pferden! Alles, was du bisher gesehen hast, dreht sich um Kommunikation. Die *Kunst* des Reitens dreht sich um *Kommunikation!*"

Als Millar an diesem Tag für seinen zweiten Wettkampf aufsaß, folgte ich ihm auf den Abreitplatz. Obwohl es viele Zelte und Stände für die Zuschauer gab, gab es auch spezielle Wege für die Pferde. Als wir beim Show-Ring ankamen, brauchte er nicht wirklich Unterstützung – er hatte Christy – aber ich wollte da sein. Ich wollte sehen, wie er sich vorbereitete: wie lange er Schritt ging, wie er das Pferd sich dehnen ließ, welche Art von Sprüngen er benutzte. Ich wollte seine Rituale vor dem Start sehen.

Nach dem Test stieg er ab und übergab mir sein Pferd. Ich ging Schritt mit dem Pferd, bis sein Schweiß getrocknet war. Ich entfernte die Stollen von seinen Hufeisen. Ich führte das Pferd weiter im Schritt, als Millar mich zu sich rief. Er stand in einer Ecke mit Christy an seiner Seite. Ich musterte das Pferd neben mir. Saß seine Decke nicht gerade? Sollten seine Gamaschen ab sein? Was hatte ich falsch gemacht?

„Was hör' ich da, du schreibst Artikel für eine Zeitschrift?"

„Oh", schluckte ich. „Ich hab' ein paar Artikel für eine Zeitschrift geschrieben. *Gaitpost*. In *British Columbia*."

„Kenne ich. Wir haben sie sogar abonniert."

Millar stand mit verschränkten Armen da. Mit strenger Miene, aber nicht einmal ansatzweise dabei, die Beherrschung verlieren. Christy schien bisher weder interessiert noch peinlich berührt zu sein. Einfach gleichgültig. Das Pferd stand ruhig da, seine Ohren richteten sich zuerst auf Millar, dann in Richtung Weg, auf dem eine Familie mit einem Kinderwagen vorbeiging, und dann zurück zu Millar.

„Also …", begann ich und beschloss, zu versuchen, was offensichtlich ein Problem war, mit einem Lächeln und einer ungezwungenen Lässigkeit herumzudrehen. „Ich habe über meine bisherigen Erfahrungen als Praktikant geschrieben …"

Nun, es war nicht gerade ein Geheimnis. Ehrlich gesagt hätte ich nicht gedacht, dass es irgendjemand interessieren würde. Ich war immer sorgfältig mit dem, was ich schrieb, und versuchte, auf Nummer sicher zu gehen. Affären und Skandale waren nicht mein Ding – sie könnten, wie Steinbeck schrieb, „als bestätigter Klatsch durchaus akzeptabel sein, aber in gedruckter Form könnten die Protagonisten geneigt sein, die Geschichten als verleumderisch zu betrachten, und sie sind es sicherlich auch."

„Ich wünschte, du hättest mir vorher gesagt, dass du über deine Erfahrungen schreibst. Wie viele Artikel hast du geschrieben?"

Millar trat einen Schritt zurück und lehnte sich an das Geländer. Seine Augenbrauen waren hochgezogen. Christy schwieg immer noch. Das Pferd hatte den Kopf gesenkt, und seine Zunge war draußen und befühlte seine Lippen, als hätte es gerade bemerkt, dass es sie hatte.

„Neun. *Gaitpost* hat acht von ihnen veröffentlicht", antwortete ich, einerseits mit Stolz auf meine Leistung und andererseits in dem Bewusstsein, dass ihn dies nicht glücklich machte.

„Neun. Kannst du dir das vorstellen?" Millar sah Christy an.

Sie sagte nichts, aber sie wandte sich leicht von mir weg. Keine Hilfe aus dieser Richtung. Millar wandte sich wieder mir zu.

„Du weißt, ich mag dich, Tik."

Ich nickte.

„Ich weiß nur nicht, ob ich das machen kann. Es wäre, als würde ich die Paparazzi in mein Schlafzimmer einladen." Familien, Paare, eine Deutsche Dogge, gingen hinter ihm vorbei. Er war gefasst, aber ich stellte mir vor, dass es bei ihm einiges bedurfte, bis er sich aufregte.

„Nun, wenn Sie mich einstellen, werde ich nichts schreiben", erwiderte ich rasch. Ich sah ihm in die Augen. Ich meinte es. „Vielleicht könnte ich etwas unterschreiben, das das besagt", bot ich an.

Millar wandte sich an Christy: „Was würdest du tun?" Dann lächelte er und lachte, noch bevor sie antworten konnte. „Du würdest ihn feuern, nicht wahr?"

Er drehte sich wieder zu mir um, zurück in seiner Gefasstheit und mit seinem Lächeln.

„Ich sag dir was. Ich denke drüber nach."

Zurück im Stall gab es noch Zaumzeug zu putzen, Pferde zu füttern, Boxen auszumisten. Aber der Stall schien plötzlich dunkler, und kleiner, beengter. Ich bot an, die Pferde grasen zu führen. Schweigend holte ich das erste. Es senkte gehorsam den Kopf und ließ mich das Lederhalfter über seine Ohren streifen. Draußen dachte ich an etwas anderes, das ich von Jonathan Field gelernt hatte. Sobald ein Pferd etwas lernt, sei es produktiv oder negativ, ist diese Erinnerung für immer gespeichert. Aber Pferde lernen immer, sie sind immer neugierig. Ein guter Horseman musste genauso sein. Er konnte nicht sagen: „So, ich hab's geschafft. Ich hab's ihm beigebracht, und jetzt kann ich mich ausruhen." Nein. Ein Horseman muss immer gestalten, aufbauen, lernen und lehren.

Ich hörte einen Motor sich nähern und dann anhalten. Stille, die nur durch den Tritt eines Pferdes gegen die Stallwand unterbrochen wurde. Die Kameradschaft, die ich erst ein paar Stunden zuvor mit Christy geteilt hatte, war bereits verschwunden. Eine Minute später betrat Millar den Stall. Er trug Jeans und einen weißen Cowboyhut.

Er legte seine Hand auf meine Schulter. Ich blickte zu ihm hinauf.

„Ich kann es einfach nicht machen."

„Was machen?" Er tat mir fast leid.

„Ich kann das Risiko einfach nicht eingehen. Es tut mir leid."

Ich nickte. „Okay."

Ich musste an ihm vorbei, um meinen Rucksack aus der Sattelkammer zu holen. Er trat mir aus dem Weg und entschuldigte sich. Ich holte Luft, machte den Helferausweis, der um meinen Hals hing, los und hielt ihn ihm hin.

„Warum behältst du den nicht", sagte er.

Am nächsten Tag, zurück in Vancouver, hängte ich den Pass im Gästezimmer meiner Eltern an den Spiegel. Mein altes Zimmer. Wieder mein neues Zimmer. Die Sonne schnitt wie ein Dolch durch meine Vorhänge. Sie traf den Pass wie ein Scheinwerfer. Ich sah mein Foto mich anstarren. Ich hatte einen Tag für Ian Millar gearbeitet.

Ian Millar war ein großartiger Reiter. Er besaß die ungewöhnliche Kombination aus Tatendrang und Konzentration, Geduld und Mut. Selbst als er 2008 seine neunte Olympiade beendet hatte und graue Haare unter seinem Helm hervortraten, war er immer noch ein Ausnahmesportler. Jeder wusste das.

Mein erster Gedanke war, mich zu verteidigen. Aber da ich bereits zum zweiten Mal binnen ebenso vieler Jahre gefeuert worden war, erkannte ich, dass ich vielleicht mehr *hinein* blicken sollte, anstatt *hinaus*.

Ich begann wieder damit, Lebensläufe zu verschicken. Ich ging die Anzeigen auf yardandgroom.com durch. In Maryland gab es eine Stelle als Reiter. Ein Pfleger wurde in England gesucht. In Riad brauchten sie einen Ausbilder. Ich klickte auf den Link zur Website. Riad: die Hauptstadt von Saudi-Arabien. Ich wusste nicht, ob ich mich bewerben würde. Ich war ein hungriger Hund mit leerem Magen, der überall nach Nahrung stöberte. Ich wusste, dass ich sofort erwähnen würde, wenn ich eine neue Stelle fände, dass ich gerne darüber schreiben möchte. Ich klickte auf die nächste Suchanzeige und dann die nächste.

## UND NUN ZU ETWAS VÖLLIG ANDEREM

Mein Vater galoppierte neben mir her. Er saß auf dem großen, mürrischen Wallach TJ und ich auf Amadeus, einem Lipizzaner, der Mühe hatte, mitzuhalten. Die Strecke des Reitvereins war für uns beide leicht breit genug und der Boden war ausgezeichnet; Die Regentage standen noch bevor. Da die Pferdeimmobilien in Vancouver oft nur einen halben Hektar groß waren, gehörten die meisten Reiter dem örtlichen Reitverein an, der eine Rennstrecke, Dressurringe, Springplätze, eine Halle und eine Rasenfläche bot.

Mein Vater sah mich an und ich wusste, dass er etwas Lächerliches sagen würde. Es waren seine Augen – strahlend und neugierig – die seine Begeisterung verrieten. Und er stellte *immer* die offensichtlichsten Fragen, wenn er begeistert war. Es machte mich wahnsinnig.

„Wenn du nicht für Ian Millar arbeiten kannst, willst du über den Winter hierbleiben?" Ich spornte Amadeus an, in dem Versuch mitzuhalten.

„Ich glaube, ich möchte fort. Heute hatte ich einen am Telefon, der gesagt hat, ich könnte runterkommen und bei ihm lernen."

„Warum gehst du nicht nach England und arbeitest für einen Eventer? Hattest du nicht ein Jobangebot von William Fox-Pitt?"

Ich sah meinen Vater an. Er stand leicht in den Steigbügeln und ließ das Pferd sanft unter sich entlangrollen. Er *wusste*, dass ich gerade bei den O'Connors fertig geworden war. Und ja, ich hatte William Fox-Pitt getroffen. Wir hatten uns beim *Kentucky Three-Day* zusammengesetzt und über die Möglichkeit gesprochen, dass ich den Atlantik überquere, um mit ihm zu arbeiten. Ich war mit Sinead in Kontakt geblieben. Sie hatte das Treffen eingefädelt.

„Du erinnerst dich, Vater – ich habe abgesagt, weil ich beschlossen hatte, stattdessen zu Ian Millar zu gehen. England klang allerdings nach Spaß, vor allem, weil er sagte, wir könnten vielleicht auf Fuchsjagd gehen."

„Wenn es dir mit der Vielseitigkeit ernst ist, solltest du wirklich nach England gehen. Badminton und Burghley, die berühmtesten Turniere der Welt, sind dort!"

„Er hat jemand anderen eingestellt, da bin ich sicher", antwortete ich, während ich Amadeus weiterhin trieb. „Außerdem möchte ich

Westernreiten lernen und mir ein wenig mehr Natural Horsemanship ansehen."

*All das hatte ich ihm schon gesagt.* Unsere Beziehung schien am
besten zu sein, wenn ich gerade nach Haus gekommen war oder im
Begriff war zu gehen. Ich vermisste ihn immer, wenn ich *fort* war.

„Was denkst du, wie viele Pferde hat er?", fragte er.

„Fox-Pitt? Um die zwanzig wahrscheinlich. Aber er hat jetzt schon
einen Reiter."

Wir galoppierten; Ich lehnte mich über den Widerrist und trieb
Amadeus vorwärts.

„Weißt du", mein Vater überbrüllte das Trommeln der Hufe,
„alle guten Pferdeleute verwenden Prinzipien des Natural Horsemanship. Du brauchst dich nicht darauf zu spezialisieren, um davon
zu profitieren, dass du lernst, deine Körpersprache bei den Pferden
einzusetzen."

Er hatte recht. Um das Wort „natural" ging es mir nicht. *Natural*
Horsemanship erinnerte mich an Werbungen, die *organisches* Essen
oder *echten* Zucker anpriesen. Wann hatten wir damit begonnen,
Dinge als „besonders" anzupreisen, die wir früher einfach voraus-
gesetzt hätten? „Natural Horsemanship" sollte einfach „Horsemanship" heißen. Andererseits, nachdem sich Horsemanship von einer
Lebensart zu einer Disziplin und Industrie gewandelt hatte, *brauchten* wir vielleicht ein Adjektiv.

Ehrlich gesagt war mir immer noch nicht klar, ob ich verstanden
hatte, was „Horsemanship" wirklich ist. Meine vorläufige Definition: Eine Art zu kommunizieren, was der Mensch will, in einer Art
und Weise, dass es das Pferd versteht. Ich hatte „Natural Horsemanship" als Synonym für „Arbeiten mit dem Pferd vom Boden
aus" verwendet, im Gegensatz zu dem, was man als Reiter von seinem
Rücken aus tun könnte. Aber ich wusste auch nicht, ob das stimmte.
„Bodenarbeit", wie die Leute es nannten, schien eine eigene Diszi-

plin zu sein – während „Natural Horsemanship" *alle* Disziplinen durchzog. Bodenarbeit war für einige *Selbstzweck* und für andere, wie die O'Connors, ein *Mittel zum Zweck – eine Möglichkeit, einem unsicheren Pferd beizubringen, oder es zu überreden, ins Wasser zu springen oder ein abgestumpftes Pferd zum Schenkelweichen zu ermutigen.*

Bodenarbeit sagte mir auf Anhieb zu, genau wie Dressur manche Leute anspricht und wieder andere Springen. In den Jahren, die folgen würden, und nachdem mich ihr Wert immer mehr überzeugte, versuchte ich, andere nie danach zu beurteilen, ob ihr Interesse darin meinem nachstand.

Mein Vater, immer noch neben mir und immer noch in Fahrt, versuchte es noch einmal.

„Überleg' dir zumindest, zu Fox-Pitt zu gehen."

„Komm schon, Dad!", antwortete ich frustriert. „Ich möchte fort, die Welt sehen. Ich möchte etwas *anderes* machen!" Musste ich es buchstabieren? Mein Vater nahm TJ in den Trab zurück.

„Du könntest bei einem Springreiter anfragen", versuchte er es. „Was ist mit Anne Kursinski? Oder Beezie Madden?"

Ich trieb weiter. Im langsamen Galopp war Amadeus nicht schneller als TJ im Trab. Ja, mein Plan war es gewesen, zu einem Springreiter zu gehen, aber jetzt wurde dieser Plan aufgeschoben.

„Hör zu ... ich möchte etwas *wirklich* anderes machen. Etwas Außergewöhnliches. Es ist mir egal, ob die Leute es für bizarr halten."

Er sah mich an, sagte aber nichts. Mein Vater sah auf einem Pferd zu Hause aus. Ich fragte mich, ob ich das je würde.

„Dad", fuhr ich fort, „Mich inspirieren ständig andere Leute. Ich liebe es, gutes Reiten zu sehen. Jetzt möchte ich etwas machen, das mich inspiriert. Ich möchte auf eine Reise gehen, von der ich Gänsehaut kriege!"

Ich hatte eine Vorstellungsmail an Monty Roberts geschickt, den viele als den Autor des Bestsellers *Der mit den Pferden spricht* kennen und die erste Persönlichkeit, die die breite Öffentlichkeit auf Natural Horsemanship aufmerksam machte. *Medieval Times*, einer Abendshow, in der es um Ritter und Lanzenstechen ging, hatte ich auch einen Lebenslauf geschickt. Von ihnen hatte ich ebenfalls keine Antwort erhalten. Eine Springreiterstelle wäre der einfachste Weg gewesen. Das war weiterhin die Szene, die ich am besten kannte. Doch mit jedem Tag wuchs meine Überzeugung, dass ein ungewöhnlicherer Pfad vor mir lag. Ein wenig Benutzter. Was es war, wohin es mich führte, da war ich mir nicht sicher. Also wartete ich. Und schrieb.

„Schreib über die schlimmen Erfahrungen, aber veröffentliche sie nicht", sagte mir meine Mutter.

„Die Leute wollen von den guten Zeiten hören!", sagte mein Bruder.

„Du wirst niemals Sponsoren bekommen, wenn du schreibst, wie du entlassen und gefeuert wurdest", warnte mein Vater.

„Brich keine Brücken ab", beharrten sie alle.

Es stellte sich heraus, dass sie recht hatten. *Gaitpost* hatte beschlossen, meine Artikel nicht mehr zu veröffentlichen. Sie hielten meinen jüngsten Beitrag „Ein Tag mit Ian Millar" für ungeeignet. Sie wollten anderen Reitern die Möglichkeit geben, zu schreiben.

Soll sein, dachte ich. Aber ich war überrascht. Und Ablehnung tut immer weh. Meine Gedanken brachten es mit sich, dass TJ sich wieder einen Vorsprung herausgeritten hatte, also rappelte ich mich zurück in die Gegenwart und trieb Amadeus noch einmal an. Ich wurde heute immer abgehängt, und ich wurde im Leben abgehängt. Es war ermüdend zu folgen. Ich wollte diesen koffeinartigen Schub, der entsteht, wenn man trotz aller Hindernisse nach vorne drängt. Was hatte Bonhoeffer gesagt?

*Der Reife wird für sich selbst entscheiden, während der Schwächere zwischen Optionen wählt, die ihm vorgelegt werden.*

Es war Zeit, meinem Vater zu erzählen, was ich vorhatte. Amadeus und ich schlossen in der Kurve der Halbmeilenstrecke zum anderen Pferd und Reiter auf.

„Dad, mach mal eine Minute langsamer", sagte ich, atmete ein bisschen schwer und wählte sorgfältig den besten Weg, um meinen neuen Plan darzulegen. „Ich habe gerade mit einem Cowboy in Texas telefoniert." Mein Vater antwortete nicht.

„Ich will dahin."

„Was?"

„Texas, Dad. Loving, Texas."

Texas war Rinderland. Nordwestlich von Fort Worth und fast direkt südlich von Wichita Falls. Auf Google Maps hatte ich ein Postamt und die Loving Baptistenkirche gefunden ... und das war es auch schon. In Loving befand sich anscheinend auch die *Bruce Logan Foundation Station. Das* war mein geplanter Zielort.

„Und wie wird *Texas* dein Reiten verbessern?", fragte mein Vater, als er erneut zum Trab parierte.

„Es geht nicht darum, mein Reiten zu verbessern. Es geht darum, Cutting und Jungpferdearbeit zu lernen."

Es war schwer, es in Worte zu fassen. Ich wollte nicht nur einfach an einen *neuen Ort*, sondern etwas *Neues lernen*. Tiere haben eine Bestimmung – Vögel zu fliegen, Fische zu schwimmen – und wenn meine vielleicht auch nicht vorherbestimmt war, war dies doch einer jener Fälle, die mich wunderten.

Ich dachte daran zurück, wie mir David O'Connor erzählt hatte, dass er einige Zeit damit verbracht hatte, Cutting-Pferde zu reiten und Natural Horsemanship zu lernen. Und nun arbeitete er seine Jungpferde immer noch zunächst vom Boden aus und war überzeugt, dass alle Pferde Fragen des Geländeritts zunächst ohne einen

Reiter klären sollten. „Auf diese Weise können sie lernen, selbständig zu denken", behauptete er. Und wenn das Pferd dann einen Fehler machte und hinfiel, lernte es eher daraus. Wenn es *mit* einem Reiter stolperte oder stürzte, insbesondere wenn der Reiter mit den Zügeln oder seinem Rücken aus dem Gleichgewicht geriet, neigte es eher dazu, ängstlich zu werden. Angst ist, und das sollte als selbstverständlich gelten (tut es aber nicht), der natürliche Feind des Lernens.

„Also", sagte mein Vater und nahm TJ schließlich in den Schritt zurück. „Wer ist dieser Cowboy?"

Ich erzählte ihm, was ich wusste – zugegebenermaßen nicht viel.

„Er hat eine Ranch, brachte ein paar Jahre damit zu, von Pat Parelli und Ronnie Willis zu lernen, und er reitet Pferde an und gibt Kurse. Ich glaube, er nimmt auch an Cutting-Turnieren teil."

„Startet er in Reining?"

Aufgrund seiner Anerkennung durch die FEI und wachsenden, internationalen Popularität, war Reining unter Englisch-Reitern bekannter als andere Westerndisziplinen. Auch war es ein Sport, der mehr Fingerspitzengefühl und Finesse erforderte als die meisten Rodeos.

„Ich weiß nicht. Ich hab' dir alles gesagt, was ich weiß."

Wir ritten am Vielseitigkeitsparcours unseres Reitclubs vorbei. Es war klein und schien umso kleiner zu werden, desto mehr Platz für rechteckige Reitplätze zur Verfügung gestellt wurde. Ich war es leid, in einem Kästchen zu reiten.

„Wie hast du von ihm erfahren?"

„Jonathan Field."

Auch nach dem, was sich mit Ian Millar zugetragen hatte – denn ich wusste, es war meine Schuld, was passiert war, nicht Millars – zählte eine Empfehlung von Jonathan für mich sehr.

Mein Vater drehte TJ um und ging den Weg zurück, den wir gekommen waren. Amadeus legte die Ohren zurück und wollte folgen. Aber mein Vater war weg und ich war wieder zurückgelassen worden. Ich ließ die Zügel länger und ruhte in einem sanft beschleunigenden Galopp in den Steigbügeln. Ich dachte an Texas: Cutting, Anreiten, Rinder treiben. Mein Vater schaute über seine Schulter zurück und rief: „Nun, wenn es das ist, was du tun willst, dann mach es!" Ich lächelte.

Und dann, als er sich wieder umdrehte: „Ich hoffe, du hältst dich länger als einen Tag."

## LOVING, TEXAS

Ich riss ein Papierhandtuch von der Rolle neben der Spüle – das Geschirr stapelte sich auf der Küchenzeile – und faltete es in zwei Hälften, um eine Zange zwischen Daumen und Zeigefinger zu formen. Die vollgesaugte Zecke rührte sich nicht, als ich sie aufhob, wo sie vom Hund gefallen war. Ihr Körper war glatt und kugelförmig, als ich ihn zwischen meinen Finger rollte, kleiner als eine Erbse. Ich befühlte sie ein paar Mal. Die Textur erinnerte mich an einen Paintball oder ein frisches hartes Ei, nachdem es jemand geschält und nur die dünne Membran übriggelassen hatte, die das Innere umschloss.

„Wirst du sie zerquetschen?", fragte Rhiannon, während sie den Hund streichelte.

„Ich denke schon", sagte ich und sah sie an, während ich den Ball weiter zwischen meinen Fingern herumrollte.

Rhiannon war jung und enthusiastisch: Sie ließ sich *von niemandem etwas vormachen.* Obwohl sie *dieses eine Mal* damit einverstanden war, die Aufgabe einem Mann zu überlassen. Sie sagte

*Mann* mit aller Verachtung, die ein englischer Teenager aufbringen konnte. „Das ist kein Job für eine *Dame*."

„Ich mag deinen Akzent", entgegnete ich.

In der Provinz zu leben und mit der Sonne aufzustehen war harte und einsame Arbeit, egal ob für Mann oder Frau. Rhiannon folgte ihren Träumen. Sie war in den Wilden Westen gegangen.

„Dann mach weiter!", insistierte sie.

Und so zerquetschte ich sie. Sie zerplatzte mit Leichtigkeit, und als ich in das Papiertuch blickte, sah ich die Überreste des Arachnozids: einen Fleck dunkelroter Farbe von etwa der Größe einer Vierteldollarmünze.

„Zeit, den Tag zu beginnen", sagte ich, als ich das Papierhandtuch mit der Zecke in den Mülleimer warf und mit einem Pop-Tart Frühstückssnack in der Hand, die Stufen des Anhängers hinunterstapfte. Bruce Logan, Rhiannon und ich sattelten die Pferde und ritten aus. Die Hunde – Cougar, Cutter, Beau, Turtle und Dottie – folgten.

An den Westernsattel hatte ich mich rasch gewöhnt und wir trabten nun den östlichen Zaun entlang, raus aus den „Nahen 300" und in die „Südlichen 1 500", um nach den Rindern zu sehen und nach Büffeln zu suchen. Zumindest *ich* suchte nach Büffeln. Und Rehen und Kojoten und Wildschweinen. Und Schildkröten. Augenscheinlich gab es Dosenschildkröten, die, sobald sie irgendwohin gebracht worden waren, angeblich ziellos herumwanderten, ihre Häuser auf ihrem Rücken, auf der Suche nach etwas, das sie wiedererkennen konnten. Für viele ist ein Haus nicht dasselbe wie ein Zuhause. Diese verlorenen Schildkröten suchten gestresst weiter, bis sie sterben.

Alle diese Tiere waren irgendwo in einem Labyrinth aus Eichen und Mesquitebäumen auf dem Gelände zu finden, oft in der Nähe von Wasserlöchern.

An den Steilhängen ließen wir die Pferde ihren Aufstieg wählen, während Schiefer unter den Füßen brach und abrutschte. Bruce führte, aber er stand mit Ratschlägen zur Seite, wenn ich sie brauchte.

„Tik, den Zweijährigen, auf dem du sitzt, lass ihn seinen Weg fühlen, aber sei bereit, ihn zu unterstützen, wenn er das braucht."

Bruce saß ebenfalls auf einem jungen Pferd und ritt vor mir und fand irgendwie einen Weg durch das trockene, skelettierte Gebüsch, das die Steigbügel fing und sich um meine Beine wand. Er sah nicht zurück, um zu sehen, ob ich noch hinter ihm war, aber er erklärte weiter: „Halte das Pferd zwischen deinen Beinen und Händen. Wenn du nach rechts gehen willst, benutze dein linkes Bein und öffne dein rechtes. Das Pferd muss irgendwo hingehen können, und wenn du dein rechtes Bein wegnimmst, sollte es *dorthin* gehen. Wenn nicht, *dann* benutze die Zügel."

Ich erinnerte mich an das erste Mal, als ich Bruce traf – letzte Woche – als er in Kanada an einem Wettbewerb im Jungpferdereiten teilnahm. Ich traf ihn zwischen den Durchgängen und fragte ihn, ob ich meine englische Reithose, Stiefel und meinen Helm mitbringen sollte, wenn ich in der folgenden Woche zu seinem Standort in Texas aufbräche. Bruce hatte mich sorgfältig beäugt, meine North Face Jacke und die Turnschuhe gemustert und gesagt: „Ich glaube nicht, dass du sie brauchst. Wir arbeiten ziemlich einfach. Jeans und Stiefel sind alles, was du brauchen wirst."

Aber dann konnte er nicht anders als mit einem kleinen Glitzern in den Augen hinzuzufügen: „Aber nimm mit, womit du dich am wohlsten fühlst."

Englisch-Reiter tragen selten Jeans und Cowboystiefel – es kann aufgesetzt wirken. Westernreiter tragen noch seltener Reithosen und hohe Stiefel – nur über ihre Leichen! Aber ich wäre gerne in ein Paar Wranglers geschlüpft. Da war ein Teil von mir, der flüsterte, ich hätte ein Cowboy werden sollen.

Oberhalb der Abhänge überblickte ich die felsig schwungvolle Landschaft. Irgendwo weideten die Rinder, und ich würde sie entdecken. Ich trug ein Polo-Shirt und eine geliehene Mütze mit dem Aufdruck *STIHL 4-MIX* auf der Stirn. Sie saß ein wenig eng, hielt mir aber die Sonne aus meinen Augen. Die Sonne umgab Bruce mit einer Aura. In seiner Silhouette schien sein Hut mit breiter Krempe ebenso ein Teil von ihm zu sein wie seine Arme oder Hände. Ich kniff die Augen zusammen und bemerkte, dass sein Lasso bereit war, sich um das Sattelhorn schlang und teilweise über seinen Oberschenkel fiel, ein strahlend weißer Kreis, der sich sogar im Gegenlicht vom Braun des Pferdes und des Sattels abhob.

Wir waren größtenteils still und glücklich im Sein. Ich hatte aber auch Fragen. Ich fragte ihn, wie er Jonathan Field kennengelernt habe.

„Bei Pat."

Ich fragte ihn, wer ihn unterrichtet hatte.

„Nun, lass mich nachdenken", sagte er, als er hinunter voranging auf einem neuen Pfad. „Ich habe gute fünf Jahre mit Pat Parelli verbracht. Craig Johnson hat mir Reining beigebracht. Wer hat mich am meisten beeinflusst? Wahrscheinlich Ronnie Willis. Entweder er oder mein Vater, denke ich."

Es interessierte mich immer mehr, wer wen unterrichtet hatte. Und Muster begannen sich abzuzeichnen. Es gab bestimmte Männer – und es handelte sich meistens um Männer – die möglicherweise auf hohem Niveau im Sport antraten oder auch nicht, wirklich bekannt waren sie aber für ihren Einfluss auf die nächste Trainergeneration.

Beim Springreiten in den USA war es George Morris.

Craig Johnson war dafür bekannt, seine Reining-Techniken zu lehren. Und zu gewinnen. Er gewann, wie Stephen King schrieb – viel und ohne Entschuldigung.

Pat Parelli: Ich könnte wetten, von Parelli haben mehr Menschen gehört als von jedem anderen Horseman in der Geschichte. Er überspannte Disziplinen, Länder und Sprachen. Er war ein inspirierender Redner, aber als ich mir seine Vorführungen ansah, lernte ich mit dem Video auf lautlos gestellt genau so viel. Seine Körpersprache war so klar und interessant wie die einer Pantomime.

Und von wem hat Parelli gelernt? Nun, einiges von Ray Hunt und Tom Dorrance – den beiden Männern, von denen man sagte, sie hätten die „Natural Horsemanship Bewegung" in den Vereinigten Staaten in Gang gesetzt, aber auch von Ronnie Willis. Willis war eine Art Vermittler.

Er starb 2003, im Schlaf. Ich würde ihn nie treffen. Aber diejenigen, die suchen, werden Interviews finden. So wie Willis über Pferde gesprochen hat … er *hatte* sie. Er verstand sie auf die einfache Art und Weise, in der manche Leute Musik, Mathematik oder Kochen auf die Reihe bekommen.

*Die Art und Weise, wie er (ein Pferd) lernt, ist erstens durch Vertrauen, dann durch Verständnis, dann durch das Erreichte, das Ergebnis.*

Bruce suchte seinen Weg zwischen den Mesquitebäumen und schien einverstanden zu sein, mehr über seine Mentoren zu erzählen. Er hatte von jedem das genommen, was er wollte und es sich zu eigen gemacht, und jetzt gab er es weiter. Per Vorauskasse zahlen und Spaß daran haben.

Das schwarze Quarter Horse, das ich ritt, machte einen Versuch, einen kurzen Abhang hinauf Bruce zu folgen, ließ sich dann auf seine Sprunggelenke zurückfallen und strampelte sich die steilste Stelle hinauf, wobei ich fast von den Ästen einer Eiche abgestreift worden wäre. Ich ließ die Zügel lang werden und gab seinen Kopf frei, sodass er sich in einer Verschnaufpause auf der Anhöhe am Hals reiben konnte.

Wir gingen weiter und suchten unseren Weg zwischen den Felsen, Bruce zuerst, Rhiannon jetzt als Zweite und ich bildete die Nachhut. Da sahen wir den Stier. Die Pferde wurden sofort nervös. Sie hielten an, gingen rückwärts, spitzten die Ohren und spannten die Schultern an. Ich starrte den Stier an und er starrte zurück. Er war der einzige Stier in diesem Teil. Er hatte dreißig Kühe; wenn es noch mehr gewesen wären, hätte er es nicht schaffen können – ein zweiter Stier wäre notwendig gewesen. Er war ein prächtiger Tier: rotes Fell, weiße Langhörner und ein fleischiges Gesicht mit Blesse.

„Sie werden alle ausschließlich mit Gras gefüttert, bis zum Ende", sagte Bruce und zog seinen Hut nach unten. „Dieser Stier hat eine wichtige Aufgabe zu erledigen."

Wir begaben uns wieder im Trab auf den Weg, der effizientesten Gangart für lange Strecken, und nach zwei weiteren Kilometern kamen wir zu einem zweiten Zaun. Bruce stieg vor dem Tor ab, um es zu öffnen, während die Hunde darunter durchgaloppierten und einem Reh hinterherjagten. Ich beobachtete Bruce, wie er seinen Fuß in den Steigbügel setzte, nach dem Knauf griff und sich hochschwang. Doch dabei machte sein Pferd einen Schritt vorwärts. Vielleicht verlagerte sich das Gewicht von Bruce, oder das Pferd reagierte auf die Hunde, oder vielleicht war das Pferd ungeduldig, wieder zurück in den Stall zu kommen. Der Grund konnte einer von vielen sein, aber die Reaktion war inakzeptabel.

Bruce zog an den Zügeln, verlagerte sein Gewicht nach hinten und ließ das Pferd drei Schritte zurücktreten. Das Pferd schüttelte seinen Kopf, also ließ es Bruce erneut rückwärts gehen. Er stieß einmal mit seinen Sporen zu. Das Pferd trat einen weiteren Schritt unbeholfen zurück, jetzt müde von diesem Spiel, dann war es ruhig und senkte den Kopf. Bruce senkte sofort seine Hände; sie wurden sanft und er beließ sein Pferd im Halt. Dann stieg er ab, rieb den Hals seines Pferdes und stieg in Ruhe wieder auf. Das Pferd stand still.

„Wenn du einen Fehler machst, werden sie dir wahrscheinlich verzeihen. Aber wenn du unfair bist, vielleicht nicht", erklärte er. „Ich bin streng, aber fair. Manchmal musst du ziemlich weit gehen, bevor sie es kapieren. Aber wenn ich davor einen Rückzieher mache, bringe ich ihnen bei, dass es okay ist, sich aufzuführen."

Ich nickte zur Antwort, doch Bruce suchte nach der besten Route durch das Gebüsch. Was Bruce meinte, war, dass bei Pferden Ehrlichkeit und Beständigkeit der Schlüssel sind. Du musst verständlich und logisch sein. Wenn ich meine Hand anböte, als wollte ich deine schütteln, würdest du deine Hand ausstrecken. Aber was wäre, wenn ich dir im Anschluss eine Ohrfeige verpasste?

Ich folgte Bruce wieder. Wir waren da draußen, um nach dem Vieh zu sehen. Wir waren da draußen, um nach den Zäunen zu sehen. Wir waren mehr als alles andere da draußen, um diese Pferde auszureiten. Das Pferd, auf dem ich saß, war am Anfang nervös, aber jetzt begann er sich zu entspannen, und wie so oft, gerade als er anfing sich zu konzentrieren, begann er auch müde zu werden und spürte die Auswirkungen meines Gewichts (90 Kilo) und des Sattels (wahrscheinlich fünfzehn Kilo). Und so machten wir uns nach einer Stunde auf den Rückweg. Wir sahen mehr Rinder und mehr Zäune. Und dann plötzlich … vier Büffel! Alle in einer Reihe schauten sie uns an.

„He, Rhiannon", sagte ich, als ihr Pferd neben mir anhielt, seinen Kopf hoch, seine Augen und Ohren auf die Huftiere gerichtet.

„Ja", sie sah mich nicht an. Ich war mir sicher, dass ihre Herzfrequenz gestiegen war und ich konnte sehen, dass es die ihres Pferdes war. Seine Muskeln waren angespannt. Seine Füße standen still, aber seine Beine zitterten, als würde er frieren. Er war bereit durchzugehen!

„Was hat Vater Büffel zu seinem Kind gesagt, als er gegangen ist?"

„Was?", entgegnete sie, ohne sich umzudrehen.

„Tschüss, Sohn."

Bruce zeigte ein winziges Lächeln.

„Das ist nicht lustig", schnappte Rhiannon zurück, aber ich sah, wie sich ihr Körper ein wenig entspannte. Und ihr Pferd dann auch. Wir ließen ihn sich beruhigen und drehten dann ab, um die kleine Gruppe von Büffeln zu umrunden. Vor nicht allzu langer Zeit, dachte ich, hatte es mehr Büffel als Menschen in diesem Land gegeben. Was für eine Veränderung. Wie schade.

Eine Stunde später waren wir zurück im Stall und stiegen ab. Als wir die Pferde losgemacht und für die Nacht rausgelassen hatten, teilte Bruce uns den Plan für den nächsten Tag mit.

„Es geht früh los. Das Vieh von den nahen 300 muss hereingetrieben werden, damit die Kälber entwöhnt werden können."

Dies war ein besonderes Jahr – jede Kuh aus dieser Gruppe hatte ein Kalb, und die Kälber folgten ihren Müttern mit hartnäckiger Beharrlichkeit. Sobald die Kälber entwöhnt waren, konnten sie verwendet werden, um Cutting zu üben.

Cutting ist eine Sportart, geboren aus Notwendigkeit. Pferde werden in eine Gruppe von Rindern hineingeritten und darin trainiert, eines von der Gruppe zu trennen, bei dem beispielsweise eine Untersuchung erforderlich ist oder das ein Brandzeichen bekommen soll. Quarter Horses haben ihren Namen von Rennen über eine Viertelmeile, bei denen sie die schnellste Rasse der Welt sind. Sie sind vielseitige und freundliche Pferde. Heutzutage leben viele von ihnen davon, Rinder zu bewegen. Rinder zu treiben ist eine Aufgabe, bei der sie lernen können, in eigener Verantwortung zu arbeiten.

Ich lernte, mehr wie ein Pferd zu denken und lernte einen sanfteren Blick und ein umfassenderes Gesichtsfeld. Lernte zu schauen und aufzupassen. Aber ich habe auch versucht, die Pferde dazu zu bringen, mehr wie *wir* zu denken. Konnten sie sich mehr auf eine

Sache konzentrieren? Konnten sie lernen, zuerst zu denken und dann zu reagieren? Lernen zu vertrauen statt zu rennen?

„Pferde funktionieren besser, wenn sie eine Aufgabe haben", sagte Bruce, als er sein Lasso von seinem Sattel löste und auf die Ladefläche seines Pickups neben sein Schweißgerät warf.

„Pferde arbeiten besser, wenn sie einen Job zu erledigen haben", sagte Bruce, als er sein Lasso vom Sattel nahm und es auf die Ladefläche seines Lastwagens neben sein Schweißgerät warf. Ich lächelte bei dem Anblick. Du weißt nie, wann du es brauchen wirst. Ich sah zu Rhiannon hinüber und bot ihr an: „Wenn du fütterst, mach ich den Stall."

„Passt", sagte sie.

Als ich die Mistgabel zur Hand nahm, sah ich mich um. Die Zungen der Hunde waren draußen und ihre Köpfe gesenkt. Fliegen holten den Pferden den Schweiß vom Rücken, während sie tranken und sich jetzt auf einem großen Paddock wälzten. Die Sättel waren ordentlich verstaut, aber sie waren nicht geölt worden. Was macht schon ein bisschen Verschleiß? Rhiannon lächelte mich an. Hinter ihr stieg Staub von der Straße auf, als Bruce' Pickup in der Ferne verschwand.

Am Abend gingen Rhiannon und ich nach getaner Arbeit zurück zum Wohnwagen, in dem wir schliefen. Ich schnappte mir ein *Light* Bier und Rhiannon ging in Richtung Dusche. Im Hintergrund zirpten Grillen, Kojoten heulten. Es war ein Ort, an dem die Farbe in die alten schwarz-weißen Aussagen zurückkehrte: Haltet eure Pferde. *Stark wie ein Ochse! Schlau wie ein Fuchs. Lebendig wie ein Stutfohlen. Einem geschenkten Gaul schaut man nicht ins Maul. Pack den Stier bei den Hörnern! Er ist fett wie eine Zecke.*

Das Leben war hier einfach. Jede Arbeit hatte einen Zweck; jedes Tier einen Nutzen. Menschen und Pferde waren sich in dieser Hinsicht ähnlich: der Zweck brachte das Beste zum Vorschein. Ich ließ mich auf das Sofa nieder und schrieb:

*Ich flog nach Osten, um hierher zu gelangen, aber dies ist der Westen.*
*Dies ist die Grenze. Dies ist das Land der Bestimmung. Oder war es. Wie*
*lange wird es noch Leute wie Bruce mit seinem staubigen Cowboyhut*
*geben, die uns den Weg weisen?*

Als ich fertig war, war es Zeit fürs Bett, aber stattdessen zog ich
meine Jacke an. Ich hatte Zeit spazieren zu gehen und mir die Beine
zu vertreten. Schon direkt vor dem Wohnwagen blieb ich stehen.
Sogar von dort, wo ich stand, konnte ich den Stall in ein paar hundert Metern Entfernung sehen. Als ich aufblickte, sah ich Millionen
von Sternen, die die Nacht den ganzen Weg von einem Horizont
zum anderen erleuchteten. Dann war da noch der Mond: fast voll
und so hell, dass ich einen Schatten warf. Es war Nacht, aber es war
die hellste Nacht, die ich je gesehen hatte.

## „DAS IST GANZ ANDERS, ALS RINDER ZU FANGEN"

Von meinem Platz aus – dem Beifahrersitz des Ram 3 500 – erschien
das Pferd schwarz, möglicherweise dunkelbraun, etwa 1,60 m und
ausreichend neugierig. Er trabte in die Mitte des Paddocks, der etwa
20 mal 30 Meter maß, nahm die Nase hoch, schnupperte und sah zu
uns. Er solle dieses Pferd neunzig Tage lang zu sich nehmen und
anreiten, hatte Bruce während der Fahrt erklärt. Der Besitzer, ein
Rinderfarmer, anscheinend mehr einer Neigung als einer Notwendigkeit folgend, wolle ein neues Ranchpferd.

„Er ist vier", sagte Bruce, „und er hat den größten Teil seines
Lebens draußen verbracht. Das wird alles neu für ihn sein."

Ich sah zu Bruce hinüber. Er war größer und schwerer als ich,
aber nicht viel. Er war ein Sportler aus einer Familie texanischer
Sportler. Sein Sport war Football. Sein Vater, Jerry, spielte zehn

Spielzeiten als Verteidiger in der *NFL* und half den *Baltimore Colts*, den fünften *Super Bowl* zu gewinnen. Bruce trug eine blaue Jeansjacke und ein Halstuch. Sein Haar war kurz, ordentlich und am Ergrauen – und selten zu sehen, weil der Cowboyhut kaum je fehlte. Wir fuhren noch eine Viertelstunde. Er fühlte sich wohl mit der Stille, und ich war entschlossen, nicht immer als erster zu sprechen.

Wir parkten. Vom Parkplatz aus bot sich unserem Blick auf der rechten Seite Grasland und links fiel das Footballstadion der *Jacksboro High School*, wie es schien, ab wie ein altes Fort. Bruce unterhielt sich mit dem Pferdebesitzer, einem Mann mittleren Alters, dessen Bauch sich unter einer Jacke der *Dallas Cowboys* versteckte. Der Mann reichte Bruce einen Zettel. Bruce warf einen Blick darauf und steckte ihn in seine Tasche. Nach einer weiteren Minute gaben sie sich die Hand und Bruce kehrte zurück zum Wagen.

„He, Tik. Nimm das Halfter und mein Lasso. Lass uns gehen!"

Das Knotenhalfter befand sich auf dem Rücksitz, und das Lasso lag auf der Ladefläche des Pickups direkt hinter der Fahrerkabine. Es war ein fünfzehn Meter langes Polypropylenlasso, das weich wie Leder geworden war.

Bruce war bereits auf dem Weg zum Tor, und ich stützte eine Hand auf den Zaun und sprang rüber, um ihn einzuholen. Wir standen zusammen in der Mitte des Platzes, während der Besitzer von außerhalb des Paddocks zusah. Bruce sah das Pferd an und sprach mit leiser Stimme zu mir: „Dieser Junge. Er ist keine vier. Auf dem Kaufvertrag, den mir sein Besitzer gezeigt hat, steht, dass er 2003 geboren wurde."

Ich musterte das Pferd. Aus der Nähe konnte ich einen schmalen Streifen erkennen, der zwischen seinen Augen begann und sich langsam zu einer Blesse verbreiterte, die seine geschäftigen Nasenlöcher trennte.

„Ich denke, es ändert nicht wirklich viel. Nur, dass in einem Ausgewachsenen mehr drinsteckt. Wir werden etwas vorsichtiger sein."

Bruce richtete sein Lasso und ließ das Pferd sich an unsere Anwesenheit gewöhnen. Dann rief er dem Mann zu, der gegen den Zaun lehnte: „Er ist kastriert, oder?"

„Glaub' schon. Schau in seine Papiere", rief der Mann zurück. Bruce holte die Papiere aus der Tasche und bestätigte, dass das Pferd tatsächlich kastriert war. Ein Wallach wäre weniger leicht abgelenkt oder aggressiv. Es wäre einfacher mit ihm zu arbeiten. Nicht *einfach* … nur normalerweise *einfacher*.

Wir gingen auf das Pferd zu, Bruce erklärte mir den Plan.

„Wir nähern uns langsam, nur jeweils ein paar Schritte. Wenn er sich auch nur *im Geringsten* bewegt, bleiben wir stehen."

„Okay", ich behielt das Pferd im Auge. Ich hielt das Halfter und einen kurzen Strick in der Hand. Bruce hielt das Lasso in seiner.

„Achte auf seine Beine. Sobald sie stillstehen, bewegen wir uns einen Schritt vorwärts."

Unsere beiden Körper erzeugten eine menschliche Mauer, die nach ein paar zusätzlichen Schritten den Wallach in die Ecke getrieben haben würden. Je näher wir kamen, desto langsamer gingen wir. Auf den letzten Metern bewegten wir uns zentimeterweise voran.

Sobald ich nahe genug war, streckte ich meine Hand aus und berührte langsam das Pferd. Er stand in Richtung Ecke, ich neben seiner Hüfte und streichelte ihn. Bruce befand sich an der gegenüberliegenden Hüfte, versperrte dem Pferd den Weg und beobachtete mich. Er war gerade außerhalb der Trittreichweite. Ich trat vor und tätschelte die Schulter des Pferdes, aber als ich es tat, nahm er seine Ohren zurück und drehte seinen Kopf von mir weg. Also trat ich einen Schritt zurück. Ich stand wieder direkt hinter der Schulter. Dann fragte Bruce mich, ob ich einen Strick um seinen Hals legen könne. Ich nickte. Ich streckte eine Hand nach vorn und rieb den Widerrist des Pferdes. Langsam und leicht ließ ich den Strick, der am Knotenhalfter befestigt war, um seinen Hals gleiten.

Dann nahm ich den Führstrick an beiden Enden. Aber ich stellte fest, dass ich keinen Spielraum hatte. Das Pferd drehte auf der Hinterhand und rannte zurück, zwischen uns beiden hindurch.

„Ich hätte das ein bisschen anders gemacht", sagte Bruce und schüttelte den Kopf. „Ich wäre langsamer vorgegangen. Das ist kein Rennen. Und wenn du den Strick um seinen Hals legst, achte darauf, dass du genügend Spiel lässt."

Ich nickte. Das Pferd schlug aus, als es von uns weggaloppierte.

„Für den Moment müssen wir ihn nur fangen", fuhr er fort. „Ein Versuch mit dem Halfter ist genug. Wir wollen ihn so ruhig wie möglich hier rausbringen. Es sollte sein, was für das Pferd am einfachsten ist. Wenn er sich später bei mir eingelebt hat, können wir mit der eigentlichen Arbeit beginnen."

Der Wallach war jetzt am anderen Ende des Platzes und blickte direkt zu uns. Das eine Ohr war nach vorne, das andere nach hinten gerichtet, dann wechselten sie. Aber beide Augen blieben stets auf uns gerichtet. Bruce ging in die Mitte des Paddocks, wo er sein Lasso gelassen hatte, und hob es auf. „Wie wir ihn jetzt in den Trailer bekommen, hängt stark davon ab, auf welchem Gelände er sich befindet. Bei dieser Platzgröße hier funktioniert das Lasso möglicherweise am besten." Er ließ das Seil durch den Honda-Knoten gleiten und formte eine Schleife mit ein paar Meter Durchmesser.

„Wenn du ihn auf dieser Seite hältst, werde ich zusehen, dass ich das über ihn werfen kann."

„Klar, kein Problem", sagte ich, aber ich war skeptisch, sowohl was das Werfen des Lassos betraf als auch dahingehend, ob dies die beste Taktik war, um ihn in Ruhe einzufangen. Bruce ging zur Mitte des Platzes, direkt auf den Wallach zu. Das Lasso klopfte gegen seinen Oberschenkel, wenn er sich bewegte. Er blieb ungefähr fünf

Meter vor dem Pferd stehen. Ich stand auf der linken Seite des Paddocks, sodass wir wussten, dass das Pferd, wenn es sich bewegte, nach rechts ausweichen würde. Bruce ließ sein Lasso langsam über seinem Kopf schwingen. Es gibt viele Arten von Würfen, und ich hatte drei gelernt: den *Overhand*, den *Houlihan* und den *Backhand*. Bruce plante einen einfachen *Overhand*. Das Pferd sah das Seil sich bewegen und raste den Zaun hinunter. Bruce zögerte nicht. Wieder nahm das Lasso hinter dem Rücken des Mannes Fahrt auf, bevor es seine Hände verließ und sich langsam, wie es schien, auf den Zaun zubewegte, ein wenig vor dem Wallach. Das Pferd galoppierte weiter – direkt in die Falle. Als sich das Seil um seinen Hals legte, wurde es durch seine Geschwindigkeit und seinen Schwung enger, aber der Wallach lief weiter den Zaun entlang.

Die Zeit schien nun schneller zu vergehen. Bruce gab wie ein Verrückter Seil, ließ das Pferd galoppieren und gab ihm die Möglichkeit, das Seil zu spüren und die leichte Spannung in ihm. Ich versuchte, Bruce aus dem Weg zu bleiben, hinter ihm. Er ließ das Pferd zweimal den Platz umrunden und sich beruhigen.

„Das ist ganz anders als Rinder zu fangen!", schrie Bruce zu mir rüber.

Ich dachte an den Nachmittag zurück, als er mir das Lassowerfen beigebracht hatte. Bruce zeigte mir zuerst den einfachen *Overhand*, dann den *Backhand* aus verschiedenen Positionen und schließlich den *Houlihan*. Er demonstrierte den *Scoop Toss* und den *Del Viento*, aber ich blieb bei den einfachen. Ich habe gelernt, wie man vom *Backhand* zum *Hula* wechselt, aber dass es unmöglich war, vom *Hula* zum *Backhand* zu wechseln. Er zeigte mir, wie der *Scoop Toss* wie eine von deiner Hand freigegebene Taube in die Luft steigt und in freiem Fall zur Erde zurückkehrt, bis plötzlich, wenn das Kalb in die Falle tritt, du am Seil ziehst und das Seil schnell, plötzlich, wild, lebendig wird.

Als Bruce gegangen war, hatte ich weiter geübt. Auf dem Boden war es schon schwer genug. Ich konnte mir nicht vorstellen, gleichzeitig zu reiten. Aber ich hatte das Gefühl des Seils in meinen Händen gemocht und einen Ballen Heu aufgestellt, mit dem ich die verschiedenen Würfe übte, bis es dunkel wurde.

„Tik", sagte Bruce, nun schwer atmend, „Ich nenne das nicht Natural Horsemanship. Sobald er ein Seil um seinen Hals hat oder ein Halfter auf dem Kopf, ist das nicht mehr *natural*." Das Pferd drehte den Kopf zur Außenseite des Paddocks und versuchte, die Spannung loszuwerden, die es um seinen Hals spürte. Schweiß glänzte an seinen Flanken. Es wechselte in den Trab. Bruce sah zu, bereit, die Spannung zu lösen, sobald das Pferd einen Schritt auf uns zuging.

„Betrachte das so", sagte er und deutete mit dem Kopf nach links, während er das Seil bediente. „Hier drüben sind die „Natural Horsemen". Und oft ist nichts *natural* an dem, was sie tun. Und da drüben", er nickte nach rechts, „sind die, na ja, was auch immer das Gegenteil ist – die Leute, die das Pferd nicht berücksichtigen und auch seine Fähigkeiten und Neigungen nicht." Bruce hielt eine Sekunde inne und überlegte. „Es gibt viele dieser Typen, denke ich. In der Mitte jedoch sind die wahren Pferdeleute, die Horsemen."

Für Bruce Logan war ein Horseman eine Person, die das Bedürfnis nach Leistung mit dem Verständnis, wie der Geist und der Körper des Pferdes funktionieren, in Einklang bringen konnte. Jeder hat eine andere Vorstellung davon, was „Leistung" ist. Das Pferd eines Zirkustrainers muss Tricks ausführen. Das Pferd eines Springreiters muss springen. Ein Cowboypferd muss Rinderarbeit machen. Für Profis bringt das Pferd das Essen auf den Tisch. Für Amateure sind Pferde ein Hobby und somit kann vage sein, was an „Leistung" erforderlich ist. Der Wallach trat einen Schritt auf uns zu, sein Auge war jetzt ruhiger und mit ihm entspannte sich Bruce und das Seil lockerte sich. Das Pferd wusste, dass es gefangen war.

Er hatte sich rasch beruhigt und ich halfterte ihn reibungslos. An zwei Stricken führte ich ihn zum Hänger, einen am Halfter und einen am Lasso, das um seinen Hals hing. Bruce folgte uns, den Wallach zum Weitergehen bewegend, während er weiterredete.

„Jeder kann ein Pferd mit einem Lasso fangen. Es ist wichtig, was du danach machst. Lässt du es damit herumlaufen und es sich daran gewöhnen, oder zerrst du es hoch und versuchst es sofort zum Stehen zu bringen? Kannst du ihm die Zeit geben, die es braucht? Oder hast du es eilig?" Als das Pferd den Trailer betrat und eine neue Zukunft, kam der Besitzer zu uns herüber.

„Das war einfach", sagte er und legte die Hände auf den Bauch. „Ich dachte, wir würden ihn durch die Schleuse jagen müssen." Bruce sagte nichts.

Der Mann fuhr fort: „Glaubst du, er wird in einem Monat soweit sein? Ich habe Vieh, das reingebracht werden muss."

„Nun ja", sagte Bruce, dann nahm er sich eine Sekunde zum Nachdenken. „Ich weiß nicht. Hängt davon ab, wie es läuft, aber ich würde ihn gerne neunzig Tage behalten. Ein solider Start, wissen Sie? Ihm ein wenig Zeit geben, Vertrauen zu gewinnen. Es ist kein Wettrennen."

An meinem ersten Tag in Texas hatte mir Bruce gesagt: „Ich möchte, dass ein Pferd denkt und seine Arbeit genießt. Falls wir ein Problem haben, möchte ich es *lösen*, nicht nur managen. Ich möchte ein Pferd mit Persönlichkeit, und ich möchte, dass es sie bei der Arbeit zeigt."

Dies ist ein Gedanke, der auf jede Situation, jede Disziplin, jede Beziehung übertragen werden kann. David O'Connor zeigte mir, wie er zum Geländeritt in Florida passte und Ingrid Klimke demonstrierte ihn in ihrer Halle in Münster. Wiederum stellte ich mir diese Beziehung wie die eines Tanzpaares vor: einer führt, der andere folgt. Des einen Rolle besteht darin, die Athletik und Persönlichkeit des anderen zu präsentieren – eines Partners, der nicht gezwungen wurde, sondern *geführt* werden musste. Tanzen ist schnell und langsam; es ist verspielt und angeberisch; es ist selbstsicher und bescheiden … doch es ist kein Rennen.

Der Besitzer des Pferds schien nicht völlig überzeugt zu sein, aber Bruce schüttelte ihm die Hand und schloss den Anhänger. Ich sah den Mann, wie er immer noch dastand, uns nachblickte, als wir davonfuhren, seine Hände in den Taschen, das Footballstadion hinter ihm.

An den meisten Tagen passierte nicht viel in Loving. Bis auf kleine Dinge … kleine Dinge passierten die ganze Zeit.

Mouse flitzte durch die Mitte. Er schlug mit dem Kopf und der Wind erfasste seine Mähne. Er zog seine Oberlippe hoch. Dann buckelte Chrome, ganz Karpal- und Sprunggelenk, einmal, zweimal und schnappte nach ihm.

Die zwei Fuchsfohlen galoppierten auf Doc zu, einen großen braunen Wallach, der seinen Kopf hob, seine Ohren anlegte und seine Hufe fliegen ließ. Dann ging Docs Kopf nach unten, zurück auf das zähe Wintergras – lange Stiele, die oben verwelken und an den Wurzeln brüchig werden. Es war das letzte zu dieser Jahreszeit verfügbare Futter.

Nemo, ein Jährling mit großen Augen und einer weichen Braunbärnase, verließ die Sicherheit seiner Mutter und rannte den anderen beiden kurz hinterher. Elle, eine sanfte Fuchsstute, beobachtete ihn, als er zu ihr zurückzutraben begann, und machte dann Platz für Ruthie, eine alte Scheckstute, als sie direkt auf die Fohlen zusteuerte. Die anderen Pferde liefen auseinander und blieben dann stehen, die Köpfe hoch und die Nüstern flatternd im Wind. Etwas hatte Ruthies Aufmerksamkeit erregt, und die Neugier hatte sie übermannt – sie ging ein paar Schritte in Richtung Stall und wieherte, als wir hinausritten.

Rhiannon und ich saßen auf zwei unerfahrenen Pferden, also ließen wir sie anhalten und die anderen beäugen. Bruce führte uns auf einer ruhigen, älteren Stute an. Unser Ritt an diesem Tag würde einfach aus einem langen Spaziergang bestehen, um diese Jungen die Umgebung kennenlernen und ihr Gleichgewicht unter unserem Gewicht finden zu lassen.

Etwa um diese Zeit versammelte sich die Herde jeden Tag in der Nähe des Stalls. Sie hofften, dass der Wind das Frühstücksheu verblies, das wir den aufgestallten Pferden brachten. Manchmal waren die Babys ruhig und blieben nahe bei ihren Müttern – doch nicht heute! Die Zweijährigen waren aus dem Häuschen. Und Pistol, ein Neuzugang, stand an der Außenseite und blickte hinein. Er hatte noch keine Freundschaften geschlossen.

Pistol und auch Mouse verließen die Herde und folgten uns in die Wälder. Pistols Fell war dicht und dunkel, doch wenn die Sonne durch die Zweige leuchtete, wirkte es unschärfer und heller. Er schien die Wärme der Sonne zu spüren und nahm einen langen Atemzug und folgte Bruce' Stute, wenn auch träge, jeder Schritt kurz und bedächtig. Wir waren froh, ihn in unserer Gesellschaft mitlaufen zu lassen. Mouse hingegen schien das Gefühl der festen Erde unter ihm zu genießen, solide und zuverlässig, und er trabte voran und wollte die Führung übernehmen. Aber wir hatten keinen festen Weg, also musste Mouse seine Position als Späher aufgeben und stattdessen an unserer Seite entlangschleichen, manchmal traben, manchmal aus dem Tross ausscheren und sich wieder einreihen.

Rhiannon war entspannt und lächelte.

„Diese Jungen sind so gut!" sagte sie. „Tragen uns bereits durch die Wälder!"

„Sie sehen wirklich gut aus", stimmte ich zu. Bruce tätschelte sein Pferd und nickte ebenfalls, unserem Lob zustimmend.

Wir hatten mit den Jungen im Roundpen begonnen. Bei unserer dritten Einheit ritten wir sie auf dem größeren, mit einem hohen Zaun versehenen Reitplatz, auf dem wir die Kälber für Bruce zurückgetrieben hatten. Bei unserem fünften Ritt gingen wir raus auf das Gelände der Ranch. Und dann war da heute. Wir hatten ihnen immer noch kein Gebiss in den Mund geschoben – wir ritten nur mit Hackamore, deuteten mit der Zügelhand die Richtung an und verwendeten Druck auf Nase und über den Schenkel, um sie zu leiten. Sie hatten noch immer keine Namen, nachdem sie auf der Ranch gezüchtet und geboren worden waren, war dies noch nicht nötig gewesen. Für heute nannten wir sie Blesse und Schnippe, um die zwei zu unterscheiden. Beide waren Füchse, beinahe Zwillinge.

Die Pferde lernten schnell, dass die Mesquitezweige sich vor ihnen und um sie herumbogen, während die dickeren Eichenäste, immer noch mit braunen Blättern bedeckt, steif waren und an ihren Flanken kratzten, wenn sie sich ihren Weg mit Gewalt bahnten. Wir kamen zu einer etwa einen Meter tiefen Rinne. Der größte Teil von ihr hatte steile Seiten, aber diese Stelle war von vielen Pferden, die an derselben Stelle gekreuzt hatten, zu einem sanften Gefälle erodiert worden. Trotzdem weigerte sich Rhiannons Reittier, weiterzugehen.

Rhiannon stieg ab und führte ihn den Abhang in den Graben hinunter. Blesses Ohren waren nach hinten gerichtet. Er tänzelte herum, erlaubte ihr aber schließlich, ihn zu überreden. Rhiannon und Blesse verließen die Rinne auf demselben Weg, auf dem sie gekommen waren und gingen wieder hinunter. Das wiederholten sie vier Mal, bis das Pferd mit der Übung vertraut war. Dann stieg Rhiannon auf, ritt ohne Probleme durch den Graben und wir alle gingen weiter.

„Zuhause, wenn wir Jungpferde anritten, hieß es immer SCHH-HHHH!" Und ein Finger wie eine Pistole fuhr zu Rhiannons Lippen. „Um die Pferde herum bewegten wir uns auf Zehenspitzen."

Doch wenn die Pferde sich hier in Loving vor einem Sattel, einer Kuh oder einem Strick fürchteten, wurden sie ihm wieder und wieder ausgesetzt, und sie lernten nicht nervös zu sein. Pferde lernen die ganze Zeit und zwei der Dinge, die sie lernen, sind, wovor man sich fürchtet und was man mit Sicherheit unbeachtet lassen kann. Ein Pferd in der Wildnis wird die Flucht ergreifen, wenn es sich fürchtet, aber wenn es sich vor allem fürchtet, wird es niemals Zeit haben, zu essen, zu trinken oder zu spielen. Und als Pferdetrainer wollen wir das natürlich beeinflussen – um zu *verändern*, worauf das Pferd reagiert und worauf nicht. Wir möchten, dass das Pferd auf unseren Sitz hört, unser Gewicht, unsere Hände; dass es nicht vor spielenden Hunden scheut, geschwungenen Lassos und vor Büffel. Der Schlüssel ist die Weiterentwicklung, alles in Schritten, alles ruhig und mit Augenmaß und ohne Zorn oder Frustration. Die am schwierigsten zu erlernende Fähigkeit, wenn es um Pferde geht, muss folgende sein: nichts persönlich zu nehmen.

Bruce und Rhiannon und ich sprachen über die Herde – die Natur einer Gruppe von Pferden – eine schwierige Angelegenheit und eine schöne Sache und etwas, das oft missverstanden wird. Sobald einer von uns durch Bruce' Herde ging, beschnupperte Pistol unsere Arme. Mouse blieb, doch wollte es nicht zulassen, dass man ihn berührte. Ein anderes Pferd wiederum, wenn man es in die Ecke trieb, konnte ausschlagen. Ich beobachtete. Ich fragte mich, inwiefern eine wilde Herde, mit Hengsten, und offenem Land, verschieden wäre von einer domestizierten, mit Zäunen, Menschen, und dem konstanten Wechsel zwischen neuen Pferden, die der Gruppe hinzugefügt wurden und anderen, die verkauft wurden und weggebracht.

Damit ein Mensch ein Teil der Herde wird – auch wenn es nur um eine Herde von zwei, Mensch und Pferd, ging – musste er oder sie eine Nische finden, eine Bindung eingehen oder die Verantwortung übernehmen. Um sich auszutauschen, hat der Mensch zwei Möglichkeiten: Respekt zu ernten oder durch Furcht zu diktieren.

Schnippe und ich gingen auf die Seite, durch einen Eichenhain hindurch und plötzlich wurden wir nach vorne katapultiert. Ich duckte mich unter einem Ast hindurch und beugte mich nach vorn auf den Hals des Jungpferds. Und dann buckelte er! Und wieder! Und wieder! Die anderen, Mensch wie Pferd, sahen zu, erstaunt und befremdet. Das Pferd ließ seine ganze Energie raus ... raus wie Dampf aus einem Kessel.

Ich lockerte meine Zügel und verstärkte meinen Schenkel, um ihn zu beruhigen und nach vorwärts zu treiben. Schließlich trabte er davon, steifbeinig und mit weggedrücktem Rücken. Nach etwa einer Minute schwang er seine Beine leichter und senkte seinen Kopf. Er war zufriedener.

Der Baumbestand wurde dünner und wir machten uns auf den Weg auf ein weites Feld. Mouse kannte den Boden genau und lief voraus. Er hatte die Freiheit weiter, offener Fläche gekostet und bewegte sich schnell und schneller, bis er erkannte, dass er uns zurückgelassen hatte. Dann wendete er. Unsere Jungpferde lernten auf uns zu hören: Wir waren erleichtert, dass sie sich nur anspannten, aber sich nicht bewegten, als Mouse an uns – in der Hoffnung, mehr Spiel anzuregen, – vorbeigaloppierte. Inzwischen war Pistol ein paar Schritte vorausgetrabt und schaute zurück.

„Ich warte", sagten seine Augen.

Zweieinhalb Jahrzehnte in der Gegenwart von Pferden verbracht zu haben, einen großen Teil eines Lebens, und bis zu jenem Moment nie Teil einer Herde gewesen zu sein, war eine Schande, erkannte ich. Stellen Sie sich einen vernunftbegabten Außerirdischen vor, wie er ein typisches Bürogebäude betritt. Er würde durch die grauen Gänge wandern (falls er wandern kann) und in die Abteile spähen, wo er Menschen mit leeren Augen sehen würde, die auf leere Bildschirme starren. Er könnte den Pausenraum aufsuchen und Stimmen hören, die über Verkaufszahlen und Bürointerna sprachen. Er könnte aufs Klo gehen und noch mehr Wände und Abteilungen sehen und Leute über Reality-TV reden hören. Dann würde er die Leute dabei beobachten, wie sie das Büro verließen und in eine weitere Kabine stiegen – diese auf Rädern – um nach Hause zu fahren. Dieses vernunftbegabte Wesen könnte dann zu sich nach Hause fliegen und verkünden (falls es sprechen kann): „Ich habe Menschen gesehen. Ich habe sie getroffen. Ich habe Zeit mit ihnen verbracht. Und nun *kenne* ich Menschen."

Letztes Jahr dachte ich, ich würde Pferde kennen, aber ich hatte bei den O'Connors so viel gelernt, dass ich beim Abschied versucht war zu sagen „Davor wusste ich nicht viel, aber jetzt verstehe ich Pferde *wirklich*." Dann war ich hierhergekommen, hatte diese Herde gesehen, diese Pferde beobachtet. Und nun ertappte ich mich wieder bei dem Gedanken: „*Jetzt* muss ich Pferde *mit Sicherheit* kennen."

Ich lachte über mich selbst.

Die Sonne stand hoch am Himmel, als wir zum Stall zurückkehrten, jeder von uns noch nicht richtig bereit, Feierabend zu machen, und so standen wir beim Tor und redeten weiter.

„Das Wetter schlägt um", bemerkte einer von uns abwesend, während er seine Hand auf dem Sattelhorn ruhen ließ.

Wir beobachteten die Herde, das Fohlen, das seiner Mutter folgte, die Zweijährigen beim Spielen. Wir sahen den Jungstuten und -hengsten zu, den Arglosen und den Spaßvögeln.

„Und ob. Der Wind kommt jetzt aus dem Norden."

Schließlich übermannte uns der Hunger. Wir betraten den Hof, verschlossen das Tor hinter uns, ließen die Zügel über die Köpfe der Pferde gleiten und führten sie, um sie abzusatteln. Wir blickten zurück: Pistol wartete beim Zaun und wollte nicht weg, doch Mouse war schon fort.

Ich hätte diesen Tag mit vielen Attributen auszeichnen können, aber wahrhaft besondere Zeiten, wenn man sie einem Freund schildert, fordern manchmal Understatement.

„Rhiannon, das war ein *guter* Tag", sagte ich ihr.

Sie lächelte und nickte. „Ein guter Tag", stimmte sie zu.

Die Woche darauf flog ich zurück nach Vancouver. Um mich umzuziehen. Es war an der Zeit, für einen Springreiter zu arbeiten.

Als ich Loving verließ, fragte ich mich, ob ich je zurückkehren würde.

## VIELSEITIGKEIT (II)

Meine Hände, zu Fäusten geballt, lagen ruhig und beständig am Widerrist meiner Stute. Zwölf Galoppsprünge vor dem Hindernis und ich stand in den Steigbügeln. Meine Hände gingen höher und nahmen mehr Zügelkontakt auf. Die Stute legte sich auf die Zügel. *Verdammt! Pass auf!* Ihr Maul, ihr Gewicht, ihre Energie, alles in ihr wollte kraftvoll nach vorne. Sieben Sprünge – ich lehnte mich zurück. Ihr Kopf ging nach oben, aber sie wurde nicht langsamer. Meine Fingerknöchel wurden weiß. Noch vier Sprünge und ich änderte meine Meinung. Ich ließ sie wieder nach vorne. Ich trieb sie an. *Komm! Schon!* Ihr Maul schloss sich um das Gebiss. Ich schlug sie mit der Gerte. *Verflucht!* Mein Arm holte weit aus, ich knallte ihr noch eine. Zwei Sprünge davor. Vielleicht, dachte ich.

Und dann trafen wir das Hindernis.

Ihre Beine knickten ein und schlugen gegen ihren Bauch. Der Aufprall warf ihre Brust nach vorn und ihren Kopf nach unten. Ihr Körper schlitterte über die Büsche und den Baumstamm. Rinde und Zweige griffen nach ihren Beinen. Gemeinsam schlugen wir mit dem Kopf voran auf dem Boden auf.

Ich hatte keine Ahnung, wo sie war. Ich stand auf, wie ein Soldat nach dem Kampf dasteht; glücklich am Leben zu sein und zugleich beschämt, nicht tot zu sein.

Ich blickte mich um. Ging es ihr gut? O mein Gott, ich hoffte es. Ging es ihr gut?

Sapphire wurde weggeführt. Jemand nahm meinen Arm und steuerte mich ihr hinterher. Die Funkgeräte entluden sich in Lärm. *„Geht es Ihnen gut?"*, fragten sie. *„Geht es Ihnen gut?"*

Meine erste Vielseitigkeit war nicht so verlaufen wie diese. Meine erste war einfach. Sie war sinnlich. Ich hatte den Wind gerochen, der den Duft des Pazifischen Ozeans über Vancouver Island trug. Ich sah das Licht durch gebogene Ahornblätter scheinen und die moosige Erde in tausend Grün- und Brauntöne tauchen. Der Takt meiner Stute war rhythmisch und perfekt gewesen, wie der eines Langstreckenläufers. Ich hatte einen Regenbogen in unserer Bugwelle durchs Wasser gesehen. Ich hatte eine Möwe auf unseren Flügeln über den Hügeln gespürt.

Natürlich hatte es keinen Regenbogen gegeben! Und es gab auch keine Möwe Jonathan, die uns begleitet hätte! Es gab nur meine glückselige Erinnerung. Warum war es diesmal so anders? Warum konnte es nicht jedes Mal so wie bei diesem ersten Mal sein? Ich erinnerte mich an diese erste Vielseitigkeit, wie sich Tagträumer mittleren Alters an die Sommer ihrer Schulzeit erinnerten.

Dieses Mal war es kein Galopp in den Wolken. An diesen letzten Sprung heranzureiten war RAT-TAT-TAT-TAT. Sapphires Beine bewegten sich im unregelmäßigen Stakkato eines Repetiergeschützes. RAT-TAT. An diesem Tag gab es keinen Tanz – wir bemühten uns zu sehr! RAT-TAT-TAT. Keine Meeresbrise füllte meine Sinne. Kein Scheinwerfer beleuchtete unseren Weg. Es gab nur Mut, Scham, Liebe und Schuld, die an diesem letzten Hindernis verschüttet wurden.

Nachdem wir unter den Absperrseilen zum Geländerittparcours hindurchgeschlüpft waren, wurden wir zu einem LKW mit Anhänger gebracht. Als wären wir eins, senkten meine Stute und ich unsere Blicke und befolgten die Anweisungen. Sie wurde in den Anhänger geladen; ich in die Fahrerkabine. Die Tür schloss sich schleppend hinter mir. Die Lautsprecher kündigten die Fortsetzung des Wettbewerbs an; unser Sturz bedeutete nur eine kurze Verzögerung im Zeitplan.

Der Fahrer versuchte nicht mit mir zu sprechen. Mein Kopf fühlte sich im Sitzen schwer an. Mein Handgelenk tat weh. Ich schloss die Augen und erinnerte mich an das erste Mal, als ich als Zuschauer eine große Veranstaltung besucht hatte, wie ich eine Frau hatte sagen hören, wie lächerlich sie diesen ganzen Sport fand.

„Aber es hat doch noch nicht mal begonnen", sagte ich zu ihr. Sie hob ihre Hände, eine Frage andeutend.

„Ich habe zu viele Unfälle gesehen. Es fällt mir schwerer und schwerer, zu den Turnieren zu gehen. Ich habe Pferde sterben sehen", entgegnete sie.

„Sie übertreiben", sagte ich zu ihr. Die Frau blinzelte. Ich bemerkte plötzlich ihre Augen: blass und wach.

„Zumindest tun diese Pferde etwas, das sie lieben", fuhr sie fort. „Jedes Pferd, das es so weit bringt, glaubt an das, was es tut. Es gibt wirklich nichts Vergleichbares! Ihre Ohren sind gespitzt, sie sind auf den Sprung fixiert und diese Pferde geben niemals auf. Ich weiß nicht, wie sie das machen. Kriege Gänsehaut, wenn ich nur darüber rede."

„Ich finde immer noch, dass Sie übertreiben."

Die Frau trug zerrissene Jeans und sie steckte ihre Hände in ihre Gesäßtaschen. Schließlich antwortete sie mir: „Ich hoffe, dass ich übertreibe. Und ich hoffe, dass wir diese Disziplin verbessern und nicht nur erdulden. Denn dieser Sport ist es wert."

Ich nickte. Ich verstand, dass sie den Sport sowohl liebte als auch fürchtete.

Monate später beobachtete ich beim Kentucky Three-Day dreißig oder vierzig Pferde, wie sie diesen großartigen Kurs nahmen. My Boy Bobby, Buck Davidsons irisches Sportpferd, war das erste, das ich an der berühmten Stelle „Head of the Lake" erblickte – die Abhänge, Sprünge und Wasser kombinierte. Der Himmel teilte sich und Bobby kam von oben herab in unser Leben. Er galoppierte zwischen den Wolken, dann zwischen der Menschenmenge, dann durch das Wasser.

Die Menge, manchmal fünf Personenreihen stark, drückte gegen die Seile, die uns vom Parcours fernhielten. Wir sehnten uns nach mehr, wie Süchtige, die auf den nächsten großen Kick warteten.

Und dann, am Nachmittag dieses Tages, stürzte King Pin, ein Pferd des kanadischen Vielseitigkeitsteams und stand nie mehr auf. Die Behörden nahmen eine natürliche Todesursache als Grund an: „Es scheint, dass sein Tod nicht mit dem Hindernis selbst in Verbindung stand. Es ist möglich, dass er durch einen Riss eines großen Blutgefäßes starb, wie es bei Sportlern, Menschen wie Pferden, vorkommen kann."

Es gab im Ablauf an diesem Tag in Kentucky eine Pause, während wir unsere Gedanken sortierten. Wir alle wussten, dass nicht jede Runde sonnigen Himmel am See bedeutete. Manchmal gab es graue Wolken und Donner.

Als wir nach unserem Sturz beim letzten Sprung zu den Stallungen zurückfuhren, machten sich die Tierärztin und ich Sorgen. Ich wusste, wie meine Stute auf allen Vieren im Hänger stand und ihr jedes Bremsen des Fahrzeugs einen Stoß verpasste, den sie mit den Beinen abfing. Jede Unebenheit erschütterte den Anhänger. Ich konnte es durch meinen Körper hindurch fühlen. Ich wünschte, ich wäre da hinten bei ihr geblieben. Sapphire entstieg dem Anhänger ohne

Probleme und die Tierärztin nahm sich Zeit, sie zu untersuchen. Sie checkte ihre Beine und Gelenke. Sie überprüfte ihre Lunge und das Herz.

„Die Schnittverletzungen sind eher oberflächlich", sagte mir die Tierärztin. „Sie haben Glück."

„Danke", sagte ich. Aber ich fühlte mich keineswegs im Glück. Zurück in ihrer Box senkte Sapphire ihren Kopf und nahm einen tiefen Atemzug. Ich gab ihr etwas Heu. Nun, da ich endlich mit ihr allein war, legte ich meine Hand auf ihre Schulter.

„Es tut mir leid", sagte ich. „Es tut mir leid."

Ich legte meine Stirn auf ihren Widerrist.

„Es tut mir so leid."

Meine Stute beroch das Heu. Sie war hungrig. Ich sah ihr dabei zu, wie sie zu fressen begann.

## „SIE IST HART"

Ein altes Sprichwort sagt: „Es gibt zwei Geheimnisse, um in diesem Geschäft erfolgreich zu sein. Das erste lautet: Verrate nicht all deine Geheimnisse." Einige Meister hüteten ihre Methoden wie einen Sack voll Gold.

Anne Kursinski gehörte nicht zu ihnen. Anne Kursinskis Buch *Reit- und Springkurs: Eine Schritt-für-Schritt-Anleitung, wie man Springwettbewerbe gewinnt* beschreibt im Detail, manchmal in wunderschöner Prosa, jeden Aspekt des Springreitens, den man vernünftigerweise in einem Buch erwarten konnte.

Am späten Nachmittag erhielt ich einen Anruf von Anne Kursinski. Meinen letzten Ritt des Tages hatte ich hinter mir und ich half meiner Mutter, Heidelbeersträucher zu stutzen – „Es dauert nur fünf Minuten", hatte sie zu mir gesagt.

„Natürlich", hatte ich mit einem wissenden Lachen geantwortet.

„Danke für das Video", sagte Anne. „Warum kommst du nicht gleich zu mir?"

Sie wirkte nett und gesprächig und seltsamerweise interessiert an meinem Wunsch, Praktikant zu werden.

„Wir könnten dich gebrauchen", erklärte sie. „Ich werde ein wenig Hilfe brauchen mit den Pferden in Florida und ich denke, du könntest auch eine Menge dabei lernen."

Sie fragte mich, was ich mit Pferden gemacht hatte und was ich in der Zukunft machen wollte, für wie lange ich kommen könnte. Und meine Fragen beantwortete sie ebenso alle.

Wie konnte diese zugängliche Frau ein Eliteprofi, eine vielbeschäftigte Reiterin, eine Autorin, eine Trainerin sein? Wo waren die Sekretärinnen? Die Assistenten? Wo war der Haken? Natürlich gab es Gerüchte über Anne.

„Sie ist hart", sagten Leute, „wiiiiiiiiiirklich hart", mit einem Nicken des Kopfs und hochgezogenen Augenbrauen, als ob sie hinzufügen wollten: „Ich bin froh, dass du gehst und nicht ich." Aber wenn ich diese Leute danach fragte, was sie unter „hart" verstanden, hatten sie keine Antwort.

„Lange Arbeitstage", sagten sie, oder „sie ist detailorientiert" oder „sie hat hohe Ansprüche."

„Großartig!" gab ich lächelnd zur Antwort.

Niemand bemängelte ihr Reiten, das scheinbar über jede Kritik erhaben war. Während ich mich nach einem guten Springstall als mein nächstes Ziel umsah, hatten mein Vater und ich ein langes Gespräch, was es bedeutete, ein „großer Springreiter" zu sein.

„Wie es scheint, sind nur zwei Zutaten nötig, um auf dem höchsten Niveau mitzuhalten", behauptete ich.

„Und die wären?", fragte er.

„Ein Gespür für Abstände. Und Geld." Er lachte.

„Ich denke schon. Und dazu vielleicht ein bisschen Training und Athletik. Aber was unterscheidet die Teilnehmer von den Gewinnern?"

„Das ist eine gute Frage." Ich wog sie ab. „Was hatte George Morris gesagt? Ehrgeiz. Emotionale Kontrolle. Management. Pferdewahl. Talent."

„Was ist mit Training? Einen guten Coach zu haben?", forschte Vater nach.

Die meisten Leute können einen Satz schreiben. Heißt das, dass wir alle Schriftsteller sind? Viele Leute können auf einem Pferd sitzen. Heißt das, dass wir alle Reiter sind? Was unterschied die Eintagsfliegen unter den Autoren von den Orwells und den Atwoods? Worin hob sich Anne Kursinski vom Rest ab?

Ich vermutete, was andere mir gesagt hatten: Sie war detailorientiert und hatte hohe Ansprüche. Ihre Reitkunst und ihr Basistraining waren großartig. Und dann war da Härte. *Wirkliche* Härte. Keine Frage.

Aber war da mehr? Gab es da ein Geheimnis, irgendeine Alchemie, die die Meister der Reitkunst hinter verschlossenen Türen und Vorhängen aus Rauch betrieben, wie die Zauberer der altvorderen Zeit? Bevor ich zusagte, zu kommen, stellte ich Anne eine weitere Frage: „Ist es okay, wenn ich über meine Zeit bei dir schreibe?"

Als die *Gaitpost* aufgehört hatte, meine Artikel zu bringen, hatte ich bei *The Chronicle of the Horse* angefragt. Der Chronicle war in Middleburg, Virginia, ansässig und war eine der ältesten, prestigeträchtigsten Pferdezeitschriften der Welt. Ein Klasse-Pferdemagazin in einer Klasse-Pferdestadt. Die Antwort des Herausgebers war positiv gewesen:

*Wir gehen Anfang November mit einer neuen Website online und arbeiten daran, ein Team von Bloggern und Kolumnisten zusammenzustellen. Schlussendlich habe ich alle Artikel gelesen, die Sie über*

*Ihre Erfahrungen als Praktikant geschrieben haben, und ich habe sie*
*wirklich genossen.*

Anne zögerte nicht, bevor sie antwortete: „Das ist eine super Idee."

Ich lächelte am anderen Ende der Leitung.

„Ich möchte zuerst einen Blick drauf werfen", fuhr sie fort, „aber Pferde und die Pferdeszene haben mir so viel gegeben, und ich liebe es etwas zurückzugeben."

Was könnte ich mehr verlangen?

„Ich buche heute einen Flug", sagte ich ihr. Ich hielt das Telefon neben mein Ohr, während die Verbindung beendet wurde. Noch mal Florida, dachte ich. Eine letzte Reise. Und dann bin ich fertig.

## WELLINGTON, FLORIDA

Ein paar Tage nachdem ich in Florida angekommen war, gab mir Anne einen Tag frei, damit ich einen Kurs von George Morris besuchen konnte. Ich konnte mein Grinsen nicht loswerden, wie ich meinen Besen abstellte und quasi in Richtung Ausstellungsgelände ging, wo ich einen Platz auf der Tribüne fand, um zuzusehen.

In jüngeren Jahren war George Morris ein siegender Springreiter gewesen und er war wettbewerbsorientiert, aber sein größeres Vermächtnis war es, Reiter zu trainieren. Er war so erfolgreich und einzigartig als Trainer, dass er für mich genauso unverkennbar und beeindruckend war, wie es Robert Redford für einen aufstrebenden Schauspieler wäre.

Der Mann saß ruhig in seinem Golfwagen. Sein Körper sah sehnig, aber auch alt aus, wie ein austrocknendes Gummiband. Seine unverwechselbare Stimme war jedoch stark, als sie über die Lautsprecher ging.

„WO SIND SIE HIN?", wollte er wissen.

Die Menge sah sich um. Die Jugendlichen, nach denen George Morris suchte, waren von der Tribüne verschluckt worden. Sie arbeiteten als Helfer und sie hatten offensichtlich fälschlicherweise angenommen, die Einheit wäre vorüber.

„WO SIND SIE?" Seine Stimme war nun lauter, nicht verärgert, aber anklagend und fordernd. „ICH HABE IHNEN GESAGT HIERZUBLEIBEN."

Alle saßen ruhig und still.

Ich sah, wie sich die Jugendlichen aus der Menge herausschälten, von ihren Eltern vorwärtsgetrieben, doch nicht scharf darauf, im Mittelpunkt der Aufmerksamkeit dieses Mannes zu stehen. Sie verließen ihre Familien widerwillig und gingen langsam die Stufen zum Reitplatz hinunter.

„Beeilung!" Georges Stimme bellte über die Lautsprecher und verklang langsam über der Tribüne. „BEEILUNG!"

Wir sahen alle zu, wie die Teenager einer nach dem anderen zu rennen begannen. Als der erste, ein Junge, beim Golfwagen ankam, wurde er langsamer und blieb neben George stehen. Es sah so aus, als wollte er sich erklären, aber die anderen Jugendlichen rannten geradewegs an ihm vorbei in Richtung Hindernisse.

Dann konnten wir über die Lautsprecher vernehmen: „Denkt *nicht*. DENKT *nicht!*"

Der Junge, der angehalten hatte, lief rot an, ein Purpur, das ich aus hundert Metern Entfernung sehen konnte.

„*Ich* bin hier, um zu denken!" erklärte der Mann, blickte auf die Menge und sah, dass er jetzt wirklich ihre Aufmerksamkeit genoss.

„In ein paar Jahren könnt ihr denken", schloss er und entließ den Jungen mit einer kleinen Handbewegung. „IN EIN PAAR JAHREN könnt ihr denken!"

George Morris ist bekannt dafür, auszusprechen, was ihm in den Sinn kommt.

Sie trainierten den Wassersprung, und er forderte von allen Reitern den leichten Sitz.

Als ein Junge es nicht ganz richtig machte, stieg George – siebzig, wenn's reicht – auf sein Pferd.

„Die *moderne* Art des Reitens", sagte George, während er zu einem Sprung hinunter- und über ihn hinweggaloppierte. „Es ist simpel. Sehen Sie?" Seine Atmung kam klar über die Lautsprecher, als er eine Runde galoppierte, um ihn erneut zu nehmen. „Simpel." Mehr starkes Atmen. „SIMPEL. Du kannst nicht abwerfen!" Und als er sich dann dem Sprung näherte, ließ er die Zügel etwas lockerer werden, ließ seine Hände sinken, aber behielt seine Geschwindigkeit bei. „Sehen Sie?"

Ich lernte, dass es bei einem Wassergrabensprung um drei Dinge ging: Tempo, Distanz und Weite. Ein Pferd braucht ein angemessenes Tempo, wenn es herankommt, der Reiter muss die Distanz erkennen und nahe zur Basis reiten und schließlich muss das Paar die Länge des Grabens überwinden. Reite weiter! Wie ein Kurzstreckenläufer, der seine Brust nach vorne wirft, darf es vor der Ziellinie kein Nachlassen geben.

Das nächste Pferd, das an der Reihe war, schaffte den Sprung nicht ganz. Es gab ein kleines Platschen, als seine Hinterbeine das Wasser trafen.

George rief zur Tribüne: „Komm her, Frank. Hilf mir mal."

Frank Madden, selbst ein etablierter Trainer, stand auf. Er saß in der ersten Reihe. Ich kannte ihn aus der Reality-TV-Serie auf *Animal Planet*, die von einer Gruppe reitender Teenager handelt: *Horse Power: The Road to the Maclay*. Als er noch jünger war, hatte er auch von George gelernt. Ich hatte ein Interview mit ihm im *Horse Connection Magazine* gelesen, in dem er erklärte:

*George Morris beeinflusste mich sehr. Ich ritt acht oder neun Jahre für ihn. Ich werde nie vergessen, wie ich George zu einem Jungen sagen* hörte „Ich werde mehr vergessen als du je wissen wirst." Ich war ein formbarer Einundzwanzigjähriger und als ich das hörte, haute es mich einfach aus den Socken. Ich konnte mir nicht vorstellen, dass das jemand zu mir sagte und ich würde es nie zu jemandem sagen, aber jetzt, wo ich älter bin, verstehe ich genau, was er meinte. Es ist keine egozentrische Aussage – es ist die Wirklichkeit.

George und Frank standen auf jeweils einer Seite des Wassersprungs, ungefähr bei zwei Dritteln seiner Länge. Ein Wassersprung ist weit, vielleicht drei Meter, sodass Pferde lernen müssen, ihn zu *überbrücken*, wie bei einem Weitsprung, nicht *aufwärts* und drüber wie bei den meisten Sprüngen. Beide Männer standen in der Hüfte abgewinkelt da, die Arme gerade. Jeder hielt ein Ende einer blauweißen Stange. Dasselbe Pferd galoppierte zum Wasser hinunter, seine letzten paar Sprünge länger und schneller. Das Pferd sprang und streckte sich. Es schien für eine Sekunde in der Luft zu schweben, als die Männer, die sie hielten, die Stange anhoben. Das Pferd traf sie und die beiden Männer ließen die Stange sofort fallen. Sie fiel und platschte ins Wasser. George blickte in die Zuschauermenge. Er wusste genau, dass das, was er gerade getan hatte, nicht erlaubt war und dass nur wenige Profis öffentlich darüber sprechen würden.

„Barren …"

Ich konnte es nicht erwarten zu hören, was er sagen würde.

„… wenn man es vorsichtig macht …"

Das kann ein heikles Thema sein.

„… macht es ein Springpferd sicherer."

Und damit war die Stunde vorbei, das Thema abgeschlossen. Die jugendlichen Helfer bei den Hindernissen waren entlassen und die Menge auf der Tribüne zerstreute sich.

„Das war ein bisschen enttäuschend", flüsterte ein dünnes Mädchen in der Reihe vor mir ihrer Freundin zu.

„Jep", stimmte ihre Freundin zu.

Um Anne Kursinski zu verstehen, um ihren Stil zu verstehen, war es hilfreich, zunächst George Morris in Aktion zu sehen. Die beiden größten, reiterlichen Einflüsse in Annes Leben waren Jimmy Williams und George Morris. Jimmy Williams war ein Horseman aus Kalifornien, und ich wünschte, ich hätte die Gelegenheit gehabt, ihn zu treffen. Er galt als Innovator, besonders schwierig in einer Welt der Tradition. Und George war siebzehn Jahre lang Annes Mentor auf der berühmten *Hunterdon Farm* (und in vielerlei Hinsicht war er es immer noch). Wann immer Anne für ihr Land angetreten war, war er dort gewesen, bereit zu helfen. Er war derjenige auf dem Boden oder im Golfwagen, der ihr Anweisungen zurief oder Ratschläge anbot. (Anne war unter der olympischen Medaillengewinnerin Hilda Gurney bis zur Grand Prix-Klasse in der Dressur angetreten. Obwohl Anne eine Springreiterin war, hatte sie viel gesehen und getan.)

Auch wenn Anne im Lauf der Zeit ihren eigenen Stil entwickelte, behielt sie vieles aus Georges Philosophie bei. Wie George war sie eine Perfektionistin und arbeitet hart, und sie erwartete dasselbe von jedem, mit dem sie zusammenarbeitete. Und wie George war sie ehrlich und offen, *aber* nichts, was sie sagte, war persönlich gemeint. Sie war schnell im Vergeben und Vergessen. Sie konnte Gejammer nicht leiden. Sie mochte keine Ausreden.

Am nächsten Tag ging ich wieder entlang am Kanal der Farm zum Turniergelände, um den Kurs zu besuchen. Equitation stand auf dem Programm: Basistraining ohne Steigbügel. Wadenposition. Schenkelweichen. Position des Oberkörpers. Sanfte Hände. Es war eine harte Lektion; sie würden lernen, ob es ihnen gefiel oder nicht. Und es regnete, es schüttete beinahe aus Kübeln. Das Publikum war nur halb so zahlreich wie tags zuvor. Die Anwesenden hatten sich unter Pferdedecken oder Regenschirmen eingemummt.

Die Reiter nutzten fast den gesamten Platz – ein großes Oval. Als sie Schritt-Trab-Übergänge ritten, wärmte George seine Stimme auf: „Springen ist nicht Dressur", erklärte er, „Es ist eher wie im Rennen." Und dann korrigierte er sich selbst: „Tatsächlich ist es 50:50."

George besah sich die Übergänge vor ihm. „Die großen, alten Meister nannten den Schwung die Mutter der Reitkunst."

Er wollte mehr Engagement, mehr Aktion aus der Hinterhand des Pferdes sehen. Ein Pferd musste aus der Hinterhand gearbeitet werden. „Alles kommt von den Hinterbeinen!"

„Ein Pferd ist gebaut wie eine Brücke", sagte George. „Genau wie die *Brooklyn Bridge*, die mein Großvater zu bauen geholfen hat."

Das Fundament der Bewegung im Pferd war der Schlüssel, das war sein Punkt. Und die Hinterhand war das Fundament. „Die meisten Pferde", sagte er, „haben Rückenprobleme und es ist nicht ihre Schuld. Die meisten Reiter wissen nicht, wie man ein Pferd arbeitet. Sie *glauben* zu wissen, wie man ein Pferd arbeitet."

Der Kurs bestand aus einem beinahe Nonstop-Vortrag. Er lehrte wie ein guter Universitätsprofessor: ohne Notizen und über eine Palette von Themen, manchmal fließend, manchmal fliegend, von einem Gegenstand zum nächsten. Und die ganze Zeit über behielt er seine Schüler im Auge. ihm entging nichts. *Gar* nichts!

„Lasst mich *niemals* das Maul eures Pferds sehen!" schrie er, doch diesmal dämpfte der Regen die Wirkung seiner Worte und prasselte sie in den Boden. Die Menge war verhalten und ein paar Leute gingen früher. Doch ich blieb gerne und sah zu. Ich hoffte George nochmals reiten zu sehen.

Besondere Reiter wie Anne und George lassen den Sport einfach aussehen. Aber sie sind es auch, die wissen, wie viel Arbeit dahintersteckt, so weit zu kommen. Anne hatte sich von George anschreien lassen. Und Anne hat mich angeschrien.

Wenn wir nie aus unserer Komfortzone herausgebracht werden, lernen wir nie.

Nachdem er denselben Reiter das vierte (oder vielleicht fünfte) Mal angeschrien hatte, gestand George zu: „Ich erkenne diese Dinge, weil ich sie gemacht habe. Diese Mängel … ich hatte sie."

Niemand wird als Reiter geboren. Manchen fällt es leichter, durch Geld, Training oder schieres Talent, aber niemand wird als Reiter geboren.

Als nächstes ließ George die Reiter fliegende Wechsel üben. Sie flogen über den Platz, manche langsamer, manche schneller werdend, wie sie da versuchten, die Seite zu wechseln, reibungslos, im Galoppsprung.

„Es ist eine Schande, wie fliegende Wechsel in Turnieren gezeigt werden: Buckeln, Schweifschlagen, Ziehen!", schimpfte George. Er machte eine Pause und sein Atem war sogar trotz des Regens zu hören. „Das ist bei meinem Pferd *nicht* erlaubt!"

Jedes Pferd versuchte noch einen Wechsel, und jedes hatte sich verbessert und dann ließ George die Reiter Schritt gehen. Sogar noch bevor sie den Trab beendet hatten, schrie er wieder: „Schenkel!" Seine Schüler gingen nun Schritt, aber George war immer noch in Fahrt: „Es geht um den Schenkel. SCHENKEL! Es geht nicht so sehr um die *Hände* als um die *Schenkel!*" Er wollte, dass die Pferde langsamer wurden *und* vor dem Schenkel blieben, kein einfaches Konzept für Reitneulinge.

Schließlich entließ er die Reiter, und als sie müde und nass ausritten, reichte die Hilfstruppe jedem Schüler eine Abschwitzdecke für sein Pferd.

George blickte hinaus auf die Menge. Er hatte ein paar abschließende Gedanken zu teilen und er lieferte sie eloquent, Patriarch des Sports, der er war.

„Es geht nicht um die sozialen Accessoires, das Geld, die Schärpen. Es geht nicht ums Gewinnen. Das ist ganz einfach." Er stieg aus seinem Golfwagen und nahm seinen Helm von hinten. „Nein, das ist ganz einfach." Er ging einen Schritt auf die Menge zu. „Es geht um das Pferd: wie man das Pferd pflegt, wie man das Pferd reitet und wie man sich um dieses großartige Tier kümmert – das Pferd."

Er stand dort im Regen, der um ihn herum Pfützen bildete und prasselte. Wenn jemand um seine Größe nicht gewusst hätte, er hätte einfach einen Mann gesehen, allein, nass und alt, auf einem großen Platz an einem grauen Tag. Die Menge um mich schien schon unbedingt gehen zu wollen, aber ich blieb eine Minute sitzen und saugte alles in mich auf, was ich gehört hatte. Und in dieser Minute hörte ich die *tatsächlich* letzten Worte dieses Mannes. Eine der Organisatoren trat auf ihn zu und bedeutete ihm, sein Headset mitzunehmen, und ich hörte, wie sie sich bei ihm für seine Zeit bedankte. Ich fing nur ein paar leise Worte auf, als das Mikrofon weitergereicht wurde: „... waren großartig ... immer eine gute ..."

Und dann trieben Georges letzte Worte, als er an seinem Headset herumfummelte, durch den Regen herüber zu mir, wo ich nun fast alleine auf der Tribüne saß: „Du meinst mein typisch widerwärtiges Ich? Das ich gerne bin. Schwierig." Und er lachte ein kleines Lachen. „Bin ich nicht schwierig, atme ich nicht."

Es war möglich, dass ich in diesem Lachen und in diesen letzten Worten mehr von diesem großartigen Mann sah als die meisten Menschen es je taten. Ich sah das Bewusstsein, das er um seinen eigenen mächtigen, anspruchsvollen und oft unhöflichen Charakter hatte. Und unter all dem sah ich einen unprätentiösen, freundlichen, visionären Menschen. Einen Privatmann. Jemand, den ich als Großen Horseman bezeichnen würde (in Großbuchstaben, wie ich denke, nötig).

Nachdem ich George unterrichten gesehen und ihn sprechen gehört hatte, war ich nun vielleicht ein wenig näher dran, Anne zu verstehen, die Frau, die eine seiner größten Schülerinnen geworden war, und die Frau, von der ich die nächsten drei Monate über lernen würde.

Zurück in Annes Stall nahm ich einen Besen zur Hand. Er fühlte sich vertraut und kräftig in meinen Händen an. Auch hier ging es um das Sich-Kümmern, den Grundgedanken, der in die Pferd-und-Reiter-Partnerschaft einfloss. Es ging um die Details. Wenn Anne zu Turnieren reiste, nahm sie zwei Kisten mit Ersatzgebissen mit, wahrscheinlich insgesamt 200 Gebisse. Wie manche Frauen Schuhe, hatte sie eines für jede Gelegenheit; manche waren einmal verwendet worden, und manche würden niemals ihre Chance bekommen. Sie führte auch eine Kiste mit Ersatzzaumzeug mit sich. Sie war voll von Nasenriemen, Stirnriemen, Zügeln, Backenstücken und gebisslosen Zäumen. (Aber wie bei Ingrid ohne ein einziges Paar Schlaufzügel.)

Es gab keine Abkürzungen. Alles steckte in den Details.

Ich stand an diesem Tag auf der Tafel mit zwei Pferden, die ich reiten sollte, aber eine Zeitlang fegte ich einfach weiter den Gang.

## ANNE KURSINSKIS GEHEIMNIS

Es gab Tage, an denen ich Anne wie ein Butler folgte. Ich trat in den Hintergrund. Ich verhielt mich still, war aber sofort zur Stelle, um ein Pferd zu halten oder ein Hindernis höher zu machen. Ich wusste, wie Anne den Sattel wünschte, wie eng der Nasenriemen ihres Pferdes sein sollte und wann sie erwartete, eine Aufstiegshilfe zu erhalten. (Nicht bei „1, 2, 3", sondern *jetzt*!)

Ich sah wie sie ritt und wie sie coachte. Ich beobachtete, wie sie Geschäfte machte und erfuhr, wer die *Player* waren. Es ist ein kleiner Kreis im Spitzensport. Jeder kennt jeden. Jeder hat etwas über jeden zu sagen. Pferde, die Hunderttausende von Dollar wert sind, werden tagtäglich gekauft und verkauft. (Manchmal durfte ich jene Pferde reiten!)

An meinem zwölften Tag, an dem ich für Anne arbeitete, stand ich einen Galoppsprung von ihr entfernt, als sie auf einem Turnier eine alte Freundin traf. Wir befanden uns am Eingang zum Parcours, bereit ihn abzugehen (manchmal durfte ich den Parcours mit ihr abgehen!), als eine lockenhaarige Frau Annes Arm berührte.

„Anne? Bist du es?"

Anne brauchte eine Sekunde, dann: „Milly?", gefolgt von „*Milly*! Wie geht es dir?"

Ich erinnere mich nicht daran, worüber sie sprachen. Ich denke über Urlaube. Ich beobachtete den Springreitersuperstar McLain Ward, wie er den Parcours abging. Er war viel kleiner, als ich erwartet hatte, so wie Prominente immer aussehen, wenn sie ihrer Laufstege und nach oben gerichteten Kamerapositionen beraubt sind. Ich beobachtete, wie er in einer Linie von mir weg ging, kurze vier Sprünge. Neunzehn Meter. Er hatte einen bestimmten Gang, seine Schulterblätter zueinander gedrückt. War er derselbe Mann zu Pferd, der er am Boden war?

„… und wie geht es deinem Pferd?", hörte ich Anne Milly fragen.

„Ooo, Anne, oooo", quietschte die Frau, das „O" in die Länge ziehend, sprach aber zudem schnell, sodass jedes Wort über das nächste stolperte. „Es geht ihm soooo gut."

Anne legte ihre Hand auf Millys Armrücken und forderte sie dadurch auf, mehr zu erzählen.

„Es läuft so prächtig, seit wir mit unserer Tierkommunikatorin gesprochen haben. Du hast doch auch eine, nicht? Sie sind die besten! Meine hat mir gesagt, mein Wallach sei Hawaiianer. Kannst du dir das vorstellen? Und sie sagte, ich muss seinen Namen ändern. Habe ich gemacht. Und jetzt heißt er Ki-Ki."

Anne nickte unter ihrem Helm. „Ein süßer Name."

„Und jetzt ist er soooo brav", sie nahm Annes Hand in die ihre, „Ich *kann's* einfach nicht glauben."

„Ich weiß, Milly. Marlene hat uns mit unseren Pferden sehr geholfen."

Ich sah die beiden an, beide ausstaffiert mit Marinejacken, wie sie sich in vollem Ernst darüber unterhielten, wie eine Frau, mit der sie nur telefoniert hatten und die ihre Pferde noch nie gesehen hatte, wusste, was ihre Pferde dachten oder fühlten.

Wahnsinn! dachte ich. Ich arbeite für eine Verrückte.

Manchmal wurde ein Assistent eingeladen, an solchen Gesprächen teilzunehmen. Sobald das passierte, trat ich vor und stellte mich vor. Ich schüttelte die Hand, sah dem Gesprächspartner in die Augen (am besten war ein kurzer Blick) und trat dann wieder zurück. Manchmal wurde ich gebeten, eine Frage zu beantworten oder meine Meinung zu etwas zu äußern. Es war wünschenswert, sich kurz zu halten und neutral zu bleiben.

Wenn Anne ritt oder eine Stunde gab, trachtete sie immer danach, mindestens eine Person als Helfer zur Hand zu haben. Zwei waren besser und beschleunigten den Prozess erheblich. Doch später an diesem Tag half Anne einem älteren Reiter mit seinem jungen Warmblut, und ich war der einzige, der dabei half. Dreimal hintereinander hielt er das Pferd zurück und übereilte dann den Sprung, presste mit den Schenkeln und versuchte, das Pferd hinüber zu „werfen".

„Entspann dich", sagte Anne immer wieder. „Stürm' nicht darauf zu!"

Schließlich stoppte ihn Anne und rief ihn zu sich. Sie sah zu mir.

„Tik", sagte sie, „als du mich heute morgen hast reiten sehen, wie bin ich diesen Parcours geritten?"

Nun, sie ist sicher nicht so geritten.

„Entspannt", riet ich.

„Ich ritt ihn locker", sagte sie zu mir und nickte. Dann sah sie ihren Schüler an. „Mach dich locker! Reite ihn mit mehr Gefühl!"

Anne glaubte, sie konnte „Gefühl" unterrichten. Gefühl kommt, wie Kunst, aus unserer Seele, während Können aus unserem Kopf kommt. Es geht nicht nur um die Mechanik dessen, was wir im Sattel tun, es geht auch um unsere Absichten. Manchmal musste es danach ausgesehen haben, als versuchte sie, das Unlehrbare zu lehren. Und manchmal war sie frustriert, doch sie gab nie auf.

In ihrem Buch gab es achtunddreißig Seiten, die sich mit dem Gefühl beschäftigten. Biegen und Gefühl. Hände und Gefühl. Leben und Gefühl.

Manche Leute behaupten, Gefühl könne man nicht lehren, indem sie sagen: „Wie kannst du jemandem erklären, wie eine Erdbeere schmeckt?"

„Habe ich Gefühl?", könnten Sie sich nun fragen.

Versuchen Sie diese Übung: Gehen Sie die Mittellinie hinunter und wechseln Sie zwischen Schulterherein und Traversale. Die Hilfen (innerer Schenkel am Gurt, äußerer Schenkel zurück, in den Außenzügel reiten) sind bei beiden Figuren dieselben. Das einzige, das sich ändert, ist der *relative Druck* der Hilfen. Nur das *Gefühl* ändert sich.

Tatsächlich teilte ich Annes Meinung nicht. Ich glaubte, man könne Gefühl lernen, aber nicht, dass es gelehrt werden konnte. Ein Lehrer konnte Handwerk lehren, aber nur darauf hoffen, Kunst zu inspirieren.

Täuschen Sie sich nicht, große Reiter verwandeln das Reiten in eine Kunst. Eine großartige Reiterin zeigt ihre Pferde auf die gleiche Weise, wie eine Bildhauerin eine Ausstellung veranstaltet. Der Künstler kreiert, formt und coacht das Stück in sein Sein, aber in der Schlussanalyse, dem letzten Test, ist es das Pferd, auf das es ankommt. Es ist das Pferd, das das Auge auf sich zieht.

Ein großartiger Ritt in einer Dressur- oder Springprüfung oder im Cutting oder in einer anderen Disziplin lässt die Betrachterin zufrieden und gesättigt zurück, doch unfähig zu beurteilen oder zu kritisieren. Die Betrachterin stellt fest, dass sie in die Aufführung mit einbezogen wurde, und statt einer Kritik oder eines Kommentars, der ihr über die Lippen kommt, bleibt ihr ausschließlich das Aufblühen einer Emotion – der Freude, der Zufriedenheit, des Glücks oder der Aufregung. Sie bleibt mit Gefühl zurück.

Manchmal fragte Anne ihre Schüler „Fühlst du das?", wenn sie etwas richtig gemacht hatten. Und Anne sprach auch mit ihren Pferden und fragte sie, wie sie sich fühlten. Je lieber sie ein Pferd hatte, desto öfter sprach sie mit ihm. Es war eine besondere Art von Pferd, die Anne schätzte.

Als Spitfire auf der Farm ankam, waren wir aufgeregt; Als Anne ritt, spähten wir, ohne gesehen zu werden, durch die dunklen Fenster des Stalls. Danach glitt Anne vom Wallach hinunter und wirbelte zurück in den Stall.

„Ein nettes Pferd", sagte sie zu mir im Vorübergehen und lächelte zu sich selbst. Das Pferd, das Anne ansprach, war ein selbstbewusstes, kooperatives und vorwärts gehendes Pferd. Leicht, entspannt und sportlich in Geist und Körper. „Das moderne Pferd", wie sie es nannte.

Früher waren die Stangen dick und schwer, die Stangenauflagen tief, die Kurven ausholend und die Absprünge wurden mit analogen Stoppuhren und nicht mit Tausendstelsekunden bestimmt. Das heutige Springpferd musste leichtfüßig und im Rücken losgelassen sein. Anne sprang mit ihren Pferden in beinahe ständigem Halbsitz und ließ den Pferden immer die Freiheit, ihre Körper zu benutzen und vorwärts zu gehen.

„Sich im Sattel hinzusetzen sollte nicht nötig sein, um ein Pferd zu versammeln. Stattdessen sollte das Hinsetzen eine treibende Hilfe sein und sparsam eingesetzt werden", proklamierte sie.

Das moderne Pferd ging Hand in Hand mit der modernen Reitweise und dem modernen Sportler: vorwärts, schnell und selbstbewusst. Keine schweren Pferde und keine schweren Hände.

„Ich liebe seinen Typ", sagte Anne oft und nickte einem leichtgebauten Warm- oder Vollblut zu. „Ein feiner Typ."

Als ich eines sonnigen Tags mit Anne ritt, fragte ich sie, ob sie immer noch bei jedem Auftakt zur Turniersaison dachte, viel mehr zu wissen als noch im vorigen Jahr. Ich sagte zu ihr: „Es ist mir peinlich, wenn ich darüber nachdenke, wie ich vor einem Jahr geritten bin. Es ist unglaublich, wie viel ich gelernt habe. Als ich nach Deutschland ging, dachte ich, ich könnte reiten … aber das war nicht der Fall."

Sie sah mich an. Sie wartete.

„Vermutlich immer noch nicht", gab ich zu.

Sie streichelte ihr Pferd am Hals. „Es wird immer so sein", sagte sie.

Wir gingen schweigend weiter. Ich sah einen Schmuckreiher im Kanal landen. Wellington Village war einst Sumpfland gewesen und die vertriebenen Vögel mussten sich mit einer Reihe von völlig kontrollierten Kanälen abfinden.

„Weißt du", sagte Anne schließlich und sah zu mir, „meine Augen. Es sind dieselben Augen, die ich mit zwanzig hatte, aber sie sehen Dinge mittlerweile völlig anders."

Sie nahm ihre Zügel auf und bereitete sich auf Trab vor, änderte dann aber ihre Meinung, setzte sich wieder tief in den Sattel und wandte sich mir zu.

„Es gibt so viele Dinge, die ich jedes Jahr lerne. Und einige dieser Dinge wirst du selbst sehen, wenn du bei uns bleibst. Wie Marlene, unsere Tierkommunikatorin. Das hat die Beziehung zu meinen Pferden auf ein ganz anderes Niveau gehoben."

Ich sah zu ihr, bemüht, mein Pokerface beizubehalten.

„Vielleicht denkst du, ich bin verrückt.", sagte sie.

Plötzlich überraschte uns ein mürrisch dreinblickender Waldstorch von der Kanalseite. Die Pferde erschraken, beruhigten sich aber schnell wieder. Ich beobachtete, wie der große Vogel davonflog, seine Beine ausgestreckt hinter sich herziehend, dann blickte ich zurück zu Anne. Anne, mit ihren festen, doch entspannten Waden; ihrem Sitz, der sich bewegte, als wäre er eins mit dem Pferderücken; ihren Händen, die sich häufig bewegten, doch immer mit dem Pferd, reibungslos, auch bei losem Zügel, niemals gegen das Pferd; Anne, die auf einem Pferd gut aussah, sogar im Schritt.

„Nein!", erklärte ich. „Nein. Natürlich nicht."

Als ich begann, für Anne zu arbeiten, hatte ich mich gefragt, welche Geheimnisse sie teilen, welche Alchemie sie enthüllen würde. Was ich herausfand, konnte in zwei Kategorien unterteilt werden.

Die erste: Sie machte, was jeder andere machte – nur machte sie es besser. Sie arbeitete mit den besten Tierärzten, den besten Hufschmieden, den besten Tierkommunikatoren. Sie hatte keine Geheimnisse in ihrem Kofferraum, bei der Ausrüstung oder in der Futterkammer.

All ihre Methoden konnten für sechsundzwanzig Dollar in einem Buchgeschäft erworben werden. Aber du musst schon ziemlich früh aufstehen, um es besser zu machen als Anne.

Die zweite: Sie entwickelte bewusstes Fühlen in sich selbst und mit ihrem Pferd bis zu einem schier unglaublichen Grad. Wenn ein Pferd Rückenschmerzen hatte, hatte sie Rückenschmerzen. Wenn ihr Magen weh tat, hatte eines ihrer Pferde vermutlich Magengeschwüre. Sie wollte wissen, wie sich jedes Pferd fühlte und sie wollte es in ihrem eigenen Körper fühlen. Sie wollte auch, dass *sie* wussten, was *sie* in ihren Körpern fühlten.

Eine Idee, die Anne von der Tierverhaltensforscherin Linda Tellington-Jones aufgriff, bestand darin, zwei Stretch-Bandagen in Form einer acht um den Körper des Pferdes zu wickeln. Der Gedanke dahinter war, dass die Bandagen das Bewusstsein des Pferdes dahingehend schärften, wo sich sein Körper im Raum befand und wie es sich bewegte. Stellen Sie sich vor, Sie gehen die Straße runter und jemand bindet einen Strick um Ihren Oberschenkel. Plötzlich wären Sie sich Ihres Beins bewusst. Sie würden spüren, wie der Strick Ihre Muskeln fester umschließt, sobald Sie Ihr Bein höben oder es ausstreckten. Dann, wenn Sie Ihren Fuß senken, würde sich der Strick lockern und Ihr Knie tuschieren. Sie wären sich nun bewusst, wie sich Ihr Bein bewegt.

Anne wollte auch wissen, was im Kopf ihres Pferdes vorging. War es nervös? Vielleicht war es aufgeregt oder verängstigt? Sie wollte wissen, wie sie das in Ordnung bringen oder, in manchen Fällen, zu ihrem Vorteil nutzen kann. In ihrem Buch schrieb Anne:

*Ich habe erkannt, dass dein Pferd dir beinahe alles lehren wird, was du zu wissen brauchst, solange du ihm nur zuhörst und ihm erlaubst, dich zu erziehen.*

Anne nahm sanft wie ein Tänzer die Zügel auf, um wieder Trab vorzubereiten.

„Du bist mit Sicherheit nicht wahnsinnig", sagte ich, während ich ihr zusah.

„Danke", entgegnete sie und sah zu mir zurück mit dem Ansatz eines Glitzerns in den Augen, nicht unähnlich dem Ausdruck eines Irren.

## ASA BIRD

Beinahe jeder Stall, den ich kannte, behauptete, er hätte keine Hierarchie unter den Arbeitern. „Die Ställe machen wir alle gemeinsam in der Früh", haben mir so viele Manager großherzig erzählt. Ich habe festgestellt, dass sich die Manager immer irrten.

Beobachtet man die Struktur auch nur für ein paar Tage, lässt sich in jedem Stall eine Hackordnung erkennen. Auf Market Street, dem Hof von Anne Kursinski waren Anne und ihre Partnerin Carol Hoffman („Hoffy") die Chefs, doch Asa Bird – es machte mehr Spaß, ihn bei seinem vollen Namen, Asa Bird, zu nennen und die drei Silben Saltos über die Zunge vollführen zu lassen – war der erste Offizier.

Asa Bird war der Sohn eines Pilzzüchters aus Pennsylvania. Auf der Highschool war er Ringer gewesen: 1,80 m und 110 Kilo. Zwanzig Kilo hatte er seither abgenommen, aber er stolzierte immer noch im Takt des kräftigeren Mannes, der er einst gewesen war. Auf Market Street spielte es keine Rolle, ob jemand anderes den Titel eines Managers oder Reiters oder Assistenztrainers trug, Asa war der Mann, an den man sich zu wenden hatte. Ich denke, dafür gab es einen einzigen, einfachen Grund: Asa Bird arbeitete hart.

Machen wir daraus zwei Gründe: Er arbeitete hart und *smart*.

Und weil er so ein guter Arbeiter war und weil er bei Anne einige Jahre verbracht hatte, hatte er viele Verantwortlichkeiten übernommen und geerbt.

Asa verabreichte die Medikamente. Er packte für die Turniere und kümmerte sich um die Spitzenpferde. (Im Laufe der Zeit, wenn man in Ställen wie dem von Anne arbeitet, konnte es passieren, dass man das vergaß, denn auch nur *eines* der Pferde dort kostete vermutlich mehr als die meisten Leute in ihrem ganzen Leben verdienen.) Asa machte Ultraschall- und Wärmebilduntersuchungen und traf Entscheidungen darüber, wann Pferde rausgelassen werden sollten oder wann sie ihre Decken bekamen. Asa war der Chef, wenn Anne und Hoffy nicht verfügbar waren, und das war eine Menge Verantwortung.

Ich sah Asa nur einmal die Fassung verlieren; nur einmal, dass er drauf und dran war, aufzustampfen, zu schreien, zu brüllen und zu fluchen, *nur ein einziges Mal.*

Es wäre vermutlich nicht passiert, wäre er nicht am Abend zuvor ins *Players* gegangen.

Alles, was sich in Wellington nicht auf dem Turnierplatz abspielte, spielte sich im *Players Club* ab. Ausgehen begann immer mit einem Schläfchen nach der Arbeit. Es kam mir vor, als wäre ich gerade erst eingeschlafen, als Liz, eine neue Helferin, die wir liebevoll „Skinny Jeans" nannten, kam und mich weckte.

„Was?", fragte ich groggy. „Ein bisschen noch ... es ist noch früh."

„Du bist nicht wirklich müde. Du bist nur müde, weil du grade eingeschlafen bist."

So war ihre Argumentation oft: logisch in gewisser Weise. Und dann stand sie in meiner Tür und fing an, meinen Namen zu rappen:

„*Tik*-Tock on the clock! DJ blow my speakers up!" Liz sang weiter. Sie kannte den ganzen Text. Im Takt schnippte sie mit ihren Fingern und grinste. „*Tik*-Tock. Biiiiiiiiiiiitte. Gehen wir!"

Im *Players* ging es vor allem darum, wen man kannte. Liz blickte sich um, während wir anstanden. Hie und da wies sie auf Leute hin: „Das ist der-und-der, der für den-und-den reitet." Und „Schau dich einer an. Ich kann nicht glauben, dass *sie* hier ist, sie ist bei wie-heißt-der-Ire-nochmal." Und: „Schau dir ihren Rock an. Meine *Güte*."

Der Abend begann gemächlich, mit Sangria, aber endete voll des Donners, voller Schweiß mit Red Bull und Wodka. Um drei Uhr früh fielen wir in getrennte Betten. Ich war mir nicht sicher, ob ich mit dem Klingeln in meinen Ohren einschlafen würde, aber die Bettwäsche fühlte sich sauber und frisch an, obwohl sie es nicht war. Das nächste Geräusch, das ich hörte, war mein Wecker. Es war 5:30 Uhr. Immer noch dunkel draußen. Im Mittel arbeiteten wir siebzig Stunden die Woche, also waren wir an den meisten Abenden um neun im Bett. Und trotzdem konnte der Morgen anstrengend sein. Irgendwie kroch die Müdigkeit in mich hinein und ich würde es nicht einmal bemerken, bis ich feststellte, dass ich mich nicht erinnern konnte, was ich die letzte Stunden über getan hatte. Auszugehen war eine riskante Angelegenheit. Eine, die ich am nächsten Morgen sofort bereute, als ich die Boxen machte. Den Kopf gesenkt, schaufelte ich rasch und effizient Mist und versuchte einen Rhythmus zu finden.

In einem Stall zu arbeiten ermüdet einen nicht oft physisch und permanent, intellektueller Gymnastik bedarf es auch nicht. Es geht eher um Durchhaltevermögen. Es ist eine Übung in Geduld und Wachsamkeit. Wie die Position des *Outfielders* im Baseball, der bei jedem Abschlag bereit sein muss, aber selten den Ball bekommt.

Bei ausreichend Schlaf stellt diese Achtsamkeit kein Problem dar. Aber Müdigkeit und Fahrlässigkeit sind wie Vater und Sohn: einer zeugt den anderen. Es ist der überarbeitete, schlecht ausgeschlafene Praktikant, der Fehler macht.

Ich hatte nicht bemerkt, dass zwei Pferde von zwei neuen Assistenten auf den Paddock gebracht worden waren. Hätte ich aufgepasst, wäre es mir aufgefallen, dass diese zwei Pferde nicht gemeinsam draußen sein sollten. Es handelte sich um zwei sehr teure Pferde, die sich vermutlich verletzen würden, wenn sie gemeinsam draußen herumgaloppierten. Im Baseball hätte ich den Ball in mein rechtes Outfield kommen sehen sollen.

Es war Asa, der den Fehler bemerkte. Asa, der bereits zwei Pferde auf ein Turnier vorzubereiten hatte und ein weiteres für den Ultraschall. Und ich mistete nur aus. Es war Asa, der alles liegen und stehen ließ, um die Assistenten vor dem nahenden und mit Gewissheit kostspieligen Fehler zu bewahren. Dann führte er eines der Pferde zurück in den Stall, ein Stampfen machte sich bereits in seinem Schritt bemerkbar. Als er mich sah, rief er: „Mann, du musst mir helfen!"

Er stand da in der Mitte des Gangs, das große Pferd einen Schritt hinter ihm und informierte mich, dass ich mehr denken müsse. Ich müsse mehr Verantwortung übernehmen. Er sagte mir, dass er sich nicht um alles kümmern könne. Er sagte, dass Anne uns beide brauche, um Führungsaufgaben zu übernehmen. Dass ich beginnen müsse, mehr Verantwortung zu übernehmen!

„Sei ein Mann!", brüllte er, „sei ein verdammter Mann. Müde? Wir sind *alle* müde. Ich weiß, wie das ist, zwölf Wochen Turnier. Aber ich brauch dich *hier. Jetzt!"*

Und während ich dastand und kein Wort sagte, drehte er mir den Rücken zu und führte das Pferd in seinen Stall.

Ich mistete weiter aus. Ich machte mir Sorgen. War ich wirklich dazu bestimmt, diese Arbeit zu machen? In den letzten paar Wochen hatten bereits zwei Helfer gekündigt oder waren gefeuert worden. Sie gingen ohne große Reue. Es gab andere Jobs da draußen und viele einfacher als dieser hier.

Die Pferde aber hatten keine Wahl; durch Schicksal oder Zufall waren sie dort, um für uns zu arbeiten. Aber wir? Wir hatten eine Wahl. Ich konnte entscheiden, wo ich arbeiten wollte. Ich konnte gehen, wenn ich wollte. Ich hatte zu entscheiden, ob es das wert war. Und ich würde es Asa sagen müssen, dachte ich, als ich ihm dabei zusah, wie er dem Pferd das Halfter abnahm und dann an mir vorbeiging, ohne meinem Blick zu begegnen.

## DAS VERSPRECHEN EINES HORSEMAN

An diesem Abend ging ich in die Küche, um mich zu entschuldigen, aber es war nicht der richtige Zeitpunkt. Neben Asa Bird, Skinny Jeans und mir gab es zwei weitere Helfer, und wir wohnten alle zusammen in einem angemieteten Haus. Ein typisches Haus für Wellington: einstöckig, an einen Kanal angrenzend, in den letzten zwanzig Jahren gebaut. Innen cremefarbene Wände. Draußen grüne

Palmen und grünes Gras, sogar im Februar. Erst ein paar Tage später hatten Asa und ich die Gelegenheit zu reden. Ich hatte ein ungutes Gefühl in meinem Magen.

Asa und Liz hatten im Wohnzimmer den Fernseher angeschaltet, der Raum war durch einen offenen Durchgang mit der Küche verbunden. Sie sahen sich eine Reality-TV Sendung an, die in Mexiko spielte, und ich hörte den Sprecher auf Spanisch reden. Weder Asa noch Liz sprachen Spanisch. Ich auch nicht.

Asa sah nicht auf, als ich hereinkam.

„Was geht ab?", fragte ich.

„Nichts, Mann. Nichts. Aber sieh dir das an!" Er wandte seinen Blick nicht vom Bildschirm ab. Er lehnte auf dem Sofa, eine verbeulte Bierdose auf dem Boden zwischen seinen Füßen. Sein rechter Ärmel war hochgekrempelt und ich konnte den unteren Teil seiner Tätowierung sehen, von der ich wusste, dass es sich um einen bunten Clown handelte, aber er zeigte sie nicht oft her.

„Asa, also, neulich …", begann ich. Ich fragte mich, was ich sagen könnte, um alles wieder in Ordnung zu bringen.

„Jo. Mach dir keine Gedanken. In letzter Zeit ging's ziemlich zu."

Ich wusste, dass Anne und Hoffy dachten, alles liefe reibungslos, was in gewisser Weise ungerecht war, zog man all die harte Arbeit von Asa in Betracht. Doch die einfache Wahrheit lautete, je weniger Stress *sie* bei ihrer Arbeit hatten, desto besser machte Asa die seine. Und er war stolz auf seine gute Arbeit in derselben, bescheidenen Art, in der das Pferd Boxer in Orwells *Farm der Tiere* auf seine Arbeit stolz war. Ich wusste, dass er gute Arbeit leistete. Also sagte ich ihm das.

„Danke, Mann."

Und das war es auch schon. Keine weiteren Vorhaltungen. Einfach so. Danke, Asa Bird, dachte ich. Ich sah auf den Fernseher. Ein Mädchen mit großen Creolen weinte. Es würde immer noch mehr Drama geben.

Im Dorf Wellington konnte das Drama in eine Person einsickern und allen Frieden und Menschenverstand untergraben, wenn man nicht aufpasste. Das Dorfleben entsprang einem Jilly Cooper-Roman: Drogen, Sex, Geld, hohe Einsätze, Konkurrenz, Rivalität und Klatsch, der sich schneller verbreitete als Panik in einer Herde. Wellington war eigentlich kein Dorf im eigentlichen Sinne der Definition, aber es wurde offiziell immer noch als *The Village of Wellington* geführt. In den fünfziger Jahren war es von Charles Wellington vom Sumpfland zum weltgrößten Erdbeeranbaugebiet umfunktioniert worden, in den siebziger Jahren hatte es sich dann zu einer weitläufigen Pendlergemeinde entwickelt und nun war es von Januar bis März das erste Ziel für Springpferde aus der ganzen Welt, sowie deren Besitzer und Sponsoren.

Angesichts massiven Alkoholkonsums, teurer Pferde, langer Arbeitstage und Wochenendpartys, die bis Dienstag dauerten, überraschte mich es nicht, dass jeder dort unbedingt irgendwo sein wollte, irgendjemanden kennen wollte, irgendjemand *sein* wollte. Ich sah Asa Bird an, der vor dem noch laufenden Fernseher bereits eingeschlafen war und Liz in einem neuen, kurzen kleinen Schwarzen, bereit, mit einem Freund auszugehen. Liz, die sich jeden Tag wünschte zu reiten, statt zu assistieren. Sie wusste, dass es in Wellington schwer war, nicht zu *begehren*. Es war schwer, die Millionendollarpferde zu sehen und die Elitereiter – und glücklich zu sein mit dem, was man hat. Liz stand auf.

„Wie sieht mein Kleid aus?"

„Ein bisschen kurz, oder", antwortete ich.

„Jepp."

„Mir gefällt's."

„Wirklich?", sagte sie und schmiegte den Stoff an ihre Oberschenkel. Sie stand aufrecht, ihre Wangen waren rosig und ihr dunkles Haar fiel gerade so über ihre Schultern. „Wirklich?", fragte sie erneut und sah mich mit großen Rehaugen an.

„Wirklich!"

Sie war sich nicht sicher, ich wusste es, also sagte ich es ihr nochmal: „Es sieht großartig aus, es steht dir. Du siehst scharf aus." Sie lächelte und drehte sich rasch um. „Danke, Tik!"

Liz blieb nicht bis zum Saisonende in Florida. Sie hatte beschlossen, dass sie zu Hause gebraucht würde. „Und ich werde zurückkommen", versprach sie.

Die Arbeitgeber behaupteten, es wäre schwierig, ihre Mitarbeiter zu halten; dass niemand mehr bereit wäre, hart zu arbeiten. Auf Annes Pinnwand klebte ein Schild mit einem Abe Lincoln Zitat: „Was auch immer du machst, mach es gut." Es spielt keine Rolle, ob du ein Stallbursche bist oder ein Grand Prix-Springreiter oder Präsident, sagte Anne zu mir. *Mach es gut*!

Die Pfleger jammerten, dass es keine guten Posten gäbe. Keine Kranken- oder Pensionsversicherung, nur lange Arbeitszeiten mit der kleinen Belohnung, hinter den Kulissen dabei zu sein. Ich erkannte, dass es eines besonderen Charakters bedurfte, um lebenslang ein Pferdepfleger zu sein. Und noch seltener kam es vor, dass ein Pfleger sich zum Reiter, Trainer oder Rundum-Horseman hocharbeitete.

Mehr als einmal war mir gesagt worden, dass der Horseman eine aussterbende Rasse wäre. Und das war, als ich mich umschaute und mehr Leute sah und mehr Pferde und mehr Geld, das den Besitzer wechselte, als ich je zuvor gesehen hatte. Vielleicht wäre es für Liz besser, zu Hause zu reiten. Der Weg war kein leichter in Wellington. Aber andererseits, er war nirgends leicht. Ich sah Skinny Jeans dabei zu, wie sie ihr Handtäschchen packte, schnell Lippenstift auftrug, mir zuzwinkerte und zur Tür hinausging.

„… when I leave for the night, I ain't comin' back", sang sie.

Nachdem sie gegangen war, blickte ich auf Asa Bird.

„Bist du wach, Mann?"

„Jo", sagte er, ohne die Augen zu öffnen.

„Habe ich dir erzählt, mit wem ich heute gesprochen habe?" Und ich nannte einen sehr berühmten Trainer, einen, der eine Menge Pferde verkauft und dessen Pferde viele Wettbewerbe gewinnen.

„Du musst nicht auf ihn hören", sagte Asa und öffnete ein Auge.

„Jo", stimmte ich zu, während ich Leute im Fernseher vor mir anstarrte. Ich fuhr fort: „Es war neben der Mogavero-Arena. Vor dem ersten Durchgang. Ich fragte ihn, was er an seinem Sport mochte."

Asa Bird sagte kein Wort, also hörte ich auf zu reden und stand nur da und erinnerte mich. Es war ein ruhiger Morgen gewesen. Und der Trainer, der den Ansatz eines Bauchs über seinen frisch zerknitterten Jeans erkennen ließ, nahm mich mit einer Hand auf meiner Schulter beiseite.

„Tik", begann er, „Lass mich dir sagen, was Sache ist."

„Erzähl es mir", sagte Asa Bird jetzt und unterbrach meine Gedanken.

Ich setzte mich auf einen Stuhl neben die Couch und versuchte mein Bestes, mich zu erinnern.

„Er sagte: „Ich bin seit dreißig Jahren in diesem Geschäft. Ich habe eine Menge gesehen. Aber ich setze jetzt nur mehr auf Hunter. Und ich erzähl' dir, warum." Ich machte eine Pause, um zu sehen, ob Asa tatsächlich zuhörte. Beide seiner Augen waren auf mich gerichtet, also fuhr ich fort: „Als erstes musst du etwas über Springpferde wissen und das ist etwas, das ich auf die harte Tour gelernt habe. Ich kann mal so 300 000 Dollar ausgeben … Und, Asa Bird, er sagte das, wie wenn ich sagen würde, ich werde einen Zehner für ein Sandwich ausgeben. Als ob es vielleicht ein wenig viel wäre, aber andererseits, warum nicht mal prassen, wenn es wichtig ist."

„Ich hab's dir gesagt, Tik, es hat keinen Sinn, auf diesen Typen zu hören", wiederholte Asa Bird und kratzte sich mit einer Hand über seine Stirn.

„Dann hat er mich so am Arm gezwickt", und ich reichte hinüber und zwickte Asas Biceps schnell dort, wo die Tätowierung sich unter seinem Hemdsärmel versteckte, „und sagte: Und dann gibt mein Konkurrent vielleicht 50 000 für ein Pferd aus. Und weißt du was? Er wird gewinnen! Ich glaube nicht, dass mein Rivale je mehr als 150 000 Dollar für eines seiner Grand Prix-Pferde bezahlt hat. Nicht übel, wie ich meine. Gut für ihn, denke ich. Aber was macht das aus mir?" Ich hielt inne, um die Dramatik zu steigern.

„Also, Asa Bird, was macht das aus mir?", fragte ich fordernd.

Asa Bird blickte auf meine Hand, immer noch an seinem Arm: „Keine Ahnung, Boss."

Ich auch nicht, dachte ich. Vielleicht hat es den Typen in das Lager derjenigen verfrachtet, die sofortige Rendite für ihr Geld wollten, oder in die sogenannte jetzige Generation oder zu den Superreichen und Faulen. Ich wusste es nicht. Ich wusste ebenso wenig, wohin sich Springreiten als Sport entwickeln würde.

„Weißt du, was ich noch auf dem Turnier gesehen habe?", fragte ich.

Er sah mich mit hochgezogenen Augenbrauen an und ich erzählte ihm von dem Pferd mit den Schlaufzügeln, die Zunge auf der Seite heraushängend, das flehende Weiß in seinen Augen, trabend und trabend in endlosen Ovalen, seine Reiterin mit den Zügeln in einer Hand. Warum? Weil sie die andere Hand verwendete, um sich ihr Handy ans Ohr zu halten.

„Ich sag' dir was, Asa Bird", sagte ich, „Ich glaube, wir können froh sein, für den Lohn zu arbeiten, den wir bekommen. Klar, du wirst in deinem ganzen Leben nicht so viel verdienen, wie eines dieser Spitzenpferde wert ist, aber wenigstens bist du ein guter Typ. Wenigstens bist du ehrlich und verlässlich und hast ein Herz für Pferde."

„Ich glaube, darüber hast du ziemlich lange nachgedacht."

„Ziemlich."

Asa Bird lag auf dem Sofa, die Füße in meiner Nähe, sein Kopf am anderen Ende. Seine Augen waren ebenso weit offen wie geschlossen.

„Ich finde gut, was Anne sagt", sagte er nach einer Pause. „Der Beweis für einen guten Reiter ist ein glückliches Pferd."

„Ein glückliches Pferd. Genau. Ich verstehe nur nicht, warum *sie* es nicht verstehen", entgegnete ich und deutete mit meinen Händen, als ob ich jeden *da draußen* meinte. Ich erkannte, dass ich zu viel geredet hatte. „Ich geh' was trinken", sagte ich zu Asa und ließ ihn mit dem Fernseher allein.

Später saß ich bei einem Bier und schrieb mein zweites Versprechen auf:

*Ich gelobe hiermit, dass ich das Aussterben der bedrohten Art „Horseman" verhindern helfen werde. Dabei werde ich nicht den leichten Weg wählen. Ich werde es nicht wegen des Geldes oder des Ruhmes wegen machen. Ich werde meine Leidenschaft weder Berühmtheit noch Beliebtheit opfern. Asa Bird, hier ist mein Versprechen: ich helf' dir, Mann. Ich werde meinen verdammten Mann stehen.*

Ein paar Wochen später bot mir Anne eine Stelle als Assistenztrainer an. Ich wusste nicht, ob mein persönliches Versprechen und ihr Angebot in kosmischer Verbindung standen, aber es war eine große Sache für mich. Als Teil des Angebots konnte ich zwei Pferde mit nach Market Street nehmen. Eines würde ich langfristig behalten, Sapphire, und das andere, TJ, wollte meine Familie verkaufen.

Als es Zeit war, Wellington zu verlassen und sich in Richtung New Jersey, zu Annes Sommersitz, aufzumachen, fuhr ich mit der Mannschaft nach Norden und nahm dann gleich einen Flug nach Vancouver. Ich würde Sapphire und TJ einpacken und die lange Rückfahrt quer durch Nordamerika mit meinem Vater unternehmen. Die Dinge fügten sich endlich aneinander.

## „DU MUSST EINFACH NUR ZUHÖREN"

„Hör auf, so ein Gesicht zu machen!", sagte Cruz, ein Helfer, zu mir. Es war eine Variante dessen, was er jeden Morgen zu mir sagte.

Das Problem war, das *war* mein Gesicht. Zumindest mein Morgengesicht. Ich versuchte, für die Arbeit professionell auszusehen: Ich rasierte mich jeden zweiten Abend und ich schnitt mich kaum. Meine Kleidung war sauber und mein Shirt hatte einen Kragen. Ich kämmte mir nicht die Haare, aber ich trug einen Helm oder Hut, aus Gewohnheit. Um 5:15 Uhr morgens spielte das alles jedoch keine Rolle, meine Augen waren müde und meine Wangen aufgedunsen. Das Kissen hatte Furchen in meine Stirn gezogen. Ich blinzelte im Dunkeln und ich behielt meine Hände in meinen Jackentaschen. Dies war mein Morgengesicht und so sagte ich „Morgen" zu Cruz und ignorierte ihn dann. Wenn ich es einrichten konnte, redete ich nicht vor acht Uhr morgens. Als Cruz über mich lachte, murmelte ich: „Verzieh dich!" Er lachte lauter.

Ich machte die Boxen auf der linken Seite und Cruz machte die Boxen auf der rechten. Nachdem nur zwei von uns in der Stallgasse arbeiteten, war es leicht, einen Rhythmus zu finden. Wir arbeiteten mit Mistgabeln. Echten Mistgabeln, mit schweren Holzstielen und vier dünnen Stahlzinken, nicht mit den billigeren Plastik-„Äpfelsammlern". Die eine Seite meiner Gabel verfing sich in der Tür und ein „Ping" hallte die Stallgasse hinab. Der sorgfältig gesammelte und auf den Zinken balancierte Haufen flog unter den Miststreuer, der im Boxengang geparkt war. Ich hörte das Lachen von der gegenüberliegenden Gangseite. Ich sagte nichts, kämpfte mich zurück in den Rhythmus und verließ mich auf das sanfte „WAMB", wenn der Mist in regelmäßigen Abständen im Miststreuer landete. Hie und da unterbrochen, wenn einer von uns auf den Traktor kletterte und ihn vier Meter vorzog, damit wir zwei weitere Boxen ausmisten konnten.

Der Belegschaft war es untersagt, im Stall Musik zu hören. Ich erinnerte mich, beeindruckt gewesen zu sein, als an meinem ersten Tag auf Market Street Asa Bird mitten in einem Gespräch innehielt, den Kopf schief legte und fragte: „Hast du das gehört?" Ich schüttelte meinen Kopf. Dann ging er ans Ende des Stalls und füllte Wasser in die zwei leeren Eimer, die er hatte aneinanderstoßen hören.

„Die Pferde haben ihre Art und Weise, uns zu sagen, was sie brauchen", sagte Asa Bird. Und so lauschten wir jeden Morgen der Geräusche der Pferde beim Essen, der Mistgabeln beim Pingen und der Pferdeäpfel beim Wamben und ich lernte achtzugeben. Nachdem der Stall gemacht war, zog ich meine Reitstiefel an und Cruz begann mein erstes Pferd aufzuzäumen.

„Warum das lange Gesicht?", fragte Cruz. Cruz war Mexikaner, aber sein Englisch war nahezu perfekt. Er mochte es, damit anzugeben, dass er es im Knast gelernt hätte.

„Mir geht's gut!" Ich setzte meinen Helm auf.

„Ich hab' nicht mit dir geredet", gab er zurück. Ich blickte hinüber zu ihm. Er grinste: „Ich rede mit ihr." Und er drehte seinen Kopf zu der großen braunen Stute, als er das Ende des Backenstücks in die Schnalle des Verschlusses führte.

Cruz führte das Pferd die Stallgasse hinunter in Richtung Halle. „TÜR!" schrie er. Eine Sekunde später hörten wir aus dem Unsichtbaren: „FREI!" Einen Moment später ließ Cruz die große Holztür zur Seite gleiten und wir gingen hinein. Während ich aufstieg, hielt er den Kopf des Pferdes und den gegenüberliegenden Steigbügelriemen. Ich ließ mich im Sattel nieder und blickte mich in der Halle um. Cruz putzte die Seiten und die Sohlen meiner Stiefel mit einem Handtuch. Bevor ich mich im Schritt entfernte, blickte er auf und sah mir in die Augen.

„Kann ich später mit dir reden?", fragte er mit gedämpfter Stimme.

„Sicher", antwortete ich, „kein Problem." Ich empfand das als nichts Besonderes; Cruz wollte oft reden und für gewöhnlich handelte es sich wirklich nur um Klatsch.

Mein erstes Pferd war eine ruhige Stute und ich machte mit ihr vierzig Minuten Basistraining. Das zweite Pferd kam aus seinem Stall wie ein Falke aus seinem Horst und so longierte ich ihn zwanzig Minuten. Annes Pferde wurden am Boden in dem Ausmaß gearbeitet wie die der O'Connors, aber sie sorgte jedenfalls dafür, dass es sicher war, bevor wir aufsaßen. Dieses Pferd war viel ruhiger, nachdem es longiert worden war, aber immer noch ein wenig ängstlich, als ich aufstieg, also ließ ich es sich in einem langen, einfachen Trab entspannen, bis es sich beruhigte und brachte es dann zurück. Anne half mir bei meinem dritten Ritt, auf einer erfahrenen, dunkelbraunen Stute, während sie auf ihrem eigenen Pferd eine Schrittpause einlegte.

„Deine Hände sind zu steif", sagte sie mir. „Denk an deine Hände. *Denk* an deine Hände. Entspann dich. Schau auf meine Hände. *Schau.*"

Ich schaute auf ihre Hände. Sie wechselte in den Trab.

„Schau. Lass deine Hände den Zügeln folgen. Es ist, als ob meine Hände in ihrem Mund wären. Lass deine Hände sich bewegen."

Ich versuchte zu reiten wie Anne ritt, doch sie rief zu mir rüber: „Du bist keine Maschine. Öffne deine Hände! Entspann dich."

Ich senkte meine Hände, um den Zügeln zu folgen. Ich entspannte meine Finger, Handgelenke und Ellbogen. Ich folgte dem Maul der Stute. Ich arbeitete auf dem Zirkel und machte Anne Platz, als sie auf der langen Seite Schenkelweichen übte. Ich öffnete meine Hände und ließ sie sich bewegen. Ich bat die große Stute, ihren Kopf zu senken und sich mit mir zu entspannen. Ich bat sie sich zu strecken. Es lief gut. Ich ließ sie Schritt gehen und beobachtete Annes Hände, während sie ritt.

Ich trabte wieder. Ich dachte an meine Hände. Ich ließ meine Ellbogen nach hinten gehen und mit meinem Schenkel forderte ich das Genick meiner Stute auf, sich zu senken. Doch ich wollte, dass ihr Widerrist hoch blieb. Ich wollte ihre Nase weiter vorn. Und dann hörte ich Anne:

„*Halte* deine Hände ruhig. Sieh mich an."

Ich nahm die Stute zurück zum Schritt und blickte wieder zu Anne.

„Du musst in der Lage sein etwas in dir zu ändern, sobald sich etwas im Pferd ändert. Ich habe tausend Hände. *Halte* deine Hände ruhig! Ich habe tausend Schenkel. Einen für jede Situation. Hör auf, deine Hände zu bewegen."

Ich war wieder im Trab. Brachte meine Hände zusammen. Ich hielt sie ruhig. Ich verlangsamte den Trab, aber mein Kopf raste weiter. Machten es meine Hände richtig? Ich blickte auf sie hinunter.

Nach meinem fünften Pferd des Tages, einem dreijährigen Fuchs, holte ich eines meiner Sandwiches aus der Sattelkammer. Jeden Morgen machte ich mir vier Sandwiches: zwei Käse- und zwei Erdnussbutter-Banane. Es gab keine Mittagspause und ich schenkte der Zeit wenig Beachtung, also aß ich nur, wenn ich hungrig war. Für gewöhnlich aß ich, während ich etwas anderes machte. Dieses Mal fasste ich mit der anderen Hand nach einem Zaum, den Cruz für das nächste Pferd brauchte.

Der Hufschmied machte sich am Ende der Stallgasse bereit, seinen Anhänger hatte er rückwärts zum Stalleingang gefahren. Ich winkte ihm mit meiner Sandwichhand, aber er sah mich nicht. Er griff mit einer Hand in den Hänger und plötzlich füllte Musik den Gang. Tierärzte wurden immer mit einem Händeschütteln begrüßt und mit „Doktor", ihrem offiziellen Titel, angesprochen. Akupunkteuren, Sponsoren und Pferdebesitzern wurde ebenfalls Ehrerbietung zuteil. Und natürlich konnten Hufschmiede Musik spielen, wenn sie wollten.

Sie wurde lauter, als ich zum Anbindeplatz ging, an dem mein nächstes Pferd auf mich wartete.

*Unterwegs träume ich von daheim,*
*und wenn ich daheim bin von Action,*
*in unseren Heimen spukt,*
*der Geist der Zufriedenheit.*

Ich erinnerte mich an ein Mädchen. Das Lied, die Gruppe erinnerten mich immer an dieses Mädchen. Sie war plötzlich mit ihrem Verlobten nach Toronto gezogen und ich hatte sie seit vier Jahren nicht gesehen. Ich hatte sie seit drei Jahren nicht gesprochen. Ich fragte mich, ob ich sie je wiedersehen würde. War es besser, es nicht zu wissen, dass es das letzte Mal sein würde, einen Freund zu treffen? Ich verdrängte den Gedanken aus meinem Kopf. Die Musik trällerte die Stallgasse herunter.

*Denn wir alle wollen mehr als nur Mode,*
*also schütte dein Herz aus,*
*Bruder, zeig mir deine Leidenschaft.*

Als ich bei Cruz angelangt war, der mit meinem Pferd dastand, behielt ich den Zaum in der Hand und wir alle drei hörten den Zolas zu. Wie in der Szene aus *Die Verurteilten*, in der der von Tim Robbins gespielte Charakter sich in das Wärterzimmer sperrt und über die Lautsprecheranlage des Gefängnisses Opern spielt: Die Häftlinge hielten inne, ihre Köpfe nach oben gerichtet, und vergaßen die Betonmauern für eine Minute und erinnerten sich an ihre Frauen und Kinder und ihre Kindheit.

*Also schütte dein Herz aus,*
*Bruder, zeig mir deine Leidenschaft.*

Der stämmige Schimmelwallach, den ich reiten würde, richtete ein Ohr nach vorne, während das andere sich wie eine Antenne zur Seite wandte. Vielleicht versuchte er die Worte zu identifizieren oder saugte nur die Töne ein, weil sie eine Abwechslung darstellten. Bereits nach ein paar Minuten hatten wir uns an die Musik gewöhnt. Sie wirkte natürlich; als wäre sie ein Teil dieses Ortes. Eine Neuigkeit ist nicht sehr lange neu. Cruz gab dem Pferd ein Stück Zuckerstange, als er den Kehlriemen am Zaum festmachte. Er erwischte mich dabei, wie ich ihn ansah und grinste. Ich konnte ihn mir nicht im Knast vorstellen.

Das siebente Pferd, das ich ritt, erholte sich von einer Verletzung und sollte nur Schritt gehen, also zog ich in der Halle meine Runden. Ich hatte die Zügel hingegeben. Mir begann kalt zu werden und ich zog meine Hände in die Ärmel. Ich beobachtete Anne, wie sie das Pferd eines Kunden ritt. Ich beobachtete ihre Hände, waren sie ruhig? Nein, sie bewegten sich dahin und dorthin. Sie bewegten sich mit den Zügeln und mit dem Pferd. Sie bewegten sich mit dem Pferd statt mit Anne. Sie bewegten sich mit *Gefühl*. Oscar Wilde schrieb einst: „Alles mit Zurückhaltung, auch die Zurückhaltung". Vermutlich sprach er über Völlerei oder Sodomie oder Alkohol, wie auch immer. Anne galoppierte an mir vorbei, ihr Körper in perfekter Harmonie mit einem „modernen Pferd" – einem mittelgroßen, schlanken Falben. Eine seltene Farbe für ein Turnierpferd. Ich studierte sie.

Als sie schließlich in den Schritt durchparierte, schaute sie zu mir. Sie sagte nichts, also riskierte ich es: „Ich glaube, ich kriege es auf die Reihe. Ich muss mich nur verändern, wenn sich das Pferd verändert. Ich muss in der Lage sein, mich nach vorne zu lehnen oder aufrecht hinzusetzen; ich muss in der Lage sein, die Zügel lang zu lassen oder kürzer zu nehmen; ich muss in der Lage sein, langsam zu gehen oder schnell. Manchmal denke ich, dass du dir selbst widersprichst, aber das tust du nicht. Du bist nur in der Lage, unterschiedlich auf jede Situation zu reagieren."

„Du hast recht", entgegnete sie, während sie ihr Pferd weiter Schritt gehen ließ. Sie trug einen Sweater und natürlich wie immer einen Helm. Das Pferd und Anne bewegten sich gemeinsam, sowohl losgelassen als auch athletisch wie zwei Katzen. „Ich möchte dich im leichten Sitz sehen, wenn du springst. Aber nicht bei *jedem* Sprung. Ich möchte, dass deine Hände ruhig sind, aber nicht *mechanisch*. Von jedem ist zu viel schlecht."

Anne war immer bereit, Rat zu geben. Oft *verstand* ich etwas, das sie sagte, erst nach Tagen oder Wochen. Aber ich begann folgendes zu verstehen: Hier war es nicht wie in der Schule; ich konnte nicht damit durchkommen, auswendig zu reiten. Ich musste *denken*.

Ich ging neben ihr; wir schwiegen, nur der Wind an der Hallenwand und der dumpfe Schlag der Pferdehufe auf dem Hallenboden.

Manchmal wollte Anne mich aggressiv, manchmal passiv sehen. Manchmal benötigte ich kürzere Zügel, manchmal längere. Und manchmal wurde ich wütend und wollte: *„Aber du hast mir doch gerade das Gegenteil gesagt"*, brüllen. Aber ich behielt es für mich. Anne wollte, dass ich die Balance zwischen zu viel und zu wenig finde, und es war eine feine Balance.

Nachdem mein achtes Pferd zurückgebracht war, begann ich mein eigenes Pferd aufzuzäumen. Meine Sapphire. Sie stand ruhig da, während ich ihre Hufe säuberte, sie staubsaugte, sie sattelte und zäumte. Ich arbeitete weder schnell noch langsam – nur sauber und effizient. Im Ring zog sie den Kopf herunter, als ich anfing zu traben und ich war kurz grob zu ihr. Dann blieb ich stehen und ließ die Zügel fallen. Was machte ich bloß? Ich fragte mich, ob sie Schmerzen hatte. Ich sollte Anne bitten sie zu reiten, dachte ich. Oder vielleicht den Tierarzt nach ihr sehen lassen. Ich versuchte erneut den Trab, doch mit mehr Geduld und Sanftheit. Das klappte eine Zeitlang besser.

Die Halle hatte auf der gesamten Länge der langen Seite Fenster und das natürliche Licht war großartig, um hier zu reiten, doch nun wurde es finster. Es war Zeit, Feierabend zu machen.

Ich führte Sapphire zurück zu ihrer Box, wo ich sie absattelte. Ich zog ihr ein Nylonhalfter über, bevor ich sie auf den Waschplatz brachte (dort war kein Leder erlaubt!), wo ich ihre Beine einseifte und abspülte. Cruz wusch ein Pferd in der Box neben meiner und fragte mich, wie mein Ritt gelaufen war.

„Weißt du, Cruz, das ist eine gute Frage."

„Tik", sagte er, „du hast mir sehr geholfen, seit ich hier angefangen habe, und ich muss dir sagen, du könntest was Besseres machen. Ich hab 'ne Menge Reiter da draußen gesehen und die verdienen fünfzig Dollar pro Pferd. Du musst das wie die machen."

„Ist es das, worüber du mit mir reden wolltest?" Ich duschte die Beine meiner Stute. Ich hatte überhaupt kein Interesse daran. Ich war nach Osten gekommen, um bei Anne zu reiten.

„Ich denk' darüber nach", log ich.

„Ich sag's dir, Mann, diese Pferde sind es, die verhindern, dass du Karriere machst."

Ich machte mir nicht einmal die Mühe, ihm zu antworten. Natürlich war es schwer, das Reiten meiner eigenen Pferde mit meiner Arbeit in Einklang zu bringen. Und ich war mir nicht sicher, wie es funktionieren würde, wenn wir für die Wintersaison drei Monate nach Florida gingen, wo sie in einem anderen Stall untergebracht waren.

„Ist das alles?", fragte ich ihn. Ich drehte auch den Schlauch ab. Ich fuhr zuerst mit dem Schweißmesser über Sapphire und dann mit einem Handtuch über ihr Gesicht und die Ohren.

„Versuch' nur zu helfen", sagte er, bevor er das Pferd, das er hielt, wegführte, zurück zu einer Box irgendwo die Stallgasse runter. Er dachte, ich würde ihn überhaupt nicht verstehen. Ich dachte, er *mich* nicht. Ich brachte Sapphire zurück in ihre Box und ging dann Asa Bird mit den anderen Pferden helfen. Die Beine aller Pferde wurden eingeseift und abgespült. Diejenigen derer, die sprangen, wurden gekühlt und bandagiert.

Die Pferde wurden für gewöhnlich um vier gefüttert, doch wir entschlossen uns zu warten, bis der Hufschmied fertig war. Er beschlug das letzte Pferd. Die Musik hallte immer noch durch den Stall. Die Pferde waren an den Schmied gewöhnt und irgendwie mochte ich den Geruch. Asa und ich arbeiteten langsamer als üblich, da wir wussten, dass wir ohnehin nicht gehen konnten, bevor das Beschlagen beendet war. Wir kehrten die Stallgasse und die Futterkammer. Mit einem Lappen und Möbelpflegemittel polierten wir die Sattelschräke und Boxengitter. Wir vergewisserten uns, dass die Pferde die richtigen Decken trugen – in der Nacht würde es wieder Frost geben.

Schlussendlich war es Zeit zu füttern. Ich nahm zwei Eimer und ging ganz ans Ende der Stallgasse. TJ ging auf und ab, bis ich ihm sein Kraftfutter gab. Sapphire blickte durch die Stäbe zu mir, blubberte aber nicht, wie es die anderen taten. Sie wartete geduldig, bis ihr Kraftfutter in ihrem Trog war. Ich schätzte die Möglichkeit, ein Dutzend verschiedener Pferde zu reiten, aber mein eigenes Pferd zu haben, hatte ein gewisses *Etwas*. Es war nicht immer einfacher. Oft war es schwerer.

Ich trat einen Schritt zurück und sah den Pferden beim Essen zu. TJ fraß schnell und verstreute Kraftfutter am Boden. Oft hob er seinen Kopf, um in die Stallgasse hinauszublicken. Er sah mich, doch ich hatte es nie geschafft, dass er mir *Den Blick* zuwarf, den David O'Connor wollte. Diesen *Blick*, der zeigte, dass er verstand, was vor sich ging und fragte, was machen *wir* als Nächstes. TJ war immer noch nicht ein Partner, ich war nur sein Babysitter.

Ich beobachtete meine Stute, wie sie einen kleinen, vorsichtigen Bissen nahm, mich anblickte und ihn dann in ihr Wasser tunkte. Es war die eine Sache, die sie machte: Sie mischte ihr Futter immer mit Wasser.

## „DU MUSST EINFACH BESSER REITEN"

Eines kalten Samstagmorgens sah ich ein Pferd in Richtung Zaun rutschen, sich herumdrehen und dann in die andere Richtung davonrennen.

*Verdammt!* Ich sprintete auf das Pferd zu – der Schnee war unten weich und hatte oben eine Kruste wie frisch gebackenes Brot. Als ich an der Halle vorbeikam, hörte ich ein Pferd scheuen und eine Stimme rief: „He. He! HE!"

Sofort verlangsamte ich zum Schritt. *Verdammt!* Abermals fluchte ich still in mich hinein. Sobald ich ein gutes Stück an der Halle vorbei war, rannte ich wieder, bis mich das Pferd bemerkte, das im Paddock herumrannte, und ich bremste. Ich wollte dem Pferd keinen weiteren Grund liefern, um herumzustürmen und durchzugehen. Sobald Pferde draußen herumtobten, brachten wir sie sofort in den Stall. Die meisten der Pferde schienen damit zufrieden, den Großteil ihrer Zeit ruhig in Boxen zu verbringen, mit einer Menge zu fressen und einer Stunde draußen pro Tag, doch einige fanden es schwerer sich anzupassen.

Als ich den Wallach zurück zum Stall führte, sah ich mir das große Pferd an. Seine Gamaschen waren noch dran, aber seine Decke saß schief. Ich versuchte nicht sie geradezurichten. Ich würde warten, bis er ruhiger geworden wäre. Er schnaubte und tänzelte im Schnee. Er war erregt. *Wie* erregt? Vielleicht eine Vier oder eine Fünf auf einer Skala von Zehn?

Ich hatte erkannt, dass Leute Pferde unterschiedlich bewerten. Ein talentierter Tierarzt etwa könnte ein Pferd traben sehen und sagen: „Rechts hinten eine Eins. Vielleicht 0,5." Tierärzte verwenden für Lahmheit eine Skala von eins bis fünf, und falls eine Lahmheit so gering war, dass sie eine 0,5 war, würde ich sie vielleicht gar nicht erkennen. Ich würde einfach nur ein Pferd traben sehen. *Sieht für mich okay aus.* Andere Trainer würden das Potenzial in einem Pferd sehen, sogar in einem Jährling oder einem Pferd, das gerettet wurde und dem jegliche Erziehung fehlte. Einige würden jede Phase des Sprungs eines Pferdes sehen, wie in Zeitlupe, und dann genau wissen, welche Übungen sinnvoll waren, um die Bewegung, den Stil und die Leistungsfähigkeit zu verbessern.

Ich begann eine Bewertungsskala für Angst zu entwickeln. Ein Pferd ist nicht entweder ruhig oder nervös, sondern oft irgendwas dazwischen, in einem Kontinuum. Auf einer Drei meiner Skala würde das Pferd vielleicht in der Lage sein zu tun, worum ich es bat, es wäre aber so gut wie nicht in der Lage zu lernen. Es würde seine Leistung bringen, sich aber nicht verbessern.

Ein schlagender Schweif konnte bedeuten, dass ein Pferd ängstlich war. Ebenso das fehlende Blinzeln, eine hohe Kopfhaltung, angespannte Muskeln. Oder angelegte Ohren, ein verspanntes Maul, knirschende Zähne. Und ein ängstliches Pferd würde natürlich weniger nachdenken; es würde schneller werden wollen, um davonzulaufen, um der Situation zu entkommen. Über einer Drei auf meiner Skala würde ein trabendes Pferd in den Galopp fallen, die Kommunikation wäre ein Problem. Über einer Sechs würden wir langsam in einen Kontrollverlust geraten – mit Buckeln oder Steigen vielleicht. Sicher kein Pferd, auf dem ich reiten wollte. Eine Zehn war ein Pferd, das durch einen Zaun brach, blind allem gegenüber außer seiner Angst.

So vieles von dem, was wir zu tun hatten, diente der *Vorbereitung* darauf, dass das Pferd lernte. Waren wir einmal soweit, waren das Lehren und Lernen die einfacheren Teile der Aufgabe. Ich begann zu glauben, dass es in all meinen Interaktionen mit Pferden nicht darum gehen sollte, wie ich *heute* das Beste aus ihnen herausholte, sondern wie ich sie für *morgen* besser vorbereiten konnte.

Es gab nicht viele Dinge, die Sapphire dazu brachten, nervös zu werden, aber es gab ein paar. Wenn ich zwischen den Sprüngen versuchte, das Tempo rauszunehmen, neigte sie beispielsweise dazu, ihren Kopf hochzuwerfen, in dem Versuch, vom Gebiss wegzukommen. Sie verstand das Gebiss nicht immer, besonders bei Geschwindigkeit oder beim Springen. Unser Sturz hatte sich aus eben diesem Grund ereignet. Dieser Sturz war meine Schuld gewesen und es fühlte sich immer noch so an, als würde ich flüssiges Blei trinken, wenn ich darüber nachdachte. Mein Vater hatte sich für den Gebrauch eines gleitenden Ringmartingals ausgesprochen. Es hinderte den Kopf des Pferdes daran, sich höher als bis zu einem bestimmten Punkt nach oben zu bewegen – ein gebräuchliches Werkzeug in der Springreiterszene.

An diesem Nachmittag hatte ich eine Springstunde. Anne zog es vor, statt Einzelunterricht eine Gruppe von Reitern zu unterrichten – zwei oder mehr. Ich war ihrer Meinung. Dies gab den Pferden eine Pause zwischen den Übungen und es erlaubte den Reitern zu lernen, indem sie anderen zusahen.

Sinead, die etwa zur selben Zeit wie ich nach New Jersey gezogen war, um ihr eigenes Unternehmen zu gründen, hatte Anne um eine Stunde Reitunterricht gebeten. Sinead und ich hatten uns seit Rocking Horse in Florida nicht gesehen und ich freute mich darauf, mit ihr zum ersten Mal zu reiten. Heute waren wir nur zu zweit im Unterricht.

Wir begannen mit einer von Annes bevorzugten Aufwärmübungen: Eine Acht um und über einen kleinen Oxer zu reiten und dabei die Galoppsprünge zu zählen. Bei meinem ersten Heranreiten sagte ich deutlich „Eins", als ich noch einen Galoppsprung entfernt war. Beim zweiten Mal dann „Eins, zwei", als ich noch zwei Sprünge entfernt war. Ich wiederholte das Gleiche, bis ich „Eins, zwei, drei, vier, fünf, sechs, sieben, acht" gezählt hatte, eins für jeden Galoppsprung vor dem Oxer. Anne erhöhte den Sprung zweimal, während ich die Übung ritt.

Es war hart. Auch wenn ich „Eins, zwei, drei, vier ..." zählte, musste ich mein Augenmerk doch auch gleichzeitig auf Richtung, Geschwindigkeit, Rhythmus, Gleichgewicht legen. Es hatte keinen Sinn, korrekt zu zählen, wenn all die anderen Elemente litten, die notwendig waren, um einwandfrei zu springen. Die für mich am einfachsten zu zählenden Sprünge waren fünf bis sieben. Ich war es gewohnt, fünf abzuzählen; die niedrigeren Zahlen waren schwer, denn ich musste den Punkt ignorieren, an dem ich normalerweise „meine Entfernung sah". Eine Entfernung zu sehen bedeutete, den idealen Absprungpunkt zu finden und entsprechend hinzureiten. Eine Entfernung zu einem Hindernis von acht Galoppsprüngen aus zu erkennen war schwierig für mich, obwohl es die Sache leichter machte, wenn ich beschleunigte oder abbremste, um die Galoppsprünge einzupassen, was dem Sinn der Übung widersprach. Ich entschied, dass ich diese Übung noch öfter allein üben musste, wäre es auch nur über Cavaletti.

Nach dem Aufwärmen ritten wir Parcours. Mit Sapphire hatte ich Mühe, durchgehenden Kontakt zu halten. Sie warf immer noch ihren Kopf hoch. Ich konnte das Problem nicht lösen, aber einigermaßen managen. Sinead saß auf einem schlanken Fuchs mit erstaunlichem Galopp – er konnte reibungslos wie ein Kunstturner von einer Galoppsprunglänge, die nach sieben Metern aussah zu einer von drei Metern wechseln. Was für ein Pferd! Sobald Sinead ritt, erlosch ihr Lachen und sie konzentrierte sich. Ihre Augen luden nicht zu einem Gespräch ein. Als wir einander zum ersten Mal trafen, hatte ich diese Bestimmtheit in ihr bemerkt. Sie war immer noch da.

Am Ende der Stunde gingen Sinead und ich nebeneinander Schritt und ließen sich die Pferde abkühlen. Als wir plauderten, kehrte ihr Humor zurück.

„Wer, glaubst du, hat die Stunde gewonnen?", scherzte sie lächelnd.

„Du", sagte ich und hoffte auf ein weiteres Lächeln.

Stattdessen sagte sie trocken: „Ich weiß", und ich war an der Reihe zu schmunzeln. Später sagte sie mir ausdrücklich, dass sie mein Pferd mochte. Wir tauschten Telefonnummern aus. Ich sagte, ich würde sie anrufen.

Sobald Sapphire versorgt war, klopfte ich an Annes Bürotür. Ich konnte immer noch an einer Hand abzählen, wie oft ich wegen einer spezifischen Frage zu ihr ins Büro gegangen war. Einmal hatte ich einen Cowboy sagen hören: „Eine dünne Linie trennt Respekt und Angst; du solltest dieser Linie so nah wie möglich sein." Wenn ich an diese Regel dachte, fühlte ich mich wie ein Pferd, das Anne gut trainiert hatte.

Ich öffnete die Tür und machte einen Schritt hinein. Anne saß wartend an ihrem Schreibtisch.

„Anne, denkst du, ich sollte für Sapphire ein gleitendes Ringmartingal nehmen?", begann ich.

„Wofür?" Sie sah von dort, wo sie saß, zu mir hinauf. Um sie herum waren Erinnerungsstücke von den Olympischen Spielen und großen Grand Prix-Turnieren, die sie gewonnen hatte. Sie war dabei, die morgige Reiteinteilung zu machen, die sie mit Stecknadeln an die Pinnwand in der Stallgasse heften würde, wenn sie den Stall für die Nacht verließ. Ich ging weiter hinein, halbierte die Entfernung zu ihrem Schreibtisch, blieb aber stehen. „Um in den Griff zu bekommen, wie Sapphire zwischen den Sprüngen ihren Kopf hochwirft."

Anne überlegte, dann lehnte sie sich in ihrem Stuhl zurück.

„Tik, du musst einfach nur besser reiten."

„Okay", ich stand unbeholfen da. „Danke." Ich ging rückwärts zur Tür und schlich hinaus. Was sie sagte, war wahr. Es war die Antwort auf die Probleme, die ich hatte. Aber der Weg zu dieser Antwort war kein leichter.

Was Sapphire brauchte, war weniger Spannung. Spannung hatte verschiedene Ursachen. Die Hauptursache, vermutete ich, war Unsicherheit. Verstehen war das Gegenteil von Verwirrung – und ein viel besserer Freund. Ein anderer, verbreiteter Grund für Spannung war, ein Pferd etwas tun lassen zu wollen, das weit außerhalb seiner Komfortzone lag. Also bemühte ich mich um mehr Klarheit im Umgang mit Sapphire ... und darum, nicht mehr von ihr zu verlangen als ich glaubte, dass sie imstande wäre zu leisten. Und sie verbesserte sich.

Annes Antwort auf meine Martingalfrage – „Du musst nur einfach besser reiten!" – wurde zu meinem Slogan. Schlussendlich schmunzelte ich, wenn ich an ihn dachte.

TJ war anders. TJ blieb vor Zäunen stehen. Er blieb ungefähr genausooft stehen wie ein Taxifahrer in New York City und auch ungefähr so schnell. Dann hob er seinen Kopf wie eine Giraffe und starrte in die Ferne, als ob soeben die Kavallerie über dem Hügel aufgetaucht wäre.

Anne dachte, ich sollte gute Pferde reiten und sagte mir das auch. Ihre Theorie lautete, dass gute Pferde zu reiten einen Reiter gut darin werden ließ, Pferde gut zu reiten. Und das war, wofür ich eingestellt worden war.

Wir entschieden uns, dass TJ nach Vancouver zurückkehren sollte. Er war ungeeignet und mein Ziel, ihn zum Verkauf vorzubereiten, war an einem toten Punkt angelangt. Ich hatte in seinem Training versagt. Er wurde in einen Hänger verladen, um heimzufahren.

Er rief nicht nach Sapphire, als er verladen wurde. Er wusste nicht, dass er sie nie wiedersehen würde. Asa Bird ging mit mir zum Stall zurück, nachdem der Lastwagen mit TJ hinten drinnen ausgeparkt hatte. Er fiel mit mir in Gleichschritt.

„Du siehst seltsam drein."

„Tja", murmelte ich.

„Gehst du das Futter vorbereiten?"

„Gib mir ein paar Minuten."

Er blinzelte mir zu. „Wie auch immer, Mann. Es is' okay."

Ich ging in die Futterkammer und schloss die Tür. Ich saß auf dem Zementboden und starrte die Wand an. Ich fühlte mich zerbrechlich und schwach. Dass ein Pferd geht, war normalerweise nicht etwas, das mich trauern ließ – schließlich ging er zu meinen Eltern, in ein gutes Zuhause. Und ein Pferd weniger zu reiten würde für mich kürzere Arbeitstage bedeuten. Ich zog die Knie gegen meine Brust. Dann umschlang ich sie mit meinen Armen, ich war traurig. Aber bald wurde ich zornig. Zornig auf mich. Litt ich wegen TJ oder ging es hier nur um mich? Ich stand auf und begann, die Futterschüsseln für den Abend vor mich hinzustellen. Sie bedeckten beinahe die Hälfte des Bodens. Dann begann ich, sie mit Kraftfutter zu befüllen … alle, bis auf einen.

## KOMMUNIKATION MIT PFERDEN

*Zunächst einmal musst du verstehen, wie das funktioniert. Ich werde mit ihr durch Gedanken und Szenen kommunizieren. Ich erkenne, was sie denkt, nicht durch Worte, aber durch Bilder und Gefühle. Das ist schließlich die Art und Weise, wie Pferde denken und kommunizieren. Ich werde weitergeben, was ich sehe. Sie werden helfen müssen, es zu interpretieren. So habe ich zum Beispiel einmal einem Herrn gesagt, dass es sein Hund liebt, aus der großen, braunen Schüssel zu essen. „Das ist lächerlich", sagte der Mann, „mein Hund hat eine kleine, blaue Schüssel." Doch später erkannte er, dass sich der Hund auf den Mülleimer bezogen hatte. Also, ich werde helfen, aber nachdem Sie es waren, der danach gefragt hatte, liegt auch die abschließende Analyse bei Ihnen. Schließlich sind Sie derjenige, der sie kennt. Haben Sie schon einmal einen Tierkommunikator gerufen? Natürlich nicht, das ist in Ordnung. Setzen Sie sich einfach hin und entspannen Sie sich. Holen*

*Sie tief Luft, schließen Sie Ihre Augen und sehen Sie sie in Gedanken vor sich. Atmen Sie nochmals tief und sagen Sie in Ihren Gedanken ihren Namen dreimal.*

Ich schaltete auf Parken und machte die Zündung des Pickups aus. Trotz allem waren wir früh dran. Eine falsche Abzweigung hatte uns zu den Toren des Aero Club und wieder zurückgeführt. Ich hatte durch die Tore gespäht. Stellen Sie sich vor: ein umzäunter Wohnkomplex mit einer in seiner Mitte verlaufenden grünen Startbahn und einer Piper oder Cessna in jeder Garage. Ich dachte an den berühmten Autor Richard Bach und die Art, wie er das das Blut in Wallung bringende Taumeln und Drehen im Flug beschrieb. Ich konnte mir den steilen Sturzflug ganz leicht vorstellen, hinab und hinab und hinab, bis die Erde und der Teufel sich die Hände schüttelten und zu dir heraufgrinsten, der Schweiß, der von der Braue des Piloten tropft, die Augen, die sich mit Tränen füllen, seine Hand ruhig am Knüppel. Dann der Schauder des Nasehochziehens, mit dem Propeller beinahe das Gras ausreißend, das Lachen, wie sich der Flieger stabilisiert und einmal mehr in den offenen Himmel steuert. Oh, dieser großartige, blaue Himmel! Es ging darum, für nur eine Sache zu leben. Für den Piloten war es die Freiheit über und unter sich. ich war am Boden in etwa so flugbereit wie ein Pinguin und das war völlig in Ordnung.

Ich sprang raus und ging, um nach Sapphire zu sehen. Der Hänger hatte an einer Seite und hinten Türen. Ich öffnete die obere Hälfte der Seitentür, sodass meine Stute rausschauen konnte. Ihre langen Wimpern blinzelten, während sie mich untersuchte. Dann zog sie ihre Nüstern hoch und schnupperte. Frisch geschnittenes Gras. Ich betrachtete wieder ihre Augen. Ich konnte mich an ihnen nicht sattsehen: die ölige und geheimnisvolle Regenbogenhaut, die hellere Pupille, die ein klein wenig aufblitzte, sobald sie mich sah. Sie sah sich ausgiebig um, dann zog sie ihren Kopf wieder hinein und kümmerte sich um ihr Mittagessen. Sie nahm sich Zeit für das Heu, biss kleine Stücke mit den Schneidezähnen ab und transportierte sie langsam nach hinten zu den Backenzähnen, wo sie es mit Leichtigkeit gleichmäßig zermahlte.

*So weit, so gut. Lassen Sie mich sehen, ob sie mich eintreten lässt. Atmen, atmen.* Die Atemzüge der Frau erfüllten meine Ohren, doch ich hielt das Telefon immer noch fest ans Ohr. Mehr Atmen. Warten. *Ihr Kopf tut weh. Sie hat sich den Kopf angehauen. Die rechte Seite ihrer Nase tut weh. Sie hat Schmerzen auf der rechten Seite des rechten Vorderbeins. Ihre linke Hinterhand schlug hart auf und verdrehte ihr Becken. Ihr rechtes Auge tut wirklich weh. Nun, was ist passiert? Ein Unfall, wie ich sehe. Aber lassen Sie mich tiefer blicken.*

Normalerweise hatte Sapphire den ganzen Anhänger als eine Art Box für sich, doch dieses Mal hatte ich die Trennwand, die den Raum in zwei Bereiche teilte, an ihrem Platz gelassen. Am Tag zuvor hatte ich zwei Pferde im Hänger transportiert, Sapphire und Sabrina. Wir hatten einen Ausritt entlang der Kanäle unternommen. Heute, nachdem die Trennwand bereits an ihrem Platz war, ließ ich sie drin – was wäre einfacher? Und nachdem meine Stute im vorderen Bereich des Hängers untergebracht war, konnte ich die hintere Rampe hinunterlassen, sodass ich leicht zu ihr gelangen konnte, ohne dass sie sich umdrehen musste. So ging ich, während sie ihr Mittagessen zu sich nahm, ins Turnierbüro, um mich anzumelden.

*Lassen Sie uns mal sehen. Was ist das? Ich sehe etwas. Eine Maus? Ja, ich sehe eine Maus. Sie hasst Mäuse! Ich sehe eine Feldmaus. Eine junge Feldmaus. Eine junge, dumme Feldmaus. Bloß kein Licht anmachen, aber da ist sie. Die Maus ist irgendwie reingekommen. Wie ist sie reingekommen? Ich kann es nicht erkennen. Gab es da einen Weg für sie, um reinzukommen? Die Maus bewegte sich in der Nähe ihres linken Hinterbeins. Sie mag keine Mäuse. Oje, ich denke, sie mag Mäuse wirklich gar nicht!*

„Kann ich mich bitte für den ersten Springwettbewerb anmelden?",
fragte ich. Ohne von ihrem Computer aufzublicken, reichte mir die
Sekretärin ein paar Papiere. Ich beugte mich über den Tisch, um sie
auszufüllen. Kein Stift. „Kann ich mir bitte einen Stift ausleihen?"

Die Sekretärin bewegte mit einer Hand ihre Maus und suchte
mit der anderen nach einem Stift. Sie hielt ihn mir hin, noch immer
ohne mich anzusehen.

Name: Sapphire. Geschlecht: Stute. Rasse: Niederländisches
Warmblut. Geburtsjahr: 1999.

Dann kreuzte ich die Prüfungen an, in denen wir antreten
würden und zahlte meine dreißig Dollar. Ich nahm meine Kopf-
nummer und bat um ein paar Sicherheitsnadeln – ich zog es vor, die
Nummer an meiner Satteldecke zu befestigen statt sie auf dem
Rücken zu tragen.

„Danke", merkte ich an. „Das ist ein spitzen Turniergelände.
Nicht eine Wolke am Himmel. Nirgends wär' ich heute lieber!" Die
Sekretärin blickte auf. Sie zog eine Augenbraue hoch.

„Viel Glück."

*Sie verdrehte sich nach rechts, als sie sich anschickte, nach ihr zu
treten. Die Maus rannte zwischen ihre Beine. Huschte hierhin und
dorthin. Sie versuchte sie umzubringen! Zunächst war sie nicht sehr
aufgeregt. Doch die Maus rannte und rannte. Sie versuchte immer
wieder, nach ihr zu treten. Schließlich entkam die Maus, aber an
einem Punkt war sie ihr an das Bein gesprungen. Sie rammte ihr Bein
in die Hängerwand, während die Maus unter ihr herumhuschte. Sie
versuchte sie zu treten.*

Ich pfiff und sang, während ich zum Anhänger zurückging.
*Zwitscher die Magie zwitscher-zwitscher* ging das Lied. Ich hielt an,
um ein Pferd im Ring zu beobachten. *Zwitscher an der See.* Ich hatte
den Morgen frei … dafür! Mein erstes Turnier des Jahres und unsere
erste gemeinsame Springprüfung seit langem. *Und ausgelassen im*

*zwitscher-zwitscher-zwitscher ... im Lande Honalie.* Ich wusste nicht, warum mir das Kinderlied in den Sinn kam, wenn nicht wegen der Magie dieses Tages. Ich lächelte und hüpfte um die Ecke des Platzes, während ich zur Sicherheit die Nadeln an der Nummer festmachte. Als ich den Hänger erreichte, war ihr Kopf das erste, das ich sah. Ich wusste es sofort. Etwas stimmte nicht.

*Ja. Ihre Absicht war es, die Maus zu töten. Sie wollte die Maus platt machen. Zuerst war sie über die Maus erschrocken, doch dann war sie verärgert. Als sie nicht aufhörte, sich um ihre Füße zu bewegen, entschloss sie sich, sie zu kriegen. Aber sie verfehlte sie und das frustrierte sie. Sie wurde zunehmend frustrierter. Sie wollte sie umbringen. Dann entkam die Maus und sie versuchte sie zu kriegen. Sie wollte sie wirklich kriegen! Sie wollte sie zerstampfen.*

Sapphires Kopf ragte aus der Seitentür und sie blickte nach rechts und links, als ob sie nach etwas suchte. Die untere Hälfte der metallenen Stalltür reichte bis zu ihrer Brust. Es handelte sich um eine Tür, die kein denkendes Pferd aus dem Stand überspringen würde. Aber ein verängstigtes Pferd, eines das nur noch reagiert, vielleicht. Der Instinkt, zuerst zu laufen und später Fragen zu stellen, rettet Pferden in so vielen Situationen das Leben. Wir versuchen, ihnen das wegzutrainieren.

Sapphire war auf fünfzig oder mehr Turnieren gewesen – sie war trainiert. Ich konnte mir nicht vorstellen, dass sie etwas aus der Fassung bringen könnte. Aber das hätte ich tun sollen. Sie wirkte nicht, als sei sie in Panik. Andererseits war sie mit Sicherheit auch nicht entspannt. Ich pfiff nicht mehr. Ich begann zu ihr hinzujoggen. Was lief falsch? Fliegen? Andere Pferde? Zugluft vielleicht? Ich suchte das Problem, aber ich fand keines. Jetzt, da ich näherkam, konnte ich sehen, wie sie ihre Augen verdrehte. Ich begann zu rennen.

*Als die Maus entkam, wollte sie sie kriegen. Sie war so wütend wie ein Bär, dessen Bein in einer Falle steckte.*

Die Breitseite des Dressurrings, das war die Entfernung, in der ich mich befand, als sie mich sah. Nach meinem Sprint war ich beinahe bei ihr … ihre Ohren gingen nach vorn. Ich bremste, um sie nicht noch mehr zu erschrecken. Dann sah ich, wie sich ihre Energie von einer Seitwärtsbewegung in eine Vorwärtsbewegung verlagerte.

„Hooooo, Mädchen, Guuuuuuuuuuuuuuut", rief ich. *Gut*, betete ich. Aber ihre Muskeln spannten sich an und sie wurde zu einer riesigen Sprungfeder.

Der Witz an der Sache war, dass ihr Blick sich nicht von meinem abwandte, als sie sprang. Ihre Vorderbeine gingen hoch und schafften es irgendwie über die Seitentür. Aber ihre Hinterbeine hatten keine Chance. Sie schaukelte in der Luft, bevor sie vorwärts rutschte, die Tür vor ihren Hinterbeinen. Sie steckte fest, mit allen vier Beinen in der Luft. Ich sah das Weiße in ihren Augen, als sie zurückrollten und mich zum ersten Mal verließen, seit sie mich gesehen hatte.

*Sie sprang der Maus hinterher. Sie versuchte die Maus umzubringen; deshalb sprang sie raus. Manchmal mögen Pferde Nagetiere, aber für gewöhnlich betrachten sie sie als Plünderer. Sie sehen sie als Feinde. Sie konkurrieren um das gleiche Kraftfutter. Jetzt ist sie aufgebracht. Sie ist immer noch wütend. Sie kann es immer noch nicht auf sich beruhen lassen. Sekunde, ich muss ihr das erklären. Sie will immer noch, dass ich die Maus umbringe. Sie ist sehr stur. Sehr entschlossen. Lassen Sie mich nachdenken, was ich noch machen könnte.*

Sapphires Vorderbeine waren fast einen halben Meter über dem Boden. Sie schlugen auf die Hängertür, ihre stählernen Hufeisen rissen scharfe Kanten in das weichere Metall, sodass sich die Rückseite ihrer Beine an ihnen verfing. Da war Blut.

Sapphire wollte rennen. All ihre Instinkte sagten: Lauf davon! Galoppiere! Aber sie konnte keinen Hebel finden, um über die Tür zu kommen. Sie konnte nicht zurück und sie konnte nicht vorwärts.

Ihre Beine bemühten sich krampfhaft, Boden unter die Füße zu kriegen und mit jedem Versuch rissen sie mehr auf. Mehr Blut.

*Wird sie der Maus vergeben? Nein. Sie ist nicht bereit, der Maus zu vergeben. Nun, lassen Sie mich sehen, was ich tun kann. Ich werde Energie senden, um Nager fernzuhalten. Es wird eine Energie sein müssen, die den Hänger umgibt. Wenn sie der Maus nicht vergibt, müssen wir sicherstellen, dass es nicht wieder passiert.*

Ein Mann rannte herüber. Dann kam eine Frau mit einem weißen Hut dazu. Ein junges Mädchen in Reithosen nahm ihre Hand und stand, die Augen aufgerissen. Eine Menschenmenge versammelte sich; nicht sicher, was zu tun wäre, standen sie da und schauten zu.

„Ruf einen Tierarzt", brüllte ich zu jemandem. Bleib ruhig, sagte ich zu mir. „Ein Tierarzt!", schrie ich erneut.

Ich legte meine Hand auf Sapphires Halfter, doch sie stieß mich weg. Ich stolperte vorwärts und ergriff wieder ihr Halfter, ihre Nase mit meinen Armen an meine Brust gedrückt. Sie biss in meinen Biceps. Sie ließ nicht los und ich schüttelte sie nicht ab. Weh tun würde es erst später.

„Es ist okay. Es wird wieder gut", sagte ich wieder und wieder. „Gut, Mädchen."

Mit meinen Armen um ihren Kopf kämpfte sie nun weniger, aber sie entspannte sich nicht. Ihre Beine wollten den Boden unter sich spüren. Jeder Huf streckte sich nach dem Boden, ein Urinstinkt, wie wenn ein Fisch am Deck eines Schiffes zappelt, um wieder zurück ins Wasser zu kommen.

Ein Mann näherte sich ihr von der anderen Seite, ihren Beinen aus dem Weg gehend, die wieder und wieder gegen die Tür schlugen. Ich sah, wie sich mehr Blut auf ihrem linken Fesselgelenk abzeichnete. Würden wir sie sedieren müssen?

„Hat jemand den Tierarzt gerufen?", hörte ich jemanden in der Menge fragen.

„Ich habe eine Idee", rief der Mann, der auf ihrer anderen Seite stand, zu mir herüber. Er musste schreien, obwohl er nur etwa einen Meter von mir entfernt war – der Lärm ihres Kampfes übertönte alles.

„Was?"

„Ich werde die untere Tür entriegeln."

„Sind Sie sicher? Ihr ganzes Gewicht liegt da drauf." Mittlerweile atmete ich schwer, immer noch ihren Kopf haltend. Ich hatte Mühe normal zu sprechen.

„Ich glaube nicht, dass wir eine Wahl haben."

„Was, wenn sie sich in ihr verfängt, wenn sie nach vorn fällt?", argumentierte ich.

Aber der Mann hatte die eine Seite bereits geöffnet und kam nun herüber zu meinem Platz. Als er an mir vorbeiging, sagte er nochmals: „Ich glaube nicht, dass wir eine Wahl haben." Und dann stand er dort bei der Tür auf meiner Seite und sie war entriegelt.

*Was ich mache ist, dass ich ein weißes Licht um den Hänger lege. Ein Licht, das die Nager nicht durchdringen können. Warten Sie. Es wird den Anhänger umgeben und Mäuse abwehren. Warten Sie, während ich ihr sage, dass der Hänger nun sicher ist.*

Die Tür fiel auf wie der Landungssteg eines Schiffes. Sie nahm Sapphire mit nach vor und hinab und erwischte ihren Fuß in dem Moment, bevor sie auf den Boden traf. Sie stolperte, als sie ihren Fuß herauszog und dann war sie frei. Ich fasste nach dem Führstrick, den sie hinterher zog, blieb an ihrer Seite und beobachtete, wie ihr Brustkorb wie ein Blasebalg pumpte.

*Nun, lassen Sie mich sehen, ob ich ihr helfen kann. Wir wollen, dass sie gesund wird. Physisch genauso wie mental. Ich werde ein wenig therapeutisches Atmen verwenden. Lassen Sie uns sehen, ob wir ihr helfen können zu heilen.*

Sapphire hatte eine Mission, ihren Kopf gesenkt, blickte sie nicht nach rechts oder links. Ihr Kiefer war fest. Ich betrachtete sie, ließ meinen Blick über ihre Wunden wandern, ignorierte die Menge und wünschte sie fort. Keine der Wunden sah lebensbedrohlich aus, aber wir atmeten beide, als wären wir soeben zwanzig Kilometer gerannt. Ich ging immer noch mit ihr umher, als die Turniertierärztin, Dr. Mullin, kam.

„Also, was ist passiert?", fragte sie, als sie sich uns näherte.

„Sie versuchte, über die Hängertür zu springen. Verfing sich."

„Wo blutet sie?"

„Hier", sagte ich und deutete auf ihre Beine, und wischte mir dann übers Gesicht, als meine Stimme versagte. „Und hier. Und hier. Und beide Fesselgelenke sehen ziemlich übel aus."

„Es ist okay, Sie müssen nicht reden, wenn Sie nicht wollen", sagte Dr. Mullin. „Sedieren wir sie und bringen wir sie wieder in Ordnung."

Ich nickte.

„Sie wird wieder. Ihr Schritt ist okay. Die Wunden sehen oberflächlich aus."

„Ja?"

„Ich meine, ich kann nichts versprechen", sagte die Ärztin, „aber ich bin mir sicher, es sieht schlimmer aus als es ist."

Ich wischte mir wieder übers Gesicht. Was zur Hölle war los mit mir? Sie würde wieder gesund werden. Als die Tierärztin die Wunden meiner Stute reinigte und versorgte, sagte sie, dass wir zumindest, um die Wunden zu nähen, zu einer Klinik fahren müssten. Und auch, um nachzusehen, ob einer der Schnitte tiefer war, als sie feststellen konnte, in die Sehne führte, was eine viel ernstere Verletzung wäre.

„Ich bezweifle es", sagte Dr. Mullin, „aber gehen wir besser auf Nummer sicher."

„Ich bring sie wieder zurück in den Hänger?"

„Sie ist sediert. Ich helfe Ihnen."

Ich dachte, dass ich mit Sicherheit nicht in diesen Anhänger zurückgehen würde, wenn ich sie wäre. Aber Sapphire vertraute mir. Sie ging gleich mit.

„Einen Huf. Jetzt den anderen", sagte ich zu ihr, als sie die hintere Rampe hinaufging.

*Es geht ihr jetzt besser. Sie möchte bei ihrer eigenen Heilung mithelfen. Das ist großartig. Ihr Kopf und ihr Hals sind steif. Ihr rechtes Auge schmerzt. Sie hat Schmerzen, aber sie will wieder gesund werden. Das weiße Licht wird die Nagetiere fernhalten. Sie heilt jetzt schneller. Kann ich ihnen sonst noch bei etwas helfen? Vielen herzlichen Dank. Viel Glück mit ihr ... rufen Sie jederzeit wieder an.*

Am nächsten Tag bei der Arbeit machte ich mir Sorgen um meine Stute. Wir hatten drei Stunden in der Klinik verbracht.

„Ihr Pferd bekommt die dreifache Sedierung eines normalen Pferdes und die doppelte eines schwierigen Pferdes", erklärte mir der Klinikarzt. Ich versuchte, Sapphire zu beruhigen, während er ihr Bein nähte und die rohe, aufgerissene Haut um ihre Gelenke säuberte. „Sie werden diese Verbände täglich wechseln müssen. Eine Woche Boxenruhe. Ein wenig Spazierengehen ist okay, aber in Wahrheit: je weniger sie sich bewegt, umso besser. Wir wollen nicht, dass diese Nähte aufgehen."

Ich konnte nicht erklären, was passiert war. Meine Stute hatte noch nie versucht, aus dem Hänger zu springen. Sie durchquerte das Land in diesem Hänger mit kaum einem Zappeln oder Gewieher. Was mein Vater bezeugen konnte.

Ich blickte auf meinen Bizeps und sah die Zahnabdrücke. Der Großteil meines Oberarms hatte die Farbe einer überreifen Banane angenommen. Ich wünschte, es gäbe einen Weg zu erfahren, was sie sich gedacht hatte. Ich denke, wir wissen nie wirklich, was andere denken. Alles was wir sehen ist ihr Handeln. Durch Erfahrung und Lernen können wir vielleicht die Ursachen und Wirkungen dieser

Handlungen erkennen. Aber zu behaupten, wir wüssten, was sie denken, musste Ignoranz oder Anmaßung entstammen. Angsterinnerungen können Pferde wie Menschen nicht löschen. Es ist möglich, sie mit glücklicheren Erfahrungen „zuzudecken", aber die Ängste werden nie vollständig vergessen. Sie werden immer da sein, nur unter der Oberfläche.

An diesem Abend wechselte ich Sapphires Verbände. Als ich die einen Tag alten Bandagen entfernte, sickerte hellrotes Blut heraus. Sie fraß ihr Heu und schlug mit dem Schweif nach Fliegen, während ich neben ihr kniete. Ihre Haut zitterte ein bisschen, als ich ihre Wunden reinigte, doch ihre Beine blieben fest am Boden. Ihre Hufe waren für die Erde geschaffen. Sie konnte rennen wie der Wind und springen wie ein Reh, aber sie war nicht zum Fliegen geboren. Das würden wir anderen überlassen.

## DRÜCKEBERGER

Anne ritt zu mir herüber. Unsere Pferde wollten ihre Köpfe zusammenstecken, doch ich hielt den meiner Stute auf Distanz.

„Ich möchte, dass du dieses Pferd *rund* reitest", befahl Anne. „Dieses Pferd wird gehen wie jedes andere Pferd! *Mach sie rund!*"

Das Pferd, auf dem ich saß, war nervös und machte ihren Reiter – Annes Kunden – oft nervös. Die Stute stand seit einigen Monaten im Training; und es war meine Aufgabe, sie ruhig zu bekommen.

„Okay", sagte ich.

Seit ich mit dem Titel „Annes Assistent" ausgezeichnet worden war, ritt ich anders. Vielleicht wollte ich es besser machen. Vielleicht befand ich mich in einer dieser Phasen, in denen ich etwas Neues lernte und gleichzeitig erkannte, wie *wenig* ich wusste. Ich ritt dasselbe Pferd, das ich als Praktikant geritten war, doch irgendetwas stimmte nicht.

Ich nahm den Trab wieder auf und Anne rief: „Ich hab dich nicht eingestellt, damit du so reitest. Ich glaube beinahe, dass du letztes Jahr besser geritten bist."

Anne war ehrlich. Ich hörte ihr genau zu. Schließlich war ich nicht wegen des Gehalts dort, wenngleich ich es schätzte. Ich war dort, um zu lernen. In Annes Gegenwart hatte ich gelernt, Abgeklärtheit zu bewahren. Ich sagte mir, dass ich ihre Spötteleien nicht persönlich nehmen dürfte. Wenn ich mich in Wellington umsah, konnte ich erkennen, dass fehlendes Wissen oft durch ein Mehr an Selbstbewusstsein kompensiert wurde. Mehr als einmal hatte ich mich aufgeplustert und war damit durchgekommen. Es war besser als Angst zu haben.

„Ich habe es nicht bis dorthin geschafft, wo ich heute bin, weil mir die Leute gesagt haben, wie großartig ich bin", sagte ein Reiter zu mir. Die Besten verfügten, wie ich oft erkannte, über ein Selbstvertrauen, das es ihren Coaches ermöglichte, Fehler zu analysieren.

In meinem zweiten Winter in Folge lernte ich in Wellington, meinen Mund zu halten, zu beobachten und zuzuhören. Ich verbrachte viel Zeit auf dem Turniergelände – dem Wellington Pferdefestival – aber meine Stute machte nie mit. Sapphire war im Stall der Grand Prix-Reiterin Betsy Steiner untergebracht, zwanzig Minuten entfernt.

Ein- oder zweimal die Woche joggte ich auf den sauberen Gehsteigen der asphaltierten Bezirke von Wellington. Ich schrieb weiterhin, doch in letzter Zeit gestaltete es sich mühsam.

Jeder der schreibt weiß, dass es schwer ist, ehrlich zu schreiben. In den Geschichten, die ich teilte, wollte ich nicht wie ein Idiot aussehen. Und genauso wenig irgendjemand der anderen Menschen, über die ich schrieb.

Aber wollen Sie den Haken an der Sache wissen? Der Haken war, dass ich eine Menge dummer Dinge tat. Gedankenloser Dinge. Ich erschreckte Pferde. Ich übersah Wunden an den Beinen. Ich verlor die Geduld. Ich ruinierte die Ausrüstung. Ich ritt schlecht. Ich versuchte Leuten Dinge beizubringen, über die ich selbst kaum Bescheid wusste. Es war schwer, diese Mängel zuzugeben. Besonders schriftlich. Waren das die Dinge, die jedermann wissen sollte?

Sie könnten nun einwenden, dass wir natürlich alle Fehler machen. Und das stimmt. Aber wenn eine Antilope stolpert, wird sie gefressen. Wenn ein Fuchs nichts fängt, muss er hungern. Die Fähigkeit, Fehler zu machen und sich davon zu erholen, ist die großartige und grauenvolle Eigenheit unserer Spezies. Mein Schlamassel könnte man als Gelegenheit zum Lernen porträtieren, in der Art, wie neurotische Angstzustände in den Texten eines Holden Caulfield in *Der Fänger im Roggen* plötzlich angesagt waren. Doch zu wissen, dass jeder Fehler machte, machte es kein bisschen leichter, sie zuzugeben.

Die Lektionen, die mein Reiten am meisten verbesserten, sogar mein Leben veränderten, waren jene, die über Unterricht hinausgingen. Sie waren es, die mich inspirierten.

Als mich Ingrid Klimke ihr Olympiagoldpferd „Braxxi" aufwärmen ließ.

Als mir Karen O'Connor beim *Kentucky-Three-Day* sagte: „In drei Jahren reitest du hier." Als mir Jonathan Field zeigte, wie ich ein freies Pferd auf einer freien Fläche dazu brachte, zu mir zu galoppieren. Bis zu *mir*, dann Halt und entspannen.

Als ich in Texas auf einem Junghengst saß, der nie zuvor einen Reiter auf seinem Rücken hatte. Ich war sein erster Reiter.

Ich erinnere mich, wo ich mich jeweils befand, die zwei Mal, an denen mir Anne sagte, ich sei talentiert. Beim ersten Mal war es der Abend, an dem sie mir die Stelle als Assistenztrainer anbot.

Das zweite Mal war elf Monate nach dem ersten, der Zeit, die es braucht, damit sich ein ungezügeltes Verlangen in ein Fohlen auf zittrigen Beinen verwandelt.

Unsere Arbeitstage wurden länger und länger, als sich die Anzahl an Pferden, die in Wellington Turnier ritten, vergrößerte. Oft war ich, bis es dunkel geworden war, im Stall und hatte keine Zeit für Sapphire. Anne wollte mir helfen, aber die Priorität lag auf ihren Pferden. Ich wollte ihr helfen, doch gleichzeitig wollte ich auch Sapphire reiten. Zu vielen Praktikantenstellen hätte ich ein Pferd mitbringen können, aber bei diesem Posten hätte ich es besser bleiben lassen sollen.

Ich fegte den Gang und wartete auf meine Chefin. Ich sah sie vom Springparcours hereinkommen und zu ihrer Gebisskiste in der Sattelkammer gehen. Sie bückte sich und wühlte darin, bis sie mit einem Gebiss in jeder Hand herauskam. Eines war ein dünnes Kupfergebiss, das andere sah wie Leder aus – ungewöhnlich. Sie besah sich beide, legte sie zur Seite und spähte erneut in die Box. Ich klopfte an die Glastür.

„Komm rein."

„Anne. Verzeih, dass ich dich störe."

Sie stand auf und musterte die Gebisse in ihren Händen.

„Ich möchte ein neues Gebiss ausprobieren, in der nächsten Stunde, die ich unterrichte."

Ich holte tief Luft. „Ich weiß, dass deine Pferde deine Priorität sind. Ich versteh' das. Aber ich muss ein wenig Zeit für mein Pferd freischaufeln." Ich machte eine Pause. Dann: „Ich wünschte wirklich, dass es funktionierte mit uns, aber ich glaube nicht, dass es das wird."

Anne hielt die Gebisse und schenkte mir ihre volle Aufmerksamkeit. Sie versuchte nicht, mich zum Bleiben zu überreden. Vermutlich war es keine große Überraschung für sie. Zweimal zuvor hatte ich erwähnt, dass ich mehr Zeit bräuchte, um Sapphire zu reiten. Sie hatte mir erklärte, dass die Arbeit so war, wie sie war. Und sie wiederholte es nun abermals.

„Du musst machen, was du für richtig hältst. Wir werden dich vermissen. Ich wünschte, ich hätte mehr Pferde für dich zum Trainieren und Turnierreiten gehabt. Du bist talentiert."

Ich blickte auf die Gebisse in ihren Händen, dann zum Boden, dann sah ich ihr in die Augen.

„Nun, danke für alles." Sie nickte.

Ich holte meinen Sweater und Helm und ging zu meinem Pickup. Ich fuhr zu Sapphire. Ich hatte Anne gesagt, dass ich nicht genügend Zeit hätte, um Sapphire zu reiten, doch das war nicht die ganze Wahrheit. Wenngleich ich Springreiten liebte, fühlte ich mich doch eingeengt. Ich vermisste die Vielseitigkeit. Und ich wollte mehr Horsemanship lernen. Ich war wie ein Schwimmer, der nichts als raus wollte aus dem Pool mit all den Linien am Boden, raus ins offene Wasser. Oder ein Läufer, dem der Sinn nach Bergpfaden stand statt nach Asphalt.

Diese Entscheidung stellte einen Wendepunkt in meinem Leben dar. Ich hatte Jahre auf diese Stelle hingearbeitet. Es gab eine Chance, dass ich es schaffte. Ich konnte mehr Berittpferde bekommen und Turniere reiten. Anne würde mir helfen. Ich wäre für sie, was sie für George war. Ich würde die Reichen und Berühmten kennenlernen.

Falls ich niemals einen Grand Prix springen und nie ein großer Reiter werden würde, so lag der Grund dafür in meiner heutigen Entscheidung.

Auf Betsy Steiners Hof ging ich hinein, um Sapphire zu finden, aber sie war aufs Feld gelassen worden, also ging ich zu meinem Anhänger. *Zwei-Pferde, Verladen von hinten und von der Seite, Aluminium, kleine Sattelkammer mit Aufklappbank und Wassertank. Schlafgelegenheit auf der Bank*, hatte die Anzeige gelautet. Ich saß auf der harten, hölzernen Bank. Ich schaute auf das Zaumzeug, das über mir hing. Zu meiner Rechten ruhten friedlich zwei Sättel, die nichts wussten. Das ist jetzt mein Zuhause, dachte ich. Was nun? Als ich die Stelle bei Anne annahm, dachte ich, ich würde Jahre dort sein, nicht Monate.

Ich rief nicht bei meinen Eltern an. Ich war nicht bereit, über die letzten paar Wochen zu sprechen. Über diesen Tag. Zuletzt war alles ziemlich schnell gegangen. Vielleicht würde ich in ein paar Monaten das große Ganze sehen – den Sinn dahinter, warum ich zu Anne gekommen und wieder gegangen war. Ich beugte mich zum in die Ecke gestopften Straßenatlas und öffnete ihn auf meinen Knien. Ich blickte hinab auf die Karte von Nordamerika. Was sollte ich tun? Ich blickte weit nach links: Genau oberhalb von Seattle repräsentierte ein kleiner Punkt Vancouver. Zuhause. War es Zeit zurückzukehren?

Ich atmete tief ein, schloss meine Augen und dachte darüber nach, wo ich schon überall gewesen war.

## IN DEN SEILEN HÄNGEN

Ich strich mit meiner Hand rasch über Sapphires Fesselgelenk und die Rückseite ihrer Sehnen. Dann überprüfte ich das andere Bein. Ich fühlte die Wunden; sie waren nun zwei Monate alt und heilten gut. Die Narbe an der Innenseite ihres Röhrbeins war lachsrosa und mit Haaren bewachsen. Eine weitere Narbe, auf der Fessel, war dunkler und mit Blasen bedeckt. Ich spürte, wo die Nähte Beulen hinterlassen hatten. Ich stand auf und ließ meine Handfläche ihren Widerrist und ihren Rücken hinuntergleiten. Ich kannte jeden Zentimeter ihres Körpers. Ich beugte mich hinüber, um mir ihr linkes Kniegelenk anzusehen. Auf beiden Seiten war die Wunde immer noch offen und schlängelte sich nach. Ich öffnete den Deckel der Antibiotikacreme. Die Salbe war weich von der Hitze.

„Gut, Mädchen", säuselte ich, aber sie zuckte und schwang ihre Hinterhand weg von mir.

„Sapphire, du bist tapfer." Doch ich wusste, dass sie Schmerzen hatte. Eine Weile rieb ich mit den Fingern in einem Kreis um die Wunde, bevor ich es erneut versuchte. Ihre Haut legte sich in Falten, aber sie bewegte sich nicht weg. Sie drehte ihren Kopf und blickte zu mir nach hinten. „Bitte keine Rehaugen", sagte ich. „Ich versuch' dir zu helfen."

Sapphire war stark. Sie war ein niederländisches Warmblut und auch gebaut wie eines. Eines Sommers hatte ich das Glück, mit der amerikanischen Olympionikin Amy Tryon zu reiten. Sie sagte zu mir: „Wenn du sie wie eine Zicke behandelst, dann wird sie sich wie eine Zicke aufführen. Behandle sie wie eine Dame und sie wird sich wie eine Dame benehmen." Ich berührte Sapphires schweren Hals und streichelte ihren ausgeprägten Widerrist. Sie beschnupperte mich, dann nahm sie ein Leckerli aus meiner Hand.

Wir waren immer noch auf Betsy Steiners Hof. Sie half mir bei der Dressur. Ich hörte Sarah, ihre Praktikantin, mit einem Kunden plaudern, während sie auf der anderen Seite des Stalls ein Pferd aufzäumte. Sobald der Kunde aufgesessen und gegangen war, hörte ich ihre Stiefel, wie sie sich auf der kreisförmigen Steinpflasterzufahrt näherten.

„Heilt es gut?" Sarah strich sich ihre dunklen Locken hinter ihre Ohren, als sie sich hinunterbeugte, um nachzusehen. Ihr Haar fiel wieder nach vorne.

„Nicht schlecht. Dank dir."

Sarah hatte sich für mich seit Januar um Sapphire gekümmert, während ich noch bei Anne gearbeitet hatte. Bevor ich gekündigt hatte. Danach gefragt, sagte ich: „Ich habe gekündigt." Ich hätte sagen können: „Ich bin gegangen", aber ich mochte nicht, wie es sich anhörte. Ich wollte nicht einer sein, der einfach ging, ein *Drücke-berger*. Es war keine Sünde, aber es ließ mich auch nicht mich super fühlen.

Seit ich Annes Hof verlassen hatte, verbrachte ich mehr Zeit mit Sapphire. Hätte ich nicht mein eigenes Pferd gehabt, wäre ich viel-leicht viel länger bei Anne geblieben, aber der Tag hatte einfach nicht genügend Stunden. Die Zeit, die ich mit meiner Stute verbrachte, war immer gehetzt, und ich hatte entdeckt, dass Hetzerei zu Fehlern führte. Ich wusste nicht, ob sie wegen einer Maus aus dem Hänger gesprungen war, oder aufgrund von etwas, das ich hätte anders machen können, doch ich wollte die Dinge verlangsamen.

Bei Pferden gibt es so viele Nuancen, die ich Sekunden zu spät mitbekam. Die letzten paar Jahre hatten sich angefühlt, als läge ich im Krieg mit Fehlern, und ich war entschlossen, denselben Kampf nicht zweimal zu verlieren.

„Was wirst du jetzt machen?", fragte mich Sarah.

Ich wusste es nicht und mir war nicht danach zu antworten. Also antwortete ich mit einer eigenen Frage: „Glaubst du, sie wird antreten können?"

„Du meinst hier? In Wellington?"

Ich stellte ihr eine weitere Frage: „Glaubst du, sie könnte soweit sein, in einem Monat für die *The Fork*-Vielseitigkeit?"

„Du möchtest immer noch Vielseitigkeit mit ihr reiten? Sie wurde fürs Springreiten gezüchtet."

Sarah besah sich die Wunden auf ihren Knien näher und zeich-nete mit ihren Fingern ganz vorsichtig die Ränder nach. Sie sahen aus wie Blitze. „Ich hoffe, du gehst nicht zurück nach Kanada."

„Ich bin mir nicht sicher, ob mein Visum noch gültig ist, jetzt, wo ich Annes Hof verlassen habe. Ich frage besser einen Anwalt."

„Du möchtest in den Vereinigten Staaten bleiben?"

Wollte ich hierbleiben? Natürlich wollte ich bleiben. Ich wollte auch nach Hause gehen. Aber ja, ich wollte bleiben! Ich war dafür kritisiert worden, über die Vereinigten Staaten ein zu hartes Urteil zu sprechen. Doch in Wahrheit war ich ein Fan dieses Landes und der Leute, der Pferdeleute und der Pferde. Ich liebte die Schriftsteller, die Denker, die Lehrer und die Freunde, die ich gewonnen hatte.

Ebenso gab es Aspekte Amerikas, die mich traurig stimmten. Ich hatte ein Vierteljahrhundert in Kanada gelebt, ohne je das „N-Wort" gehört zu haben. Dann eines Tages, in den Vereinigten Staaten, an einem Tag wie jedem anderen, hörte ich es, plötzlich und unerwartet, wie Vogelscheiße, die auf deinem Kopf landet. Der Junge sagte zu mir „Lass uns diesen Motor hernegern, während wir auf die Ersatzteile warten." Ich hatte die Stirn gerunzelt. Wirklich? Ich dachte, wir hätten das vor Jahrzehnten aufgegeben. Dann, einen Monat später, von jemand anderes, diesmal einer Frau: „Während wir weg sind, wirst du der Oberneger sein." Und dann, an einem anderen Tag: „Reich wie ein Neger! Du gibst das ganze Geld am Zahltag aus?", fragte der Mann.

Dies waren Phrasen, die ich verstand, ohne sie je zuvor gehört zu haben. Das Böse ist, wie die Liebe, zumeist simpel. Doch ist es mir peinlich, dass ich jedes Mal sprachlos blieb. Erst später wusste ich, was ich hätte sagen sollen: „Jedes Mal, wenn du dieses Wort benutzt, verliere ich den Respekt vor dir. Du wirst dich ziemlich anstrengen müssen, um diesen Respekt zurückzugewinnen." Und wenngleich ich damals nichts gesagt hatte, blieb mir das in Erinnerung.

Die Vereinigten Staaten sind ein Land, das Arbeitsethik schätzt: Man glaubt, dass jemand, der gescheit und talentiert ist, und voller Elan steckt, weiterkommen wird. Die Pferdeszene ist eine Welt, in der diejenigen, die weitergekommen *sind*, leicht erkennbar sind, besonders in Wellington. Die Nachzügler haben einen langen, harten Aufstieg vor sich.

„Es ist toll, dich hier zu haben", hörte ich einen Chef sagen.

„Ich bin froh, hier zu sein. Es ist ein toller Posten", antwortete der junge Mann, frisch eingestellt.

„Du fängst um sechs an. Es gibt keine Mittagspause. Um fünf hast du aus. Jeden zweiten Tag machst du die Abendrunde."

Der junge Mann verbeugte sich mit dem Kopf. „Vielen Dank für diese Chance."

„Aus welchem Teil von Mexiko kommst du?"

„Ich komme aus El Salvador."

„Ah. Naja."

„Wir arbeiten hart in El Salvador."

„Klar macht ihr das. He, Jose!" Der Chef winkte einen anderen, jungen Mann zu sich. „Kannst du diesem Kerl das Lasso zeigen?"

„Klar", sagte Jose und dachte *Er wird ihnen sehr bald den Rücken zuwenden.*

Die meisten Arbeiter, die ich in der Pferdebranche kennengelernt habe, sowohl in Amerika geborene, als auch nicht in Amerika geborene, waren auf Wanderschaft. Selten hielten sie länger durch als sechs Monate. Sie beschwerten sich, dass die Arbeit zu hart sei und der Lohn zu gering. Die Verantwortlichen sagten, die Arbeit sei hart, aber fair. „Ich habe seinerzeit *härter* gearbeitet", sagten sie. „Die können *froh* sein, überhaupt einen Job zu haben." Und es wird immer jemand zur Stelle sein, um sie zu ersetzen, dachten sie wahrscheinlich.

Auf *Market Street* war ich sowohl Reiter als auch Helfer. Was auch immer gemacht werden musste, ich machte es. Ich dachte an eine junge Frau, die ich auf dem Turniergelände getroffen hatte – ihre königliche Haltung und ihre Perlenohrringe prägten sich mir ein. Sie erklärte mir, dass Sie jedes Jahr zwei Wochen Gymnasium verpassen durfte, um in Florida Turnier zu reiten. Die ersten Male, an denen wir uns begegneten, saß ich auf einem Pferd, wir unterhielten uns und wir fanden heraus, dass wir gemeinsame Bekannte hatten. Als ich sie zum vierten Mal sah, führte ich ein Pferd; ich hatte meinen Kopf gesenkt und schleppte mich dahin. Ich trug Jeans statt Reithosen. Ich hatte einen Lappen und einen Hufkratzer in meiner Gesäßtasche. Als ich am Ring vorbeikam, blickte ich zu ihr hinauf.

„Hallo! Heiß, wie?", rief ich zu dem Mädchen auf ihrem Pferd. Ich war mir sicher, dass sie mich gehört hatte, doch sie antwortete nicht. Vielleicht erkannte sie mich nicht wieder. Doch andererseits blickte sie auch nicht herunter. Sie saß auf einem Schimmel, dessen Beine so lang waren, dass es hätten Stelzen sein können. Ich zuckte mit den Achseln und ging einfach weiter; linker Fuß, rechter Fuß, linker Fuß. Der Unterschied zwischen mir und so vielen anderen, die Pferde über den Turnierplatz führten, bestand darin, dass ich manchmal im Sattel saß; ich besaß die Möglichkeit auf eine Zukunft, die einige von ihnen nicht besaßen – egal, wie hart sie arbeiteten. Und dieser Unterschied war reiner Zufall: wer meine Eltern waren und in welchem Land ich geboren worden war.

Ich war stolz auf meine Familie und mein Land. Doch tatsächlich basierte dieser Stolz auf nichts, das *ich getan* hatte, um zu erreichen, was ich hatte. Ich hatte, was ich hatte, durch reines Glück. Es war nichts, um sich dafür zu schämen, doch diejenigen, die schwitzten und wagten, um ihrer Träume oder ihrer Familie oder ihrer Staatsangehörigkeit willen, hatten einen tapfereren Kampf geführt.

Ich hatte viele Arten von Amerika gesehen und viele Typen von Amerikanern. Es wäre mir eine Ehre, in Amerika bleiben zu können, sagte ich der hart-arbeitenden Sarah, denn ich wusste, dass es so viele Menschen genau wie sie gäbe. Und ebenso gab es Chancen, die zu Hause nicht existierten. Dieses Land war, wie ein wirklich großartiges Pferd, die Zeit wert, sich mit ihm zu beschäftigen.

Sarah blickte mich an. „Du solltest wirklich mit ihr springen, weißt du. Sie ist talentiert."

„Ich bin nur froh, dass ich Zeit habe, um sie mit ihr zu verbringen. Sie wird heilen und ich werde planen. Vielleicht können wir Vielseitigkeit *und* Springen machen. Macht das jemand? Beides?"

„Hmmmm", sagte Sarah, die jetzt in die Knie ging und sich die Fesseln der Stute ansah. „Ich bin mir nicht sicher."

„Siehst du was?", fragte ich.

Sie hatte eine Hand auf dem Bein und sie blickte genauer hin. Sapphire schlug mit ihrem Schweif.

„Nein, nein. Sieht danach aus, dass es besser wird."

„Mir tut das so leid", gab ich zu und machte eine Pause. „Weißt du, ich hab' alle diese Artikel über Horsemanship geschrieben und was ich alles in den letzten paar Jahren gelernt habe, und dann lass ich zu, dass sich mein eigenes Pferd erschreckt und verletzt."

Sarah stand auf. „Es ist nicht deine Schuld."

„Wessen Schuld ist es?"

„Sie ist einfach rausgesprungen. Nicht alles muss jemandes Schuld sein." Die Sonne kam hinter einer Wolke hervor und beleuchtete sie; sie stand in ihrem Schein wie eine Schauspielerin auf der Bühne. Ich dachte, dass Sarah mir nicht sagen würde, dass es meine Schuld wäre – auch wenn sie dachte, dass sie es ist.

„Manchmal muss jemand die Schuld auf sich nehmen. Dieses Mal bin ich es." Sapphire stand wieder ruhig und ich band sie los.

„Alles was du konntest, hast du gemacht."

„Vielleicht." Ich begann, meine Stute zum Paddock hinauszuführen und Sarah schloss sich mir an.

„Nun, sie sieht viel besser aus. Du musst darüber froh sein."

Jetzt war die Sonne vollends zum Vorschein gekommen und die Wolken verschwunden.

„Ja, das bin ich", sagte ich ruhig. Dann: „Ich hab' die erste Woche, seit ich *Market Street* verlassen habe, mit lang Schlafen, Reiten und Lesen verbracht, aber jetzt brauch ich wirklich eine Stelle."

„Jepp. Du lebst in einem Pferdeanhänger", sagte Sarah lachend. Sie zog ihren Sweater während des Gehens aus und band ihn sich um die Hüfte.

Ich hatte den Wohnwagen in New Jersey gelassen. Ich hatte nicht gedacht, dass ich ihn in Wellington brauchen würde. Und der Pickup fuhr sich auch viel leichter ohne ihn. Nun, da ich auf dem Boden der Sattelkammer schlief (die Bank ging gar nicht mal so gut), bereute ich diese Entscheidung. Ich hatte nicht genügend Platz, um meine Füße auszustrecken, wenn ich mich hinlegte.

Ich blieb beim Tor stehen und wartete, bis sie mich ansah, bevor ich sagte: „Nein, ich brauche *wirklich* einen Job." Die Kette und der Verschluss am Tor machten mir ein wenig Schwierigkeiten, also übergab ich Sapphire an Sarah.

Die junge Frau legte ihre Hand auf den Kopf meiner Stute, zwischen ihre Augen und beschrieb einen kleinen Kreis. Sie sah zu, wie ich mich mit dem doppelseitigen Verschluss abmühte.

„Du siehst ein wenig verzweifelt aus."

Ich nahm an, dass sie sich nicht nur auf meine Mühe mit dem Tor bezog.

„Ich fühle mich, als ob ich Boxenruhe hätte. Ich muss raus und herumlaufen, Ich muss etwas *machen*." Schließlich schaffte ich es, den Verschluss zu öffnen. Ich machte das Tor auf, übernahm Sapphire von Sarah, führte sie auf das eingezäunte Feld. Ich nahm das Halfter ab. Sapphire stand nur da. Sie beäugte mich argwöhnisch und ging nicht.

„Wir brauchen alle einen Job, nicht wahr, Süße?", sagte Sarah zu ihr. Sapphire weitete die Augen und blinzelte, als ob sie zustimmte, oder zumindest akzeptierte, dass sie keinen brauchte, und das war auch in Ordnung. Ihr Körper erholte sich gut und ihr Kopf auch. Sie hatte eine Menge gelernt – und war auch geprüft worden. Was waren die Grenzen dessen, das sie lernen konnte? Sie überraschte mich immer wieder. Und wie viel konnte sie ertragen? Das wollte ich nicht herausfinden.

Sarah und ich ließen Sapphire allein zurück. Ich ging in Richtung meines Anhängers und Sarah ging zurück zum Stall.

„Bis später", warf mir Sarah über ihre Schulter zu, als sie sich auf den Rückweg zur Arbeit machte.

Der Unfall war ein harter Weckruf für mich: Ich würde für eine Weile alles andere Sapphire unterordnen. Dort, auf dem Boden des Hängers, so nahe dem Ort, an dem es passiert war, ging mir das Ganze wieder durch den Kopf, wie so oft. Ich versuchte es abzuschütteln, das gelang mir aber nicht. Normalerweise war ich müde und schlief tief und fest, aber in dieser Nach wachte ich oft auf.

## IMMER NOCH HUNGRIG

„Sei kein Idiot!"

„Aber Liebling …!"

„Nur weil du verwirrt bist, was du jetzt machen willst, heißt doch nicht, dass du über uns verwirrt sein musst!"

„Ich bin nicht verwirrt, Und ich möchte darüber nicht am Telefon sprechen." Ich lag im Anhänger auf meinem Rücken, das Telefon am Ohr. Ich blickte zur Decke.

„Glaub mir", seufzte Sinead quer durch fünf Staaten. „Du bist verwirrt. Ich kenne dich. Komm her und wir sprechen persönlich darüber."

Sinead war immer noch in New Jersey, und ihr neues Geschäft expandierte. Sie war beschäftigt und hatte große Ziele. Normalerweise mochte ich das an ihr, aber zu diesem Zeitpunkt führte es dazu, dass ich mich noch verlorener fühlte.

„Ich weiß nicht."

„Warum bist du so launisch? Hör auf, dich wie ein Kind zu benehmen! Alles sollte bestens sein. Du hast deine Arbeit bei Anne auf freundschaftlicher Basis beendet. Du bekommst Unterricht von Betsy Steiner – die dich übrigens liebt. Dein Pferd erholt sich gut und du hast den letzten Scheißmonat am Strand verbracht!"

„Ich bin mir nicht sicher."

„Schau …", begann sie, doch ich redete weiter, stand auf, schlüpfte in meine Flip-Flops, öffnete die Tür und blickte hinaus. Die Blätter dreier Palmen verdeckten den Himmel, aber Licht schlüpfte hindurch und der Boden war mit Tupfen von Sonnenschein bedeckt. „Ich war nur zweimal am Strand. Beim ersten Mal war es zu kalt, um zu schwimmen. Beim zweiten Mal gab es eine Haiwarnung."

„Treffen wir uns in North Carolina und ich helfe dir herauszufinden, was du machen wirst", war ihre Antwort. Sinead war ein Problemlöser, das müsste ich ihr zugestehen. Es würde Sinn machen, sich bei *The Fork* zu treffen, einer Vielseitigkeit in *Norwood, North Carolina*, wo wir uns beide eine Box mieten könnten und Pläne machen. Aber ich war nicht bereit, meine schlechte Laune so einfach aufzugeben.

„Du musst mich nicht einen Idioten nennen", sagte ich.

„Ich hab' dich nicht einen Idioten genannt. Das ist ein klares Zeichen dafür, dass du verwirrt bist. Abgesehen davon werde ich dir helfen!"

„Mir wobei helfen?" Ich stieg aus dem Hänger und ging hinüber, von wo aus ich Sapphire sehen konnte. Sie war etwa 200 Meter entfernt. Ihr Kopf war gesenkt. Sie aß.

„Es gibt nicht viele Dinge, über die ich viel weiß, aber ich weiß viele Dinge über Pferde. Wenn du das machen willst, kann ich dir helfen." Eine Pause. Dann: „Und wann war das Wasser denn für dich *jemals* zu kalt?"

Nun gut, sie hatte mich. Und dadurch, dass sie mich kannte, half sie meiner Stimmung. Ich stand unter diesen Palmen und lächelte. „Ich bin reingegangen, aber das Wetter war nicht zum Schwimmen."

„Das klingt schon besser, meine tapfere Seele, jetzt mach dich auf den Weg! Du nach Norden, ich nach Süden", instruierte sie mich aus der Entfernung all dieser Kilometer. „Ich treffe dich in der Mitte."

Meine Tasche hatte eine feste Seite, damit ihre Rollen stabil waren. Ich musste alles aus dem Hänger auf den Rücksitz des Pick-up räumen. Somit wäre Platz im Anhänger für Sapphires Ausrüstungskoffer, Sattel, Zaum, Decken, Boots und ihre Salben und Bandagen. Wenngleich ich die Tasche verwendete, wollte ich eigentlich in der Lage sein, alles was ich besaß, in einem Rucksack unterzubringen. Ich rollte Socken zusammen und faltete Hemden. Während ich mich organisierte, dachte ich, ich *müsste* ja nicht nach North Carolina. Ich könnte nach Westen fahren. Ich könnte nach einer Stelle auf einer Ranch suchen. Vielleicht wäre nicht mehr eine Grenze zu erobern, aber sich weit erstreckende Ranches gab es noch. Vielleicht Montana? Oder Colorado? Ich gehe das ganze Gebiet ab. Es wird eine Arbeit, bei der ich kaum je jemanden treffe. Jemals. Nur ich und meine Stute. Abfohlen. Kalben. Einfangen. Lassowerfen. Wir werden uns den Viehtrieben anschließen. Natürlich gibt es auch dort Leute, aber keine Menschenmengen. Und in jeder Gruppe von Cowboys gibt es einen Mann, der schweigt. Der werde ich sein. Ich werde am Abend beim Feuer sitzen, meine Kanone auf meinen Knien. Ich werde die Glut mit einem langen Stock anstoßen und mich dann zurücklehnen und mir meinen Hut über meine Augen ziehen. Von unterhalb der Krempe beobachte ich, wie die anderen schlafen. Die Sterne werden hell genug sein, um am Boden Schatten zu werfen. Sobald die Sonne aufgeht, erwecke ich die immer noch warme Asche zu einer sengenden Flamme und koche Wasser für Kaffee. Vor dem Hintergrund des orangen Runds schwinge ich mein Bein über den Hinterzwiesel. „Mit einem Vorsprung in den Tag", wird meine Ansage lauten. Dann werde ich flüstern: „Gehen wir, Mädchen!", und mein Pferd und ich werden in den Wäldern verschwinden.

Oder vielleicht finde ich auch einen einsamen, ebenen Flecken neben einem Bach, auf dem ich den Camper parken kann. Ein Platz mit frischem Wasser wird uns gut voranbringen. Wenn ich ihn bald finde, kann ich Tomaten, Salat, vielleicht Karotten und Mais anpflanzen. Kartoffeln wachsen überall, oder? Mein Pferd wird lernen, in der Nähe zu bleiben, denn dort wird sie gefüttert und umsorgt. Ich werde sie selber beschlagen. Wir werden aus den Pfützen trinken, die sich am Fuß der Hügel bilden. Wir werden im Sommer gemeinsam schwitzen und im Winter werde ich ihr Fell lang wachsen lassen.

Doch … wenn ich diese Abenteuer jedes Mal an den Nagel hängte, sobald sie sich schwierig gestalteten, wäre es, als hätte man einen Haufen Witze ohne Pointen. Ich musste etwas zu Ende bringen.

Warum waren mir diese Gedanken gekommen? Vielleicht war ich zu lang in Wellington gewesen? Auf zu vielen Turnieren? Vielleicht war ich von zu vielen Leuten umringt gewesen? Oder zu viel Reichtum? Ich musste ein besseres Gleichgewicht finden. Ich hatte gesehen, was andere Leute mit Pferden machten; nun musste ich etwas finden, das für mich richtig war.

Wenn ich mir jetzt einen Traumstall vorstellte, war es keiner mit einem Dutzend Olympiapferden, es war einer, in dem jeder jeden mochte. Es war ein Platz, an dem wir jeden Tag an einem gemeinsamen Ziel arbeiteten. Es war ein Platz mit mehr Arbeit als Klatsch. Es war ein Platz, an dem ich immer mehr über Pferdeverhalten lernen würde. Ein Platz, an dem ich mit Knotenhalfter üben, Pferden das Springen beibringen und Pferde um mich herum freilaufend arbeiten konnte. Aber bedeutete das, ich könnte nicht auf höchstem

Niveau Turniere reiten? Schlossen sich die beiden Vorstellungen gegenseitig aus?

Es war Abend, als ich meine Tasche fertig gepackt hatte und mich zum Stall begab, um Sapphires Kiste zu füllen. Plötzlich hörte ich eine leise Stimme: „Tik? Bist das du dort? Der Stall ist so finster."

„Jo. Ich bin's. Ich packe."

Eine Silhouette betrat den Stall. Die schwarze Form kam langsam näher und enthüllte dann Betsy Steiners ansteckendes Lächeln.

„Warum packst du jetzt? Es ist ziemlich spät."

„Ich werde ein paar Tage früher fahren. Ich mach' mich kurz nach North Carolina auf, während ich Pläne mache."

„Du verlässt uns?", fragte sie mich leise.

Ich nickte. „Es scheint, als würde ich in letzter Zeit jedes Mal, wenn ich mich auch nur umdrehe, sofort von dort weggehen."

Aber ich war froh, Betsy zu sehen. Sie und Sarah waren die vergangenen Wochen hindurch meine Rettung gewesen. Betsy gab gute Stunden. Sie unterrichtete Anfänger ebenso wie Grand Prix-Reiter. Manche Menschen unterrichteten mit rauer Ehrlichkeit. „Harte Liebe", sagten sie. Doch Betsy unterrichtete jeden so, als ob er besser wäre, als er es war und dadurch wurden wir oft besser, als wir waren.

„Deine Arbeit an der Doppellonge wird besser", sagte sie mir. Und so geschah es.

„Deine Sitzposition ist deutlich besser", sagte sie. Und ich richtete meinen Rücken gerade und mein Herz wölbte meine Brust auf und die Art und Weise, wie ich auf einem Pferd saß, entwickelte sich.

Fahren vom Boden stärkte Sapphires Rückenmuskulatur und Hinterhand ohne das Gewicht eines Reiters auf ihrem Rücken. Ingrid Klimke sagte mir: „Egal, was für ein guter Reiter du bist, egal, wie außergewöhnlich dein Sitz ist, das Pferd wird sich ohne dich immer leichter und eleganter bewegen. Es liegt an uns Reitern, unsichtbar zu sein, sodass wir diese Geschöpfe vorzeigen dürfen."

Aus demselben Grund kleidete George Morris seine Reiter und Pferde gerne in neutralen Farben: wir waren da, um unsere Pferdepartner vorzustellen, nicht uns selbst. Wenn wir unsere Arbeit gut machten, wurden wir unsichtbar und der Blick des Zuschauers wurde auf das Pferd gelenkt.

Betsy behandelte ihre Pferde in derselben Art und Weise, in der sie ihre Schüler behandelte. Sie erwartete Großartigkeit. Dann erhielt sie sie ohne viel Aufhebens und mit ruhigem Blick.

Wie konnte jemand wie ich erwarten, dass ihm jemand in der sehr kleinen Welt, in der Reiter von Mäzenen abhingen, ein Pferd kaufte, wo es doch qualifiziertere, erfahrenere und verdienstvollere Menschen gab, die alle das gleiche machten? Anne war die beste Springreiterin, die ich kannte, und sie hatte seit Jahren kein Olympiapferd. Eiren war die verdienstvollste Dressurreiterin, die ich je getroffen hatte und sie hatte kein großartiges Pferd, Auch Betsy brauchte einen Besitzer, der auf sie zukommt und sagt: „Hier ist ein Grand Prix-Pferd, und hier noch eines, falls da andere lahm ist." Wäre das nicht eine feine Sache?

Wie könnte *ich* jemals darum bitten? Ich hatte einen so langen Weg noch vor mir. Aber ich sah auch, wie viele Wege es gab, um dorthin zu gelangen, wo du hingehst.

Bevor ich Florida verließ, hielt ich bei der *Agricultural Inspection Station*, der landwirtschaftlichen Kontrollstelle. Ich zeigte meine Papiere. Florida verlangte Gesundheitspässe für Pferde, sobald sie die Grenze passierten. Ich parkte und ging in das Gebäude. Ich wusste, dass der Beamte die Papiere und meinen Führerschein fotokopieren würde. Dann würde er mir zum Hänger folgen, um das Foto des Pferdes in den Papieren mit dem echten Pferd, das im Hänger steht, zu vergleichen. Für jemand anderes war das eine simple Formsache, wie seinen Ausweis zu zeigen, wenn man Bier kauft, aber mein Puls beschleunigte sich. Ich beobachtete, wie jede Seite fotokopiert wurde. Ich zuckte innerlich zusammen, als er sagte: „Sie sind weit von zu Hause entfernt." Und ich war mir der Waffe an seiner Hüfte gewahr, als er mir zum Hänger folgte. Meine Papiere waren in Ordnung. Ich konnte weiter.

Kurz danach hielt ich zum Tanken und rief Sinead an. Es waren drei Tage vergangen, seit ich zuletzt mit ihr gesprochen hatte, und ich wusste, dass sie bereits in North Carolina auf mich wartete. Sie war auf *The Fork*, der Farm ihres Stiefvaters, mit ihm, ihrer Mutter und ihrem Bruder. Den ganzen Winter über hatte ich mit Sinead zwei oder drei Mal pro Woche telefoniert, oft eine Stunde oder länger. Wir sprachen über Pferde, aber wir sprachen auch über die Zukunft. Nun würde ich bei ihr wohnen. Und ihrer Familie. War sie meine Freundin?

„Hi", sagte sie. Sie klang abgelenkt. Wahrscheinlich gab sie den Pferden ihr Frühstück.

„Hi, ich hab' gerade die Grenze passiert. Willst du wirklich, dass ich komme?"

„Tiiiikkkkkk. Du machst mich fertig."

„Ich sollte einfach nach Hause fahren." Ich tankte zu Ende und schaltete das Telefon auf Lautsprecher. Ich schaltete den Pickup auf Drive – die Interstate 95 würde für den Großteil des Tages mein Schicksal sein. Ich drehte die Lautstärke am Telefon hoch und ich konnte im Hintergrund Wasser in Kübel spritzen hören, als Sinead ihre morgendlichen Aufgaben weiter erledigte.

„… nun, du kannst ein großer Fisch in einem kleinen Teich sein. Falls es das ist, was du willst, werde ich dir nicht im Weg stehen. Und du wolltest für *ein Jahr* ein Praktikant sein – jetzt sind es *drei*! Ich glaube, du solltest es allein versuchen."

Als ich auf die Autobahn auffuhr, gab es wenig Verkehr und die Fahrspuren waren breit,

„Weiß nicht."

„Komm her und wir sprechen darüber."

„Du glaubst, es ist ein kleiner Teich. Nur weil jeder aus Kanada nach Süden geht und jeder von Westen nach Osten. Und dann geht jeder vom Osten nach Europa. Und jeder aus Europa geht nach England, oder wo immer sie auch hingehen. Aber gibt es denn nicht Leute, die Erfolg haben, egal wo sie sind?"

„Schau." Ich konnte Irritation in ihrer Stimme hören. Ich stellte mir vor, wie sie mit ihrer Hand *tap-tap-tap* machte, was sie nur dann machte, wenn sie ungeduldig oder besorgt war.

„Wenn du erfolgreich sein willst, musst du dorthin gehen, wo die besseren Strecken sind, wo die besseren Coaches sind und wo die besseren Konkurrenten sind. Dies ist jetzt der richtige Platz für dich."

„Ich hätte einfach bei Anne bleiben sollten." Ich wechselte auf die ganz rechte Spur und reihte mich hinter einem Wohnmobil ein, das 100 Meilen pro Stunde fuhr. Warum beeilen?

„Was?"

„Vielleicht kann ich zurückgehen. Sie sagte, ich könnte zurückkommen."

„Sei nicht dämlich."

„Ich hasse es, wenn du mich dämlich nennst", sagte ich. Aber in Wirklichkeit machte es mir nicht so viel aus. Es war, wie sie es sagte. Als ob sie mich mochte.

„Das war eine Superstelle für die Zeit, aber ich denke, du bist jetzt wirklich darüber hinaus."

„Weißt du, da sind einige wirklich grundlegende Sachen, die ich immer noch versuche herauszufinden. Ich bin mir nicht sicher, ob ich bereit bin, einen eigenen Betrieb zu führen."

„Was verwirrt dich?"

„Was meinst du?"

„Ich meine, was verwirrt dich?"

„Du willst ein Beispiel?"

„Gib mir ein Beispiel."

„Nun. Lass mich nachdenken." Ich fuhr ein paar Sekunden schweigend. Ich fuhr an der Werbetafel vorbei, die nach John Galt fragte. Es fühlte sich gut an, etwas wiederzuerkennen.

„Sollte der äußere Schenkel oder der innere Schenkel zum Angaloppieren verwendet werden?"

„Sonst noch was?"

„Können in einem Programm Longenarbeit und Arbeit im Roundpen vorteilhaft koexistieren?"

„Was noch?"

„Weiß nicht. Ist das nicht genug?"

„Weißt du was?"

„Nein."

„Du bist nicht verwirrt, wie du reiten sollst. Das sind nur Ausreden. Du bist verwirrt, wie du leben sollst. Weißt du warum? Weil du weißt, wie du einen Übergang reitest! Es geht mehr um Gefühl als um alles andere. Du *hast* all das Wissen. Dieses *erstaunliche* Wissen. Und es ist großartig, dass du immer noch Fragen stellst. Und es ist großartig, dass du immer noch darüber nachgrübelst. Aber jetzt musst du beginnen, dir all das zu eigen zu machen. Du bist nicht der Typ, um für jemanden für immer zu arbeiten. Ich würde das zu keinem Sechzehn-, Zwanzig- oder sogar Fünfundzwanzigjährigen sagen. Und zu manchen Leuten nie, Aber du bist beinahe dreißig. Du bist gescheit und talentiert und es ist an der Zeit, dass du erwachsen wirst. Damit meine ich nicht aufzuhören zu lernen. Ich meine, beginnen zu leben. Nimm weiterhin Stunden, aber versuch's auf dich alleine gestellt. Du musst deinen eigenen Stall haben und deine eigenen Fehler machen."

„Das war nicht mal das, wonach ich gefragt habe."

„Es scheint, als ob du all diese Dinge riskierst und dich selbst in die Waagschale wirfst. Aber es ist Zeit, den nächsten Schritt zu tun."

„Ich möchte nicht als so ein weiterer Nebenbei-Trainer enden." Ich musterte die Nationalparkaufkleber auf dem Heck des Wohnmobils. Yosemite. Carlsbad. Acadia. „Da arbeite ich lieber für jemanden. Zuhause hab' ich immerhin Freunde und Familie. Mein Vater will, dass ich den Betrieb übernehme. Es ist ein gemachtes Nest. Erfolg ist mir sicher, wenn ich nach Hause gehe."

„War es nicht Asa, der dir gesagt, du solltest deinen *verdammten Mann stehen*? Manchmal kann das bedeuten zu bleiben, aber manchmal bedeutet das zu gehen. Das musst du unterscheiden lernen. Du siehst es als Zeichen von Loyalität und Durchhaltevermögen, in einer Beziehung zu bleiben, die nicht funktioniert? Es ist ein Zeichen von mangelnder Reife. Im Moment musst du dich selbst als du selbst in die Waagschale werfen. Vergiss all diese Typen, die anderer Leute Methoden lehren. Was du machen solltest, was du imstande bist zu machen, ist, all das zu nehmen, was du gelernt hast und es zu deinem Eigenen zu machen. Hast du es nicht Buffetreiten genannt? Hast du das vergessen?"

„Du hast das gelesen?"

„Ja, ich hab' das gelesen."

„Manchmal liebe ich dich."

„Besten Dank."

Ich fuhr noch drei Stunden weiter. Auf der nächsten Autobahnstation tankte ich Diesel voll und ging zum Hänger, um nach Sapphire zu sehen. Ich sah die Risse auf der Seitentür, wo ihre Vorderbeine gekämpft hatten, um an jenem Tag den Boden zu finden, was sich nun wie lange her anfühlte. Ich sah nach, ob sie Heu und Wasser hatte. Sie war immer gut gereist.

„Wie geht's dir?", fragte ich sie, und sie beschnupperte mich und wechselte dann zurück zu ihrem Heu. Sie war entspannt und ich fragte mich, wie sie so viel Vertrauen entwickelt hatte. Es schien beinahe ausnahmslos so zu sein, dass Pferde leichter vergaben als Menschen.

In den vergangenen drei Jahren waren die Tage manchmal schnell und manchmal langsam vergangen. Und manchmal *wirklich* langsam. Monotone Aufgaben verlangsamen die Zeit. Ich beobachtete die Uhr, tick, tick, tick, tick, tick, tick. Doch während die Uhr vielleicht langsamer schlug, flatterten die Kalenderblätter fortwährend dahin, immer und immer schneller, als ob ein Wind in sie fuhr. Mit jedem neuen Blatt lernte ich etwas. Manchmal lernte ich, was ich machen sollte; oft, was ich *nicht* machen sollte.

Ich erinnerte mich, wie mir meine Mutter bescheiden die halbe Parade erklärte.

„Ich hab' drei Jungpferde bis Grand Prix trainiert und kann noch immer keine super halbe Parade", sagte sie. „Die halbe Parade ist eine Idee, eigentlich ein so simples Konzept, aber sie kann gute Reiter von großartigen Reitern trennen."

Ich war auf die Arbeit meiner Mutter mit Pferden stolz und wenngleich ich ihr nicht so oft zugehört habe, wie ich es hätte tun sollen, hörte ich am Ende immer auf sie.

„In einem Sport, in dem sich alles um Balance und Timing dreht, trennt die halbe Parade die Männer von den Jungs. Oder heutzutage eher die Frauen von den Jungs", erklärte sie. Sie ist die Grundlage aller anderen Arbeit. Einige könnten behaupten, dass die halbe Parade dich in die Lage versetzt, alle anderen Übungen durchzuführen, von der Trabverstärkung zur Piaffe, zur Passage. Aber nein, die halbe Parade ist ein Selbstzweck! Die halbe Parade ist der Moment der Schöpfung. Und Schöpfung *ist* ein Selbstzweck! Sie ist Kunst. Und wie in jedem künstlerischen Unterfangen wird jeder Künstler etwas anderes erschaffen – es gibt nur ein paar wirklich Große, die ein Pferd nehmen und etwas Schönes und Denkwürdiges und Ewiges erschaffen können.

„Vergiss nicht, dass du immer weiterlernen wirst. Nach einem Jahr oder zwei wirst du zurückblicken und denken: *Damals wusste ich so wenig*. Das ist die Natur und das Geniale dieses Sports."

Ich fuhr nun hinter einem Mini und er bremste plötzlich. Ich stieg auf die Bremse, mich still bei Sapphire entschuldigend. Die anderen Autos bremsten ebenfalls. Als wir an einem Auto, das mit rauchendem Motor nach einer Haltemöglichkeit Ausschau hielt, vorbei waren, beschleunigten wir alle wieder. Ich sah ein weiteres Schild: WILLKOMMEN IN NORTH CAROLINA. Meine Gedanken begannen zu schweifen. Ich dachte an zu Hause, als wir uns Albemarle näherten und daran vorbeifuhren.

Ich mochte es, bei geöffneten Fenstern zu fahren und ich bemerkte den Temperaturunterschied, als wir nach Norwood kamen. Es war kälter als in Florida, aber das war gutes Wetter – es erinnerte mich an zu Hause. Die Sonne stand noch am Himmel, aber ich sah auch den Mond bereits hoch am Himmel.

An diesem Abend saßen wir mit Sineads Familie zusammen, sodass alle meine Fragen warten mussten. Wir saßen an der Bar in der Küche und ich trank Bier, während die anderen Wein tranken. Sie redeten über die Farm und das Heu und die Stadt und den Benzinpreis, aber in der Hauptsache redeten sie über Pferde. Die meiste Zeit über hörte ich nur zu.

„Ich weiß nicht, wie dieser Sport überleben soll."

„Was meinst du?"

„Land wird teurer und an vielen Orten wird neu gebaut. Es kostet immer mehr und mehr, Pferde zu halten und Turniere zu reiten."

Sie alle saßen und redeten an einem hölzernen Bartisch, der wie ein C geformt war und der Küche zugewandt war. Sineads Stiefvater kochte Pasta, es dampfte, Tomaten wurden geschnitten und Töpfe verschoben und es war vermutlich mehr Aktion im Spiel als nötig. Wir hatten es nicht nötig, den Fernseher einzuschalten.

„Irgendetwas wird sich ändern müssen. Wir müssen neues Geld herbeischaffen."

„Wir brauchen ein paar große Sponsoren."

„Aber es wird nie wie in Europa sein, wo es Teil der Kultur ist. Wo die Zuschauer die Strecken in Viererreihen umringen, es Bierstände an jedem Hindernis gibt und Ausstellungsgelände an jedem Eingang."

„Wollen wir wirklich, dass die Vielseitigkeit hier zum Spitzensport wird?", fragte ich. Ich nahm einen Schluck Bier. „Ich frage mich, ob sie das verändern würde?"

„Natürlich würde es sie verändern", sagte jemand.

„Stellt euch vor, Springreiter verdienen so viel wie Eishockeyspieler", stellte ich zur Diskussion. „Stellt euch vor, Eishockeyspieler verdienen so viel wie Baseballspieler!"

„Worum geht es dir?"

„Wo soll das aufhören?"

Obwohl mir die Notwendigkeit und Unausweichlichkeit von Veränderung klar war, erschreckte sie mich. Vieles von dem, das ich an der Vielseitigkeit mochte, würde verschwinden, sobald hohe Summen im Spiel wären, zu sehen an der Springreiterszene. Ja, ich musste Geld verdienen, aber ich machte das sicher nicht des Geldes wegen.

Jeder Sport und jedes Hobby hat seine eigene Szene, wo Leute sich um bestimmte Leute und bestimmte Plätze scharen. Es gibt sicher berühmte Tischtennisspieler und Handballhelden mit Groupies, die ihre Namen kennen. Doch sobald sie einen kleinen Schritt aus ihrer kleinen Welt hinaustreten, sind sie niemand und das lässt sie alle bescheiden bleiben. Ich glaubte nicht, dass diese Welten groß genug sein sollten, dass man sie nicht – manchmal – verlassen musste.

Nach dem Essen ließ ich das Bier hinter mir und wechselte zu Cola-Rum mit Limette. Einem Cuba Libre. Dann schlüpfte ich auf die Terrasse hinaus, Sinead mit dem Kopf deutend, als ich hinausging. Ein paar Minuten später kam sie zu mir. Sie berührte meinen Arm.

„Du hast Gänsehaut."

„Es ist die Luft heute", erklärte ich. „Ich kann den Fluss riechen. Ich liebe es, in der Nähe des Wassers zu sein. Wusstest du, dass ich in Vancouver in der Nähe der Mündung des Fraser in den Pazifik wohnte?"

„Du vermisst dein Zuhause."

„Nimm einen tiefen Atemzug."

Das machte sie. Ich setzte mich und blickte sie an. Sie trug enge Jeans mit kleinen Rissen an Oberschenkel und Knie und ein reinweißes Shirt. Sie nahm einen weiteren Atemzug.

„Kannst du das riechen?", fragte ich sie.

„Ich bin mir nicht sicher."

Ich nahm selbst einen tiefen Atemzug. Ich grinste, als ich sagte: „Jetzt glaub' ich, ich kann es auch nicht riechen."

Sinead zog einen Sessel näher zu mir heran. Auf der einen Seite von uns war das Haus mit den erleuchteten Fenstern. Auf der anderen Seite waren dunkle Wälder. Wir hatten uns etwas vom Licht abgewandt.

„Weißt du, was du machen willst?"

„Nun, ich nehme an, die zwei großen Fragen sind: Gehe ich zurück nach Kanada oder bleibe ich hier? Und bekomme ich einen anderen Job oder mache ich mich selbständig?"

„Willst du wissen, was ich denke?"

Ich trank. Was für ein köstlicher Abend.

„Hmmm?"

„Ich denke folgendes: Du solltest, nachdem die Turniere hier vorbei sind, mit mir nach New Jersey zurückfahren und du solltest einen Stall finden, von dem aus du selbständig arbeiten kannst. Du wirst ganz schnell Kunden finden. Ich kenne dich. Und du kannst mit deiner eigenen Stute antreten, wie es dir gefällt."

„Wir könnten einen super Hof in British Columbia haben."

Sinead machte eine Pause, dann blickte sie zu mir.

„Wärst du in Vancouver glücklich?"

Ich wollte ja sagen, aber ich erzählte ihr die Wahrheit.

„Du möchtest nicht wirklich nach Hause gehen. Du musst es zuerst selbst schaffen."

„Aber ich weiß auch nicht, ob ich hier glücklich bin."

„Schau. Ich will, dass du bleibst, aber es steht dir auch völlig frei, nach Hause zu fahren. Es steht dir frei dich schlecht zu fühlen. Manchmal denke ich, du magst das. Oder du kannst versuchen, dich hier zu verwirklichen."

Dann saßen wir schweigend. Ich legte meine Hand auf ihr Bein und sie legte ihre Hand auf meine. Nach einer Weile sagte ich: „Ich vermisse mein zu Hause wirklich. Ich vermisse sogar den Winter. Ich hatte seit drei Jahren keinen echten Winter. Ich vermisse Schnee. Ich vermisse sogar Regen. Nichts hat sich in letzter Zeit real angefühlt. Hier allerdings fühlt sich etwas real an. Ich weiß nicht, ob du es bist oder das Wetter oder auf mich allein gestellt zu sein.

„Dankeschön." Nun war sie mit Grinsen dran.

„Ich glaube, ich habe ein Problem mit Veränderungen."

„Nein, hast du nicht. Du hast vielleicht ein Problem damit, aber kein *wirkliches* Problem. Hättest du eines, wärst du nicht hier."

„Glaubst du, Veränderungen sind gut?"

„Ja. Und du brauchst eine Veränderung, was deinen Drink betrifft. Was ist das?"

„Versuch's."

Sie nahm meinen Drink und nippte.

„Meine Güte. Das ist stark. Warte, ich hol' dir ein Bier."

Sinead kehrte mit einem Malbec für sich und einem Corona für mich zurück.

Wir tranken und redeten und lachten. Und dann brachte ich sie ins Bett.

Der nächste Morgen kam schnell. Ich ging hinauf zum Stall, als es noch dunkel war. Ich ritt zuerst in der Halle. Die Trab-Galopp-Übergänge waren einfach, solange ich nicht über sie nachdachte. Bald entschlossen sich Sapphire und ich, die Halle zu verlassen. Ich blickte mich um und mochte, was ich sah: keine Zäune. Das fühlte sich nun real und gut an. Was war real? Hunger, Einsamkeit, Versagen, Kampf, Zurückschlagen, Stolz, meinen Stolz zu vergessen.

Es ist unangenehm, hungrig zu sein. Aber ich schreibe besser, wenn ich hungrig bin. Ich schlage mich besser im Wettkampf und lerne besser, wenn ich hungrig bin. Ich habe gehört, dass wir lernen sollten, es zu genießen, uns außerhalb unserer Komfortzone aufzuhalten, denn es ist das, wodurch wir besser werden. Aber ich denke nicht, dass das möglich ist. Wir können lernen, es zu schätzen, aber nicht es zu genießen. Sobald wir es genießen, sind wir ein kleines bisschen in unsere Komfortzone zurückgerutscht.

Sapphire und ich gingen in langsamem Galopp den Waldrand entlang, weg vom Hof. Bald hatten wir die Wälder betreten und ich verlangsamte zum Trab. Auf diesem Weg war ich noch nicht gewesen. Als ich aus dem Wald herauskam, fand ich mich auf einem Bergrücken wieder. Ich blickte mich um. Ich war von Kiefern und Rotzedern umgeben. Dies war ein Ort, um nachzudenken.

Vor und hinter mir lagen zwei Abgründe. Ich befand mich auf einem Vorsprung, der abzubrechen drohte und gnadenhalber durfte ich wählen, wohin ich fallen würde: vorwärts oder rückwärts.

Ich entschloss mich, etwas Neues zu beginnen. Dies würde das Ende meiner Praktikantenzeit sein. Vorwärts, dachte ich und bat Sapphire um Schritt. Bei ihrem ersten Schritt raschelte es im Unterholz. Wachteln. Meine Stute drehte sich herum und begann wieder zu galoppieren, aber anstatt sie durchzuparieren, entschied ich mich, den Dingen ihren Lauf zu lassen, vielleicht wäre es etwas, das mich ablenkte. Wir galoppierten den Pfad entlang und dann wieder aufs Feld hinaus. Ihre Spannung hatte sie schnell verlassen, aber sie wurde nicht langsamer.

Wir zischten an einem Hain vorbei und ich duckte mich, um den Zweigen auszuweichen. Ich blickte hinunter und der Boden verschwamm. Wir waren auf dem Weg in die Felder. Sie waren frisch abgeheut und das kurze Gras war ein perfekter Boden. Sapphires Beine bewegten sich mit Zuversicht, als wir dahinzogen. Meine Augen tränten, als mir der Wind ins Gesicht peitschte. Etwas anderes war im Anmarsch.

„Was wird passieren?", fragte ich Sapphire. Sie antwortete nicht, aber galoppierte weiter. Ich ließ die Zügel durchgleiten und wir galoppierten weiter. Wir spurteten einen Hügel hinauf und erreicht den Rücken und dann sah ich Wald und noch mehr Wald. Die Welt schien bereit und wir waren ein Teil davon. Der Wind war in ihrer Mähne und die Morgensonne auf meinem Rücken. Ich hatte mich entschieden. Es gab eine Menge zu tun, denn der Tag lag immer noch vor uns.

„1989, als ich vierundfünfzig Jahre alt war, ritt ich ein Vollblutstutfohlen für die Königin von England ein. Nachdem Ihre Majestät insistierte, dass ich ein Buch schreibe, begann ich, meine Autobiografie zu verfassen: Der mit den Pferden spricht. Tik Maynards Buch erzählt wie meines von einem jungen Mann, der es sich zum Ziel gesetzt hat, Pferde und das Leben zu verstehen. Es ist eine fantastisch geschriebene Abenteuergeschichte sowohl für Pferdefanatiker als auch für Liebhaber des Abenteuers. Meine Generation hat eine Revolution in der Reiterei begonnen und es ist Tik, der sie fortführen wird. Dafür bin ich dankbar. Eine Pflichtlektüre."

**Monty Roberts, Horseman and Bestseller-Autor**

# TEIL 2

# DER PROFI

# POSAUNEN

Kameras blitzten wie ein Glühwürmchenschwarm und beleuchteten ihr Lächeln. Die siebenköpfige Mariachi-Band übertönte die Wellen; es war unmöglich sich zu unterhalten. Die Tanzfläche war voll, aber ich sah nur eine Frau. Ich drehte sie herum und ließ sie abtauchen; wir tanzten auseinander – ich ganz Arme, sie ganz Hüften – und wir tanzten so eng, wie zwei Menschen nur tanzen können. Der Boden wurde rutschig von Schweiß und ich wollte mich hinsetzen. Eamon nahm meinen Arm und führte mich zur Bar, wo er einschenkte.

„Tequila wird uns wiederbeleben", erklärte er.

Ich weiß nicht, wieviel später ich aus der Tür stolperte. Ich hielt meine Schuhe in meiner Hand und blickte den Strand hinunter auf den Weg, der vor uns stand. Während ich wartete, dass Sinead ihre Schuhe fand, tauchte Eamon vor mir auf. Er nahm mir das Versprechen ab, dass ich ihn in drei Tagen treffen würde, im Morgengrauen, am Strand, am Nordende von Troncones.

„Nicht vergessen", sagte er, als Sinead an meiner Seite auftauchte. Ich griff nach seiner Hand, verfehlte sie, grinste dämlich und umarmte ihn. „Je früher, desto besser", log ich.

„Drei Tage" war wichtig, denn das war der Tag, an dem ich seine Tochter heiraten würde. Ich hatte meine Zweifel, ob Eamon sich unser Rendezvous merken würde. Vermutlich dachte er sich dasselbe von mir. Keiner von uns beiden erwähnte es am Tag danach oder dem nächsten, doch er stand bereits barfuß im Sand, als ich zur angegeben Zeit erschien. Sein Leinenhemd sah im goldenen Morgenlicht leicht und dünn aus.

„Das ist der erste Sonnenaufgang, für den ich aufgestanden bin."

„Ich auch."

„Schande, oder?"

Strandläufer begleiteten uns, als wir dahinspazierten. Eamon sprach; die meiste Zeit über begnügte ich mich zuzuhören, aber ich wollte eine Gelegenheit finden, mich dafür zu entschuldigen, dass ich nicht um sein Einverständnis gefragt hatte, bevor ich Sinead vor zwei Jahren gefragt hatte, ob sie mich heiraten wollte. Es war ein Fehler gewesen, ihn nicht zu fragen, aber zu jener Zeit schien er nicht Teil des Bildes zu sein.

„Tik, ich bin kein gutes Vorbild. Ich habe eine Menge Fehler gemacht. Ja, ich hab' bitter für sie bezahlt, aber ich hab' eine Menge gemacht."

„Eamon ..."

Er begann langsamer zu sprechen und blickte hinaus aufs Wasser. „Ich möchte nur ein paar Dinge mit dir teilen. Du wirst heute meine Tochter heiraten. Vielleicht kannst du aus einigen meiner Fehler etwas lernen." Ich nickte. Streifenweise färbte sich der Himmel orangerot und ich fühlte, wie die böige Brise Gänsehaut auf meinen Armen hervorrief.

„Ich wuchs in den Straßen von Dublin auf. Im Kampf. Bernadette, Sineads Mutter, kam aus gutem Haus. Ich erinnere mich, wie ihr Vater uns anblickte. Er wusste, dass es nicht halten würde; wir waren zu verschieden. Aber wir schafften es, dass es dreiundzwanzig Jahre funktionierte."

Ich glaubte nicht, dass Eamon und Bernadette ein Fehler waren, nicht mit Sinead in meinem Leben. Ich stellte ein paar Fragen zu seiner Ehe. Dann erkundigte ich mich nach der Kindheit meiner Verlobten und wir plauderten darüber, wie es gewesen war, in Irmo, South Carolina, zu leben.

„Denk daran, es gibt kein Buch über Kindererziehung. Es gibt kein Buch über Beziehungen. Du musst es herausfinden. Falls du irgendwelche Fragen hast, möchte ich, dass du weißt, dass du mich fragen kannst."

Ich lächelte. Ich war mir sicher, dass es Bücher über Kindererziehung gab … und über Beziehungen. Aber ich wusste auch, dass Eamon sein Leben selbst in den Griff bekommen hatte – ein Händeschütteln, ein k.o., ein Wiederaufstehen, eins nach dem anderen. Die Lektionen, die er selbst gelernt hatte, waren die realsten. Ich erinnerte mich, wie ich ihn, als wir uns das erste Mal begegneten, gefragt hatte, ob er *Die Asche meiner Mutter* gelesen hatte.

„Sicher nicht", hatte er lachend geantwortet. „Ich *durchlebte* das. Wir alle haben das durchlebt. Ich muss nicht darüber lesen."

Wir spazierten, bis der weiche Sand Felsen Platz machte und dann standen wir und blickten hinaus auf den Pazifischen Ozean. Als Kind hatte ich einen Film gesehen, in dem zwei Brüder in der Abenddämmerung auf den Ozean hinausgeschwommen waren. Der erste, der Richtung Küste umdrehte, hätte eine Wette verloren. Sie wiederholten diese Mutprobe immer und immer wieder und der eine Bruder drehte immer als erster um, bis eines Tages, er hatte sich dazu entschlossen, er weiter und weiter ins Dunkel vordrang, bis er schließlich allein schwamm. Als der Junge Jahre später gefragt wurde, wie er es angestellt hätte, an diesem Tag zu gewinnen, sagte er einfach „Ich habe mir nichts aufgespart, um zurückzuschwimmen."

Troncones lag zu unserer Rechten – niedrige Gebäude und Villen säumten eine seichte Bucht. Eamon begann den Rückweg und ich lief einen Schritt, um zu ihm aufzuschließen. Der nasse Sand fühlte sich fest und solide unter meinen Füssen an.

„Charakter. Klasse. Nichts kann Klasse ersetzen", erklärte er. Es gibt Leute mit Doktortiteln, Goldmedaillen, großartigen Posten, die keinen Charakter besitzen. Die meisten deiner Hochzeitsgäste haben Erfolg. Sie verstehen Ehrgeiz, Durchhaltevermögen, harte Arbeit. Die meisten von ihnen haben aber keine Lebenserfahrung. Erfahrung ist Teil von Klasse, sie zu haben, sicher, aber auch sie an anderen zu schätzen."

Ich begann Eamon und seine Standards zu verstehen. Er hatte Erwartungen an seine Familie, seine Karriere und seine Freunde, aber er blickte auch tief in sich selbst … und in die Welt hinaus. In einer Minute konnte er völlig anwesend sein und in der nächsten würde er durch mich hindurchsehen. Er sah Dinge, die ich nicht sah.

Eamon war als irischer Katholik geboren worden, aber in Paso Robles stellte er einen großen steinernen Buddha in seinen Vorgarten. Er war großherzig: Eines Tages auf einer Beerdigung in Maryland bewunderte ich seine modische Lederjacke und in der Sekunde zog er sie aus und reichte sie mir. Ich probierte sie an.

„Behalt' sie", sagte er mit einem Lächeln.

„Das kann ich nicht annehmen", antwortete ich, als ich sie auszog und sie zu ihm zurückschob. Sinead, die zusah, flüsterte mir zu: „Nimm sie einfach. Ich kenne ihn. Für ihn ist es eine größere Freude, sie dir zu geben als sie selber zu tragen."

Ich spürte, dass Eamon viel Hoffnung in meine Hochzeit mit seiner Tochter legte. Ich sah Seemöwen sich im Sand streiten und dann starten, als wir uns näherten und ich darüber nachgedacht hatte.

Weder Sinead noch Eamon hatten viel Aufhebens darüber gemacht, dass ich bei Eamon nicht um Sineads Hand angehalten hatte, aber im Verlauf der letzten zwei Jahre war ich zu der Einsicht gelangt, dass ich ihre Liebe zueinander unterschätzt hatte.

Die salzige Brise trug den Geruch von Krebsen heran. Ich stupste eine Muschel mit meinem Fuß an. Ich entschloss, mich ein anderes Mal zu entschuldigen. Es gab genug Zeit. Heute wollte ich nur zuhören. Eamon redete weiter, manchmal blickte er auf das Meer hinaus, manchmal blickte er mich an. Wir verbrachten an diesem Morgen fast eine Stunde am Strand und ich versuchte auf alles, was er sagte, zu hören und es in mich aufzunehmen. Dann standen wir auf dem Weg direkt vor der Villa, die wir gemietet hatten, und er gab mir seinen letzten Rat.

„Die größte Herausforderung, die ich für euch sehe, sind eure Arbeit, euer Ehrgeiz, eure getrennten Karrieren. Ich möchte von keinem von euch, dass er damit aufhört, aber ihr müsst einander gegenseitig als genauso wichtig anerkennen. Und daran müsst ihr arbeiten."

Er erwartete keine Antwort, also blieb ich stumm, aber zum dritten Mal hatte ich ein stilles Versprechen abgelegt: Das werde ich. Ich werde daran arbeiten. Sinead ist nun genauso wichtig für mich, Eamon, wie sie es für dich ist.

Danach setzte Eamon seinen Rückweg entlang des Wassers fort, ich konnte ihn auf die See hinausblicken sehen und ich ging den kurzen Weg hinauf, weg vom Strand, betrat unseren Bungalow und machte Kaffee. Die Küche hatte keine Wände, also beobachtete ich, als ich wartend dastand, wie die Möwen kreisten und hinter ihnen den Schimmer des entfernten blauen Horizonts. Ich nahm zwei Tassen rauf zu Sinead, die immer noch ausgestreckt im Bett lag, das wir uns teilten.

„Wach auf, toller Käfer", flüsterte ich. „Heute ist der erste Tag vom Rest unseres Lebens."

## ENTHUSIASMUS

Eigentlich war unsere Wohnung so gut wie geschenkt. Wir bezahlten vielleicht die Hälfte von dem, das die Besitzer hätten bekommen können, wenn sie ihn zumindest ein bisschen hergerichtet hätten, aber sie wollten sich nicht die Mühe machen, außerdem kamen wir alle gut miteinander aus und aßen einmal die Wochen gemeinsam zu Abend. Wir waren im *Hunterdon County*, eine Stunde von New York City entfernt, doch immer noch ein Ort mit Farmen. Unser Apartment befand sich in ihrer früheren Wagenkammer, im zweiten Stock. Von dort konnten wir zum Fenster hinausblicken und ihr typisches, altes Haus sehen: weiß, groß, mit Gras, dass sich wie ein Rock darum ausbreitete. Zwei Dinge mochte ich an unserem Apartment. Zunächst, es war *unseres*. Zweitens, es hatte eine rote Tür am Fuße der Treppe. Das ist eine einladende Tür, dachte ich, als ich sie zum ersten Mal sah.

Eines Abends setzte ich mich auf unsere Couch. Ich richtete die Kissen und Zeppo, unsere schwarz-weiße Promenadenmischung, sprang rauf. Er drehte sich zweimal im Kreis und sank dann neben mir in die Kissen. Ich liebte dieses Wort: „sank". Anne und George sagten dauernd: „*Sink* in den Sattel. Sitz nicht. *Sink!*"

Zu meiner Rechten war ein Buchregal. Zu meiner Linken ein Fernseher. Vor mir stand ein brauner, niedriger Tisch, und auf ihm eine Schachtel in der richtigen Größe für einen kleinen Sattel. In der Schachtel befanden sich Pferde-Videos: von Pat und Linda Parelli; Jonathan Field und George Morris; Ray Hunt; Tom Dorrance; Guy McLean; Dr. Robert Miller; der Jeffery Methode; von Dressur- und Spring-Weltmeisterschaften; Burghley. Viele von ihnen waren Turniervideos, aber mein Interesse an Pferden entwickelte sich und mehr und mehr der DVDs waren über verschiedene Arten von Horsemanship (was auch immer das war). Reiten machte immer noch Spaß, aber es war nicht genug.

In meiner Suche nach dieser nächsten, großen Sache, sah ich mir auch Videos auf YouTube an: Tommy Turvey, Clinton Anderson, Dan James und Dan Steers, Tristan Tucker. Ich las auch: Artikel von Monty Roberts während einer Mittagspause; ein Taschenbuch von Mark Rashid im Flieger; *The Revolution in Horsemanship* von Dr. Robert Miller und Rick Lamb. Ich kämpfte mich durch mehr technische Bücher wie *Evidence-Based Horsemanship* von Martin Black und Dr. Stephen Peters. Als ich auf Dr. Andrew McLean stieß, befand ich mich im Gleichschritt und hatte ein Verständnis eher technischer Konzepte entwickelt.

Wenige Leute, diejenigen mit Titeln eingeschlossen, konnten klare Definitionen von Konzepten zum Training mit Strafe und positiver Verstärkung liefern. War das wichtig?

Jeder der Trainer, den ich mir ansah und über den ich las, näherte sich Pferden von einer einmaligen Warte aus. Einige hatten einen wissenschaftlichen Hintergrund; einige verwendeten Pferde für die Arbeit auf einer Ranch; einige kamen aus der Unterhaltungsindustrie; viele von ihnen verdienten ihren Lebensunterhalt mit Unterricht; wenige von ihnen ritten Turniere. Neben dem, dass sie verschiedene Hintergründe hatten, war auch jeder an seinem eigenen Punkt in seiner oder ihrer Reise mit Pferden. Ich versuchte das zu respektieren. Es war allzu leicht, sich in all dem zu verlieren, was auf dem Spiel stand. Natürlich gab es da Unterschiede. Als ich diese Pferdeleute studierte, entdeckte ich drei Ebenen, um sie zu vergleichen:

Erstens bewegten sich die *Techniken und Werkzeuge*, die sie verwendeten, in einem weiten Spektrum. Ein Trainer verwendete einen Westernsattel, ein anderer einen englischen. Ein Trainer verwendete Segeltau, ein anderer Nylon, während ein dritter gar keine Stricke verwendete. Ein Trainer schüttelte den Führstrick, um sein Pferd aufzufordern, zurückzutreten; ein anderer Trainer verwendete einen Stock und einen Stups auf die Brust des Pferdes; ein weitere sagte: „Er wird dann zurücktreten, wenn er dazu bereit ist."

Es gibt einfachere Wege, schwierigere Wege, schnellere Wege und langsamere Wege, um mit einem Pferd zu arbeiten, doch meistens, wenn etwas nicht ganz richtig aussah, lag das Problem an der Person, die den Strick schüttelte und nicht am Strick. Ja, das effektivste Werkzeug für eine Aufgabe zu verwenden, war wichtig. Aber die richtige Art Flagge oder Stock zu haben, machte noch keinen Horseman.

Als ich mein Abenteuer begann, wollte ich von Leuten lernen, die klassisch vorgingen, doch meine Wertschätzung für die Innovatoren wuchs. Es gab da Spielraum, um Dinge anders zu machen, um

Konzepte klarer zu erklären, um neue Techniken zu versuchen, um Dinge besser zu machen.

Nach dem, *was* sie taten, kam, *warum* sie es taten. Dies waren die *Theorien*, die der Trainer verstand und ihm oder ihr als Basis für die Entscheidungen in der Ausbildung dienten. Obwohl nicht jeder unter denen, die ich studierte, diese Theorien klar formulieren konnte, wandten sie alle sie an. Ich sah auch, dass die guten Trainer hier eine Menge an Gemeinsamkeiten aufwiesen: Die Disziplin oder der Trainingsstil spielten keine so große Rolle wie eine effektive Lehrmethode. Pferde lernen auf ein paar unterschiedliche Arten und es ist wesentlich, in der Lage zu sein, diese zu erkennen und zu verstehen.

Auf einer tieferen Ebene lag die *Philosophie* des Trainers. Ich fand nie zwei Trainer mit den exakt selben Glaubensgrundsätzen. Die Philosophie meiner Eltern unterschied sich. Sie unterschied sich zwischen Karen und David O'Connor. Sie unterschied sich zwischen Johann Hinnemann und Ingrid Klimke. Sie unterschied sich zwischen Jonathan Field und Bruce Logan. Sie unterschied sich zwischen George Morris und Anne Kursinski. Eine sich unterscheidende Philosophie im Ausbilden von Pferden könnte man mit einem sich unterscheidenden Ethos der Kindererziehung vergleichen. Zum Beispiel: Lassen wir die Kinder bis spät aufbleiben, sodass sie von alleine lernen können, dass es keinen Spaß macht, müde zur Schule zu gehen, oder bestimmen wir eine Bettruhe? Wollen wir ihr Freund oder ihr Führer sein? Ich habe Jahre gebraucht, um Philosophie im Training und im Reiten von Pferden erkennen zu lernen; Techniken zu erkennen ist viel einfacher.

Bis zu einem gewissen Grad war es mir egal, von welchem Hintergrund Monty Roberts kam oder welche Art von Halfter Mark Rashid verwendete. Ich wollte wissen, ob ich etwas von ihnen lernen konnte. Falls ich es konnte, würde ich dem folgen. Ich würde kein lernendes Opfer sein. Ich würde nicht darauf warten, dass das Wissen mich fände. Ich würde nicht nur von dem Wissen zehren, dass sich auf Augenhöhe anbot. Ich würde tiefer blicken und Fragen stellen. Sobald ich feststellte, dass ich von einem Trainer nichts lernen konnte, würde ich woanders hin gehen, um zu lernen. Wir konnten immer noch Freunde sein. Oder vielleicht auch nicht. Nichts für ungut.

Trainern mit verschiedenen Techniken zuzusehen *war* zuerst frustrierend, besonders wenn ich versuchte, mir den Weg durch etwas Neues zu bahnen. Aber nach einer Weile begann ich es zu schätzen, denn so erhielt ich mehr Perspektiven, um meine eigene zu erschaffen. Es war dasselbe, wenn ich andere Disziplinen studierte: Wenn ich den olympischen Springreiter Rich Fellers in solch einem leichten Sitz sah und die anderen Reiter nicht, dachte ich mir, interessant! Was haben all diese Reiter gemeinsam? Die besseren Pferde gingen alle in einem Gleichgewicht nach oben; sie blickten vorwärts, vom nächsten Hindernis angezogen, wie ein Pfeil aus dem Bogen abgeschossen. Diese Merkmale schienen trotz verschiedener Reiterpositionen gleich zu bleiben. Es schien, dass Pferde nicht ein Problem mit bestimmten Positionen des Reiters hatten, sondern mit einer *unvorhersehbaren* Reiterposition. Sie wollten wissen, wo sich ihr Reiter befand. Das gleiche galt für die Zügelführung: Pferden machte mehr Spannung in den Zügeln weniger aus als leichtere, aber uneinheitliche Spannung. Die Beständigkeit half ihnen zu verstehen. *Verstehen* half ihnen, sich zu *entspannen*.

Die Skala der Spannung, über die ich Jahre zuvor gegrübelt hatte, füllte sich, als ich mehr und mehr Pferde kennenlernte. Obwohl ich es liebte, bei Turnieren zuzusehen, schien das Turnierreiten der einfache Teil zu sein. Aber in einem Pferd die richtige geistige Grundhaltung zu schaffen, um zu lernen. *Wau! Zumm! Bums!*

Also beobachtete ich, was andere machten, aber ich fühlte mich nicht dazu verpflichtet, sie zu kopieren oder ihre Ansichten und Techniken nachzuvollziehen.

Natural Horsemanship schien keine etablierten Regeln zu kennen, wie es im Springreiten oder in der Dressur der Fall war, und doch hatte es sich zu einer eigenen Disziplin entwickelt. Es war von einem Mittel zum Zweck zu einem Selbstzweck geworden. Für einige bestand das Ziel darin, Menschenmengen zu unterhalten oder Spaß zu haben, was eine andere Grundhaltung darstellte als das Ziel, sich zu messen oder ein Arbeitspferd zu erhalten. Diese Entwicklung ist nichts Ungewöhnliches – denken Sie an den Weg, den andere Sportarten beschritten haben. Laufen, um zu jagen, oder um zu vermeiden, getötet zu werden, ist nun ein Selbstzweck. Sehen Sie sich Britanniens Mo Farah beim Laufen an; Sie werden Poesie sehen.

Für ein paar ist Natural Horsemanship – sowohl vom Boden aus, als auch im Sattel – zur Kunst geworden. Etwas so Simples wie ein Pferd aufzuzäumen konnte so reibungslos ausgeführt werden, mit solcher Höflichkeit, dass es so süß wie ein Apfel schmeckte.

Buck Brannaman, der Berühmtheit erlangte, als die Dokumentation *Buck* beim *Sundance-Film-Festival* den Publikumspreis erhielt, nahm Pferde, die Schwierigkeiten beim Verladen hatten, und zeigte ihnen, dass sie von dem Anhänger nichts zu befürchten hatten. Ich dachte, wenn ich ein Pferd wäre, wäre ich gerne *sein* Pferd.

Der Cowboy Chris Cox ritt junge Pferde an, eine Disziplin, die aus sich heraus schwierig und gefährlich ist, und er tat es, ohne Fehler zu machen. Wie konnte er es so einfach aussehen lassen? Ich sah meinem Freund Jonathan Field zu, wie er mit freilaufenden Pferden spielte, als ob er und seine Pferde ein Schwarm Fische wären, die sich gemeinsam tanzend durch ein Riff woben.

Es gab so viele Zugänge zu Natural Horsemanship, dass für manche der Name oberste Priorität bekam. Es standen so viele Arten von „Horsemanship" zur Verfügung, dass es schwer war zu wissen, wo man beginnen solle. Im Grunde war es allerdings einfach das Ausbilden von Pferden „in der Art und Weise, wie es sein sollte".

Was war schließlich „natural" – „natürlich" – daran, die Instinkte eines Pferdes zu verwenden, um sie für unsere Zwecke zu verändern und zu formen? Bedeutete „natürlich" automatisch „gut"? Mord, Krebs, Vergewaltigung und Inzest kommen alle natürlich vor. Besitzt die Natur Moral, einen Sinn für richtig oder falsch? Die Natur kann so hart sein, wie sie schön sein kann.

Ich sah mir ein Video an, als ich hörte, wie sich die rote Tür zu unserem Apartment öffnete. Fußtritte. „Hallo", sagte ich. Keine Antwort. „Hallo?", rief ich.

Zeppo sprang von der Couch hinunter und legte, in der Erwartung, Sinead die Stufen heraufkommen zu sehen, seinen Kopf schief. Seine Augen – das eine braun, das andere größtenteils blau – waren ruhig und fokussiert. Er war gerettet worden, vermutlich eine Mischung von Collie, Husky und Schäfer, und er betete seine Freunde an. Freunde waren diejenigen, die ihn wertschätzten; anderen gegenüber war er reserviert.

„Was schaust du denn?", fragte Sinead, als sie auftauchte. Zeppo rannte zu ihr und „frappte" um ihre Füße. „FRAP" steht bei Hundetrainern für „Frantic Random Activity Period" – „Hektischer Zufallsaktivitätszeitraum", es wurde auch „the zoomies" genannt. Das Vokabular, das Hundebesitzer erfunden hatten!

Sinead setzte sich neben mir auf die Couch und Zeppo drehte sich sofort auf den Rücken und drückte seine Brust zu ihr. Sie streichelte ihn.

„Aus dem letztjährigen *Road to the Horse*. Hör dir dieses Zitat an." Ich las aus den Notizen, die ich mir machte. „Ein Trainer arbeitet daran, das Pferd für ihn zu verbessern; ein Horseman arbeitet daran, sich selbst für das Pferd zu verbessern."

„Das mag ich. Was trinkst du?"

„Cuba Libre. Kann ich dir was bringen?"

„Es war ein langer Tag."

„Wein? Wie findest du das Zitat?"

„Ja, bitte. Von wem ist es?"

Ich ging und holte ihr ein Glas Malbec. „Von mir. Gerade eben."

Sie sah mich mit diesen hochgezogenen Augenbrauen an, die bedeuteten, dass sie sich auf halbem Weg zwischen Belustigung und Ärgern befand, also sagte ich: „Chris Cox, glaub' ich. Soll ich etwas anderes einschalten?"

„Taugt es was?"

„Es ist ein bisschen, wie wenn man sich die Tour-de-France ansieht. Es geht lang dahin und wenn du die Feinheiten zu schätzen weißt und du Geduld für die aufregenden Momente aufbringst, kannst du stundenlang zusehen. Es gibt ein paar irre Momente."

„Okay", sagte sie und betrachtete Zeppo, wie er auf seinem Rücken lag. Er drückte immer noch seine Brust in ihre Richtung, als ob er ein Turnier wäre. Ich sah weiter den Cowboys zu. Einer war bereits auf seinem Pferd. Ohne Sattel.

„Wie, okay?"

Sinead beobachtete immer noch Zeppo, dessen Hinterbeine sich bewegten, als ob er im Kopfstand Fahrrad führe.

„Probieren wir's."

„Wenn du es nicht magst, wechseln wir auf etwas anderes. Und streichle diesen armen Hund. Er hat dich vermisst."

Wir musterten die Pferdeleute auf dem Fernseher. *Road to the Horse* war ein Wettbewerb, bei dem Pferdeleute Jungpferde im direkten Vergleich einritten, sie sagten dazu „break" – „Jungpferde brechen". Drei (in manchen Jahren vier) Pferde-Reiter-Paare wurden jeweils in Roundpens aufgeteilt, Seite an Seite in der Mitte der Hauptarena des *Kentucky-Horse-Park* in Lexington. Etwas Derartiges hatte ich noch nie gesehen: Ausverkaufte Ränge, Sprecher, Fernsehkameras, Richter. Die Trainer versuchten, innerhalb von drei Tagen so schnell wie möglich so weit wie möglich mit ihren jungen Pferden zu kommen. Am dritten Tag stand ein gerittener Hindernisparcours auf dem Programm, um sich daran zu messen. Auch gab es Regeln, wie lange ein Trainer ein Jungpferd arbeiten, welche Hilfsmittel und welche Ausrüstung er verwenden konnte und wie viele Pausen er oder sie einlegen musste. Trotzdem war es eine Menge Arbeit, um sie in ein paar Stunden zu erledigen. Sobald ein Trainer eine Grenze überschritt, fühlten es die Pferde, sah es die Menge – ein anspruchsvolles Publikum, beurteilten es die Richter und, da bin ich mir sicher, wusste es der Trainer. Wettbewerbe brachte einen Kampf in den Seelen der Trainer mit sich: einen Kampf zwischen Geduld und Eile.

Wir sahen, wie sie sich am Fernsehschirm so reibungslos, selbstsicher und erfahren bewegten, dass einem das Wort *natural* in den Sinn kam. Wir beobachteten ihre Einstellungen. Welche Einstellungen wollte ich verströmen, wenn ich mich unter Pferde begab? Achtsamkeit und Einfühlungsvermögen mit Sicherheit. Wie stand es um Geduld? Freude? Enthusiasmus? JA!

Ich sollte darauf achten, wie und wann ich eine Gerte benutzte. Wenn wir uns einem Sprung näherten und das Pferd Zuversicht brauchte, arrangierte ich meine Position, um „Ja, du kannst es" auszudrücken und die Gerte, half mir zu betonen: „Wir haben lange Stunden zugebracht, um uns auf diesen Moment vorzubereiten, ich glaube an dich" Je besser ich wurde, desto weniger verwendete ich die Gerte, um einem Pferd „Du liegst falsch" zu sagen. Ein geschulter Beobachter sah den Unterschied. Pferde wussten mit Sicherheit um den Unterschied.

Mit einem Pferd, das nicht zum Sprung bereit war, sollte ich Geduld haben. Jedes Mal, wenn ich meinen Schenkel anlegte, erwartete ich, dass das Pferd vorwärts ginge (darüber hinweg, darunter durch oder hinein). Doch ich versuchte, meinen Schenkel *nur dann* anzulegen, wenn es dazu bereit war und vorwärts gehen *konnte*.

Wenn wir es nicht über einen Sprung schafften, ließ das Rückschlüsse auf unsere Partnerschaft zu, keine auf das Pferd.

Einfühlungsvermögen. Da gab es einen Unterschied, dachte ich, zwischen der Art von Einfühlungsvermögen, die darin bestand, die Motivation und die Ängste eines Pferdes zu verstehen und der, das Pferd wie einen Hund oder ein Kind zu behandeln – sei es auch in bester Absicht. Es war mir bewusst, dass Einfühlungsvermögen mich in der Vergangenheit gelähmt zurückgelassen hatte. Es kam, wie ich erfuhr, auf die Perspektive an.

Am meisten von allem wollte ich meinen Enthusiasmus aufrechterhalten. Ich wollte lächeln, wenn ich mit Pferden zusammen war. Während meiner Wanderjahre und nun, in unserem eigenen Betrieb, arbeitete ich so viele Stunden. Immer wieder einmal, dachte ich, ich bräuchte mehr Ausgleich oder ich würde ausbrennen. Ich dachte wieder ans Schreiben oder zumindest öfter, aber es besaß keine Priorität. Die Pferde waren zu interessant, und außerdem, sie bezahlten die Rechnungen. Eines Tages, versprach ich mir selbst.

Ich warf meiner Frau einen kurzen Blick zu. Ihre Reitklamotten schmiegte sich eng an die Linien ihres Körpers. Ihr blondes Haar war offen. Ich entfernte einen Halm Heu von ihrem Shirt. Ich nahm ihre Hand in meine. „Sinead?“

„Jepp.“

„Das ist cool, oder?“

„Sie drückte meine Hand. Schhhh, ich seh’ zu.“

Ich grinste. Es machte süchtig. Eines der Pferde wurde zum ersten Mal gesattelt. Ich hatte vielleicht hunderten Pferden schon dabei zugesehen, wie sie zum ersten Mal gesattelt wurden. Aber *jenes* Pferd würde nur *einmal* zum ersten Mal gesattelt werden. Es war eine Initiation.

„Als ich mit Bruce in Texas war, dachte ich, ich würde etwas über das Reiten lernen. Ich denke nicht, dass ich *irgendwas* über das

Reiten gelernt habe. Aber ich habe mehr über Pferde gelernt als in meinem ganzen Leben zuvor."

Schließlich lehnte sich Sinead rüber und streichelte Zeppo. Er blickte mich an, stellte Augenkontakt her und als er es nicht länger aushielt, drehte er seinen Kopf weg und schloss die Augen. Sinead streichelte seinen Bauch. „Ich erinner' mich."

Ich stellte meinen Drink auf den Tisch und streichelte Zeppo ebenfalls. Hätte er Schnurren können, er hätte es getan.

„Pferde zu reiten und sie zu verstehen sind zwei verschiedene Dinge."

„Aber ich denke, je mehr du Pferde verstehst, ein desto besserer Reiter bist du."

„Natürlich. Aber es ist so leicht, sich in dem zu verstricken, nur das zu lernen, von dem wir *glauben*, dass es uns das Endresultat schneller liefern würde. Wenn wir lernen, einen Schritt zurück oder zur Seite zu machen, können wir in Wirklichkeit manchmal weiter vorankommen. Und wir können schneller ans Ziel gelangen.

Sinead hörte auf, Zeppo zu streicheln und lehnte sich auf der Couch zurück. „Was sagst du?"

Ich setzte mich auf und wandte mich ihr zu. „Ich glaube, manche Leute reiten gern Turnier, manche Leute halten Pferde gern als Haustiere oder um die Landschaft zu verschönern und manche Leute reiten Pferde gerne an. Ich sage, dass die Leute an verschiedenen Dingen interessiert sind."

„Wahnsinn, Tik. Das ist wirklich unglaublich", sagte sie trocken.

Ich zog meine Augenbrauen hoch. Zeppo brummte und während ich weiter zu Sinead blickte, ging ich wieder dazu über, ihn zu streicheln.

„Weißt du", merkte sie an, „all diese Pferde – sie mögen gerne *Gras*."

Ich lachte. „Ich denke, was ich sagen will, wenn Leute springen wollen, kann es schwierig sein, zu sehen, dass das von Relevanz ist. Es ist vergleichbar zu dem, dass du ein Auto fahren möchtest, aber keine Notwendigkeit darin siehst zu wissen, wie man eines herstellt."

„*Ist* es von Relevanz?"

„Wenn ich verstehe, was diese Jungs machen, macht es mich vielseitiger. Aber du hast recht: Die meisten Pferde sind so nachsichtig, dass es vermutlich keine Rolle spielt. Und wenn du ein ausgebildetes Pferd hast, spielte es sogar noch weniger eine Rolle."

Ich hörte zum zweiten Mal auf, Zeppo zu streicheln und er brummte zum zweiten Mal leise, während seine Augen geradewegs in meine blickten. Ich streichelte ihn abermals. Sinead rollte die Augen.

„Zumindest bekommt einer von euch ein Training."

Plötzlich lag Sineads Aufmerksamkeit auf dem Fernseher. „*Dieses* Pferd ist nicht besonders nachsichtig."

„Jessas. So ein Junges hab' ich schon lange nicht gesehen."

Ich hatte Kritik an „Road to the Horse" gehört – dass Pferde anzureiten kein Wettbewerb sein sollte. Aber Wettbewerb macht Spaß. Er bringt uns dazu, uns zu verbessern. Diese spezielle Art lenkte die Aufmerksamkeit auf Methoden, die vorher vielleicht nicht im Rampenlicht gestanden hatten, sodass Leute wie ich dazulernen konnten. Ja, manchmal schritten die Trainer rascher voran, als die Pferde dazu bereit waren, aber ehrlich gesprochen, ist dies das Problem mit Jungpferdearbeit in *jeder* Disziplin. Zum Kuckuck, es kann das Problem in *jeder* Pferdedisziplin in *jedem* Alter sein. Wir alle müssen Verantwortung übernehmen und uns selbst darauf vorbereiten, in der Position zu sein, die richtige Entscheidung für ein Pferd zu treffen. Manche Pferde kommen schneller weiter als andere. Aber nur weil ein Wettbewerb existiert heißt nicht, dass wir daran teilnehmen *müssen*. Und dass wir daran teilnehmen, heißt nicht, dass wir ihn beenden *müssen*. Es ist keine Schande, einen Wettkampf zu verlieren und einen Freund zu gewinnen.

„Möchtest du weiterschauen?", fragte ich. Wir waren beide den ganzen Tag Pferde geritten und würden nun vielleicht von anderen Inhalten profitieren.

„Nur noch ein bisschen."

Sinead lehnte sich zurück, eine Hand in der meinen und wir sahen den Pferden zu. Wir konnten nicht genug kriegen. Sogar während wir zuschauten beendete ich die Konversation von vorhin in meinem Kopf: Pferde sind nachsichtig und wir können bei ihnen mit vielem durchkommen, aber das heißt nicht, dass wir das sollten. Zeppo gab schließlich sein leises Brummen auf und schlief zu unseren Füßen.

## „KANN ER REITEN?"

2014 stahlen das nicht mehr im Wettkampf stehende Vollblut Icabad Crane und der olympische Vielseitigkeitsreiter Phillip Dutton beim ersten *Retired Racehorse Project's Thoroughbred-Makeover* allen die Show. In diesem, mittlerweile jährlich stattfindenden Wettbewerb, ging es darum, zusätzliches Interesse zu wecken, um neue Plätze für Ex-Rennpferde zu finden – diejenigen, die auf dem Kurs nicht mehr länger gewünscht waren.

Ich konnte das Video von Phillip und seinem Vollblut in meinem Kopf ablaufen lassen, als ich meine Hand über das Pferd vor mir strich. Icabad erntete den Spitznamen „Herr Anpassbar", weil er vier, fünf, sechs, sieben und acht Schritte zwischen zwei Sprünge auf einer Linie legen konnte. Nicht schlecht für ein Pferd, das im Jahr zuvor noch Rennen gelaufen war. Konnte man das noch toppen?

Pferde werden von Menschen hauptsächlich über den Kontrast aus Unbehagen und Behagen motiviert, für gewöhnlich als Druck und Nachgeben bezeichnet (zum Beispiel: Ziehen am Zügel, Zusammenpressen der Schenkel, Gebrauch der Gerte ... und dann *nicht*) – doch Reiten kann Kunst werden, wenn diese Motivation mehr auf Neugier, Spiel und sogar einer Art ansteckendem Enthusiasmus basiert. Beobachten Sie die sanften Hände der Vielseitigkeitsreiterin Lauren Kieffer, wenn sie reitet oder die Zuversicht, die ihr Konkurrent Buck Davidson seinen Pferden beim Springen vermittelt, und sie beginnen zu sehen, wie einiges ihrer Einstellung auf das Pferd abfärbt.

Ich erinnere mich an ein Video des olympischen Dressurreiters Steffen Peters in einer Übungsstunde. Irgendetwas außerhalb des Blickfelds der Kamera verärgerte die Pferde am Reitplatz. Die Kamera fokussierte sich auf Steffen, doch man konnte im Hintergrund die anderen Reiter sehen, wie sie versuchten, ihre Pferde zur anstehenden Aufgabe zurückzubringen. Steffen fühlte, dass sein Pferd sich aufregte, und was machte er? Er änderte seinen Plan, augenblicklich. Anstelle des Arbeitstrabs verlagerte er sanft sein Gewicht, sah hinauf, lächelte und fragte nach Passage. Und somit hatten beide, der Reiter und das Pferd, bekommen, was sie wollten: Harmonie.

Ich habe diese Szene so viele Male vor meinem geistigen Auge wiederholt, dass sie zu persönlichem Mythos wurde, etwas, das man gesehen hatte, dann übertrieben; eine schöne Sache mit Bedeutung, sodass, wenn sie nie wirklich passiert wäre, es auch keine Rolle spielte.

Die Suche nach dieser Art von Verbindung und Bereitschaft war der Hauptgrund, warum ich nach einem weiteren Pferd für mich suchte. Und als ich vom *Thoroughbred-Makeover* erfuhr, mit der Chance auf Darbietung, auf den Wettkampf gegen andere und vielleicht auf den Gewinn von Preisgeld – ich gebe zu, ich war sofort dabei. Eine Konkurrenz zieht mich an wie ein Teich eine Ente.

Andere mussten dasselbe gedacht haben, als die Organisation des Makeover die Starteranzahl auf 350 begrenzte und eine Warteliste einführte. Die Regeln lauteten, dass jeder Teilnehmer mit einem pensionierten Vollblut im Januar des Jahres beginnen durfte zu arbeiten, in dem der Wettkampf stattfinden sollte (das Makeover wurde im Oktober in Kentucky ausgetragen). Das gab uns neun Monate an Trainings- und Vorbereitungsmöglichkeit.

Doch es war bereits Juni, als Sinead von Mr. Pleasantree von Liz Millikin in Virginia erfuhr. Liz war eine fortgeschrittene Vielseitigkeitsreiterin, die für ihr gutes Auge bekannt war, wenn es darum ging, Pferde zu finden. Nachdem sie ein kurzes Video von ihm gesehen hatte, rief mich Sinead sofort an.

„Tik, ich hab' ein Pferd für dich gefunden. Du musst es dir anschauen fahren."

„Ich sitz auf einem Pferd, kann ich dich zurückrufen?" Ich fühlte mich immer dazu verpflichtet, ans Telefon zu gehen, wenn ich ritt, doch ich mochte die Unterbrechung und Ablenkung nicht. Ich dachte mir oft, ich würde daran merken, dass ich es geschafft hätte, wenn ich es mir erlauben könnte, nur mehr eine Festnetznummer zu haben. Dann würde ich am Abend zurückrufen.

„Das Pferd ist in Middleburg. Kannst du morgen dort hinfahren?"

„Morgen?"

„Ein Pferd wie das findest du nicht so einfach."

„Morgen geht nicht."

„*Tik.*"

Den Ton kannte ich. Ich zuckte zusammen. „Ich wette, ich kann jemanden fragen, ob er ihn sich für mich ansieht."

„Versuch Lynn."

Ich fragte unsere Freundin und Vier-Sterne-Vielseitigkeitsreiterin Lynn Symansky, die in Virginia lebte, ob sie sich dieses Pferd, von dem Sinead so begeistert war, ansehen könnte. Lynn kehrte mit einem positiven Bericht zurück: „Elegant, gutes Gebäude, ausgezeichneter Galopp, gute Gelenke, ansprechender Schritt."

Ihr einziger Kritikpunkt? Das Pferd kannte keine Sprünge. Doch das konnte man bei einem Pferd erwarten, das nur wenige Male abseits der Rennstrecke geritten worden war.

Ich machte den nächsten Schritt und rief Dr. Christiana Ober an, die kanadische Teamtierärztin, die ihre Praxis in Middleburg hatte, und bat sie, sich die Röntgenbilder des Pferds anzusehen und, falls diese gut aussähen, eine Ankaufsuntersuchung zu machen. Dr. Ober bestätigte, dass alles okay wäre und fügte hinzu: „Dies ist einer der ansprechendsten Vollblüter, die ich je gesehen habe."

Nun war ich an der Reihe, aufgeregt zu sein. Weil ich Stunden zu geben hatte und Pferde versorgen musste, konnte ich nicht weg. All dies hatte sich in vier Tagen entwickelt und mehr und mehr Leute wurden involviert. Ich wurde daran erinnert, wie sehr Pferde eine Teamsportart waren.

Schließlich meldete sich mein Vater, der gerade für eine Woche zu Besuch gekommen war und dessen Reise netterweise mit diesem Wirbelwind der Aktivität zusammenfiel, freiwillig, sich diesen angeblich sehr attraktiven Vollblüter – Mr. Pleasantree – anzusehen. Betsy, eine Schülerin und Freundin von mir, sagte, sie würde ebenfalls mitkommen. Während ich unterrichtete und ritt, fuhren sie von New Jersey nach Middleburg. Liz Milliken war skeptisch, als ich anrief, um ihr zu sagen, dass mein Vater kommen würde, um ihn für mich auszuprobieren.

„Dies ist ein junges Pferd, er könnte sich ein wenig erschrecken", sagte sie.

„Kann er reiten?"

Ich grinste. Darauf kannst du deinen Arsch verwetten, dass der reiten kann, dachte ich. Aber „Besser als ich" war alles, das ich sagte.

Betsy und mein Vater mochten Mr. Pleasantree sofort. Und siehe da, sie hatten einen Hänger mitgenommen – also verluden sie ihn und brachten ihn mit sich zurück. Nun hatte ich vier Monate, um ihn für das Makeover bereitzumachen.

1939 hatte es noch keine Straße durch Kanada gegeben, die den Atlantik und den Pazifik verband. Als sich meine Großeltern von Ontario nach Westen aufmachten, bedurfte es ein wenig Planung und einer Menge Mut. Sie fuhren einen Pritschenwagen, den mein Großvater verwendet hatte, um Kohlesäcke in Toronto auszuliefern, ehe sie die Reiselust überkam. Sie mäanderten wie Pilger durch verschiedene Provinzen und Staaten, bis sie sich schließlich im Okanagan Tal in British Columbia wiederfanden. Nach einem Sommer, in dem sie ein Hotel am Okanagan-See gepachtet und versucht hatten, daraus ein Geschäft zu machen, gaben sie auf und fragten sich: Wohin nun? Und offensichtlich war die alte Antwort: weiter nach Westen!

Vom Okanagan nach Westen führten keine asphaltierten Straßen, doch anstelle sich nach Süden zu wenden, um dann wieder nach Westen umzuschwenken, verkauften sie das Lastauto und kauften zwei Pferde. Sie absolvierten die Reise nach Vancouver, teils auf Reh-, teils auf Ziegenpfaden, auf zwei stämmigen Clydesdale-Mix' namens Patches und Lady.

1957 entschloss sich mein Vater, den letzten Abschnitt der Reise seiner Eltern nachzuerleben. Er und sein Freund Brian nahmen einen Bus von Vancouver nach Penticton, einer Stadt am Okanagan-See, wo sie zwei Pferde kauften. Sie ritten auf Forststraßen von dort nach Summerland am Westufer des Sees, dann weiter nach Princeton, wo sich der Tulameen- und der Similkameen-River östlich der Cascade Mountains trafen.

Die Sache war, dass Brian einen Tag, bevor sie Vancouver verließen, einen Finger bei einem Sägeunfall verloren hatte. Der Stumpf pochte schmerzhaft. Mit jeder Stunde, die sie ritten, schwoll die Hand mehr an und wurde dunkler, und die Schmerzen verschlimmerten sich. Er machte sich Sorgen über eine mögliche Infektion. Auf halbem Weg nach Vancouver gab Brian auf. Als er meinem Vater erzählte, dass er die Reise abbrechen musste, war das keine Überraschung.

Ein paar Tage, nachdem die Jungs per Bus heimgekehrt waren, kamen die Pferde im Anhänger an. Brians Pferd Acadena stieg zuerst aus. Das zweite Pferd sprang aus dem Hänger und auf meinen Vater zu. „Remarkable!" Mein Vater nahm den Strick und streichelte das Pferd zwischen den Augen. Einige Jahre später verkaufte mein Vater Remarkable und verlor schließlich den Kontakt zu den neuen Besitzern. Obwohl mein Vater viele Pferde besitzen sollte und zweimal in die Equipe des kanadischen Vielseitigkeitsteams berufen wurde, erzählte er mir, dass er oft an dieses Pferd dachte und an diese Reise. Brian, sein Freund aus der Kindheit und Mit-Abenteurer, war sein Trauzeuge, als er meine Mutter heiratete. Brian starb ein Jahr, bevor wir Mr. Pleasantree kauften.

Zu Ehren dieser Reise, dieses Freundes und dieses Pferdes, benannten wir Mr. Pleasantree um. Er war nun Remarkable.

## REMARKABLE

Ich bog in unsere Auffahrt ein und überfuhr beinahe eine Weißwedelhirschkuh. Ich blendete ab und sie rannte über die Straße. Dann noch eine, und noch eine. Dann ein Bock. Insgesamt sieben Hirsche. Vielleicht sind Hirsche wie Pferde; sie besitzen eine bessere Nachtsicht als wir, doch sie benötigen länger, um sich auf plötzliche Lichtveränderungen umzustellen. Ich würde das nachschlagen müssen.

„Hallo?" rief ich die Treppe hinauf.

Ich zog meine Schuhe bei der Vordertür aus und war auf dem halben Weg nach oben, als ich „Hallo!" hörte. Ich lächelte. Ich liebte dieses Ritual. Und nochmals: „Hallo!"

„Sinead, ich möchte einen weiteren Artikel über Remarkable schreiben."

„Hallo", sagte sie neckisch, von wo sie auf unserer Couch mit Zeppo saß, die Beine unter sich verschränkt sah sie völlig entspannt und schön aus.

„Sinead, einen Moment im Ernst. Ich möchte ein Zitat über Kate Albey für einen Artikel verwenden."

Ich hatte immer noch Nachholbedarf, was amerikanische Autoren betraf, als ich nach New Jersey gezogen war, außerdem war ich immer auf der Suche nach neuen Ideen für meinen nächsten Text. Sinead kannte das.

„Wer ist Kate Albey?"

„Vermutlich die schlechteste Mutter aller Zeiten."

„Wie lautet das Zitat?"

Ich ging durch meinen Rucksack und fand das alte Exemplar von *Jenseits von Eden*, mittlerweile mit Kaffeeflecken und las meiner Frau laut vor: „Bei menschlichen Angelegenheiten gefährlicher und heikler Natur wird der erfolgreichen Zuendeführung durch Überstürzung eine scharfe Grenze gesetzt. Allzuoft bringt Eile die Menschen zu Fall. Wenn man eine schwierige, verwickelte Tat richtig ausführen will, dann muß man zuerst das Ziel, das man erreichen will, genau ins Auge fassen und dann, wenn man sich von dessen Erwünschtheit überzeugt hat, überhaupt nicht mehr daran denken, sondern sein Augenmerk ausschließlich auf die Mittel richten. Verfährt man so, dann wird man durch Bedenken, Eile oder Angst nicht zu einem falschen Schritt verleitet. Sehr wenige Menschen erlernen das."

„Was ist das Ziel, das sie erreichen will?"

Ich lächelte: „Mord."

„Glaubst du wirklich, dass das etwas mit Reiten zu tun hat?", fragte Sinead zweifelnd mit hochgezogenen Augenbrauen.

„Jepp."

„Warum?"

Ich machte eine Pause. Ich ging im Raum umher, doch ich setzte mich nicht. „Ich denke, weil im Hier und Jetzt zu sein und Geduld zu haben die zwei schwierigsten und wichtigsten Fertigkeiten sind, um mit Pferden zu arbeiten."

„Ist das Teil von Natural Horsemanship?"

„Ich glaube nicht, dass Liebe nicht natürlicher als Hass ist oder umgekehrt. Ich denke, dass es an uns liegt, zu wählen, was wir bevorzugen."

„Ich denke, ich muss dieses Buch lesen."

Ich reichte es ihr.

„Tatsächlich glaube ich, dass gewinnen zu wollen natürlicher ist als die Neigung, es langsam anzugehen und es besser für das Pferd zu machen", gab ich zu und kniete mich hin, um Zeppo hinter den Ohren zu kratzen. Er rollte sofort auf seinen Rücken. Ich streichelte seinen Bauch.

„Du glaubst, das ist gut?"

„Nein, aber ich glaube, es ist natürlich. Sehr viel darwinistischer. Aber ich werde *wählen*, diesen Pfad nicht zu beschreiten."

Ich hatte mit Remarkable für das *Thoroughbred-Makeover* genannt – nur noch zwei Monate hin. Ich hatte genannt, um zu gewinnen, doch ich musste dieses Gleichgewicht suchen – bereit zu sein, Pläne zu ändern, einen Schritt rückwärts zu machen oder abzubrechen, falls nötig. Der schwierigste Teil von Pferdeausbildung könnte darin bestehen, zu wissen, *wann man aufhört*. Wenn ich drei Stunden fahre, um mein Pferd auf Geländeritt zu schulen, und mein Pferd, wenn ich ankomme, zu ängstlich ist, um dies zu einer positiven Erfahrung werden zu lassen, möchte ich die Disziplin besitzen, kein einziges Hindernis zu springen. Und dasselbe sollte auf seine Weise am Start gelten oder wenn man entscheidet, einen Durchgang einer Grand Prix-Dressur mit seinem Pferd zu beginnen.

Die *Horse Park of New Jersey Horse Trials* sollten mein erster Turnierstart mit Remarkable sein. Ich fühlte mich zu wenig vorbereitet; ich war bereit, falls nötig, zurückzuziehen. Ich sah das Wochenende als Trainingseinheit, doch ich war trotzdem nervös. Wir nutzten die Dressur als Basistraining. Ich war froh, ihn ziemlich entspannt zu halten und vorwärts. Dann bot ich Remarkable die Möglichkeit, sich die Hindernisse genau anzusehen, bevor wir sie im Geländeritt und im Stadion springen würden. In beidem fiel er einige Male in den Trab, was mir nicht im Geringsten etwas ausmachte. Es war mir lieber, dass er abbremste, schaute und dann losging, als ängstlich zu rennen. Achtsamkeit und Entspannung sind gute Reisepartner, also schlugen wir diesen Weg ein und gingen es langsam an.

Zwei Wochen später waren die *Millbrook Horse Trials* unser zweiter Wettbewerb. Wir verbesserten unsere Noten in der Dressur. Wir hatten drei Abwürfe im Springen, was eine Verbesserung gegenüber den vier darstellte, die wir bei den HPNJ Trials verzeichneten. Remarkable verstand das Spiel immer noch nicht so ganz, aber das Licht ging an! Die *Bucks County Horse Park Horse Trials* waren unsere dritte Anfänger-Vielseitigkeit und bedeuteten unsere erste Runde ohne Abwurf im Springen. Ich begann, wie Remarkable zu fühlen und ich wollte öfter dasselbe zur selben Zeit. Es machte mir keinen Spaß, ein Pferd zu reiten, das schnell gehen wollte, wenn ich langsam gehen wollte. Oder umgekehrt. Dies war, was ich zu ihm sagte, meinem großen, süßen Wallach:

*Für jedes Problem gibt es eine Lösung. Glaub an mich.*

*Ich werde dich nie bitten, etwas zu tun, zu dem du nicht imstande bist.*
*Gerate nicht in Panik! Denk nach.*
*Vertrau mir. Versuch es!*

Ein Cowboy, der mit seiner Frau auf Kurstour war, erzählte mir einmal: „Ein Pferd sollte für dich einen Telefonmasten raufklettern oder sich in einen Kaninchenbau graben, wenn du danach fragst. Du solltest nur niemals danach fragen." Und wenn ich an meine Praktikantentage zurückdachte, erkannte ich, dass es dieser *Versuch* war, der Ingrid, David, Karen, Bruce, Anne, jedem so wichtig war. Zum Ende meiner Zeit auf Market Street war immer klarer geworden, dass es nicht nur darum ging, Pferden etwas zu lehren; das große Bild bestand darin, einen geistigen Rahmen zu schaffen, in dem sie lernen konnten.

100 000 Dollar Preisgeld würden beim *Thoroughbred-Makeover* ausgeschüttet werden, aufgeteilt auf zehn Kategorien: Barrel Race, Orientierungsritt, Dressur, Vielseitigkeit, Field Hunter, Freestyle, Polo, Show Hunter, Springen und Working Ranch. Jedes Pferd konnte in zwei Disziplinen genannt werden. Remarkable und ich waren in der Vielseitigkeit und im Freestyle dabei. Am letzten Tag der Bewerbe würden dann alle Finalisten um den Titel „Amerikas meistgesuchtes Vollblut" wetteifern. Und *das* war unser Ziel.

Die Vielseitigkeitsprüfung würde dem Reglement des *United States Eventing Association's Young Event Horse* Test für Vierjährige folgen (ungeachtet des tatsächlichen Pferdealters). In der Kategorie gehörte den Teilnehmern der Platz ganz allein, um mit welchen Mitteln auch immer, „die Trainingsfähigkeiten und Talent" ihrer Vollblüter zu demonstrieren. Sinead, die Steinbeck überflogen hatte, blickte schließlich auf.

„Also was machst du im Freestyle?"

„Ich habe sechs Minuten. Also denke ich drei Minuten am Boden ohne Halfter und Strick. Mit Remarkable frei spielen. Dann drei Minuten reiten ohne Zaum."

„Also wirst du Horsemanship machen?"

Ich antwortete mit einer Gegenfrage, einem Spiel, das ich manchmal gern spielte: „Was ist Horsemanship?". Die Chancen standen 50:50, dass ich sie verärgern würde, wenn ich dieses Spiel zu weit trieb.

„Was du machst."

„Nein, ich frage *dich*. Was ist Horsemanship?"

„Meinst du „Horsemanship" oder „Natural Horsemanship"?"

„Beides."

Sineads Augen verengten sich. „Es fühlt sich an, als führest du mich einen Weg entlang, obwohl du die Antwort schon kennst."

„Soweit ich das sagen kann, gibt es nicht wirklich eine Antwort. Frag ein Dutzend Leute und du bekommst zwölf verschiedene Antworten."

„Also was machst du mit Remarkable?"

„Es wäre interessant, die Antworten der Leute auf die Frage ‚Was ist Horsemanship?' sammeln zu beginnen", sinnierte ich.

„Also was machst du mit Remarkable?", wiederholte sie.

„Weißt du, was? Ich zeig es dir. Zieh dir einen Pulli an." Es würde bald dunkel sein, aber die Anlage, auf der ich Ställe gemietet hatte, besaß Beleuchtung in der Halle. Es waren ungefähr fünfzehn Minuten dorthin. „Zeppo kann mitkommen." Ich befüllte eine Wasserflasche in der Küche, während ich weiterredete: „Wenn du an Horsemanship denkst, denkst du dann an jemanden, der am Boden arbeitet? Oder denkst du an Bernie Traurig, der ein junges Pferd ein Hindernis aus der Nähe untersuchen lässt, bevor er sich daran macht, es zu springen?"

Sinead kam langsam die Treppe herunter. Zeppo rannte voran, übersah die unterste Stufe und stolperte. Er blickte zurück zu uns, hielt inne, dann rannte er wieder davon. Wiederum „frappend".

„Ich denke an Ersteres, aber ich verstehe, worauf du hinauswillst."

Sobald wir gemeinsam unterwegs waren, nahmen wir Sineads Pickup und ich war zufrieden, sie fahren zu lassen. Sobald ich fuhr, war ich für Ihren Geschmack meistens zu langsam und manchmal zu schnell. Fahren könnte man mit einem Ausritt vergleichen: Die Geschwindigkeit, in der ich unterwegs bin, ist die beste Geschwindigkeit. Jeder, der schneller dran ist, ist verrückt und jeder, der langsamer, arbeitslos. Ich redete, als sie den Pickup startete.

„Ein Halfter sollte keinen Horseman definieren. Es geht eher darum, wie eine Person ein Pferd versteht."

Sinead navigierte uns die lange Zufahrt entlang, als sie sagte: „Aber wie ist es mit jemandem, der ein Pferd versteht, es aber nur ausnützt? Wie ein Gauner. Nur weil wir die Gedanken und Gefühle eines Pferdes lesen können, bedeutet das noch nicht, dass wir dieses Wissen immer für etwas Gutes einsetzen."

Ich mochte ihre Antwort, so entschloss ich mich, noch Eines draufzusetzen. Ich fragte sie: „Okay, was ist *etwas Gutes* für ein Pferd?"

Sinead bog nach links. Sie dachte nach. Dann links, dann rechts, um durch Oldwick zu fahren. Wir kamen am ach so stylischen *Tewksbury Inn* vorbei, dann am alten, blauen Supermarkt, der ein bisschen von allem hatte und einen Klassiker von einem gegrillten Käsesandwich, und schließlich am freistehenden, gelben Magic Shop. In dreißig Sekunden waren wir durch. Sinead beschleunigte und sprach schließlich.

„Ich nehme an, es hängt vom Pferd und der Situation ab."

„Genau. Es erscheint nicht immer nett, wenn du Grenzen setzt und einem Pferd dabei Stress verursachst. Doch jedes Mal, wenn es etwas ganz Neues lernt, befindet sich das Pferd außerhalb seiner Komfortzone und könnte Stress erfahren. Das ist, was ich mir gedacht habe. Es ist wie eine Glockenkurve. Ein wenig Stress dient der Leistungsfähigkeit, doch recht schnell kann daraus Beklemmung werden."

Ich hatte darüber ein wenig nachgedacht, war vorbereitet mit meiner Zusatzfrage – aber ich hatte gleichzeitig keinen Plan. Ich wusste wirklich nicht, was ich zu wissen versuchte.

„Also ist nicht klar, was *gut* genau ist. Aber denkst du, ein Pferd kann sich daran gewöhnen, außerhalb seiner Komfortzone zu sein?", fragte ich meine Frau.

Wir kamen an heuenden Männern vorbei, dann an Schafen, dann an Pferden. Dann näherten wir uns einem langgestreckten Hügel. Zu beiden Seiten standen Bäume, genug, um es einen Wald zu nennen, wenn nicht einen Forst. Gelegentlich passierten wir einen Feldweg. Ich hatte gehört, dass es in diesem Teil des Landes mehr kostete, an einem Feldweg zu wohnen als an einer asphaltierten Straße. Ruhig gelegen und gut zum Reiten, doch es bedeutete auch, die reichen Vorkommen an Matsch vom Unpraktischen ins Pittoreske zu verwandeln.

Sinead hatte eine klare Aussprache. Da war sowohl von ihrem irischen, als auch von ihrem Südstaatenakzent nur mehr sehr wenig übrig.

„Ich glaube, wenn sich ein Pferd daran gewöhnt hat, dann befindet sich was einst außerhalb seiner Komfortzone lag, nun *innerhalb*. Falls etwas tatsächlich außerhalb seiner Komfortzone liegt, fühlt es sich unwohl."

„Hmmm", antwortete ich und starrte geradeaus. Das brachte mich ins Grübeln, aber erst als wir beim Stall ankamen, zog ich ein Notizbuch hervor und einen Stift und zog zwei Linien, die sich in der linken unteren Ecke des Blatts trafen.

„Schau dir dieses X-Y-Diagramm an. Auf der einen Seite haben wir das Niveau des Reiters; auf der anderen den Schwierigkeitsgrad des Wettbewerbs. Du würdest annehmen, dass eine Person für einen Wettbewerb nennt, der ihrem Niveau entspricht, oder?"

„Ich denke ja."

Ich zog eine Linie im Winkel von fünfundvierzig Grad hinauf zur rechten oberen Ecke, sodass es nun drei Linien gab. Entlang dieser zuletzt gezogenen Linie schrieb ich: *Die Zone.*

„Nun, wenn sie das so macht, bestens. Diese Linie, die ich gerade gezeichnet habe, ist die, wo man am wahrscheinlichsten ‚in der Zone‘ ist. Du weißt, dieser Bereich, in dem das Denken aufhört. Der Platz, an dem die Zeit sich zu verlangsamen scheint. Hast du je *Das größte Spiel seines Lebens* gesehen? Den Golferfilm mit Shia LaBeouf? Sinead schüttelte den Kopf. Ich sah, dass es bei ihr nicht klingelte.

„Nun, alles außer dem Golfer und dem Ball tritt in den Hintergrund. Geräusche verstummen. Ablenkungen verschwinden. Das bedeutet es, ‚in der Zone‘ zu sein."

„Ich liebe diesen Ort", gab Sinead zu, der es nun klar wurde. „So fühlte sich mein erstes *Kentucky-Three-Day* für mich an. Ich fühlte mich wie ein Außenseiter, aber ich hatte meine Stunden abgeleistet. Ich war bereit. Jeder Druck, der auf mir lastete, war Druck, den ich mir selber machte."

Ich zeichnete eine lange, dünne Blase gerade oberhalb der Linie. In sie schrieb ich: *Verbesserung.*

„Nun, wenn du über dieser Zone reitest, dann ist das der Ort, an dem du am wahrscheinlichsten *außerhalb* deiner Komfortzone bist. Dort wirst du vermutlich nicht gewinnen … aber dort ist, wo die meisten Verbesserungen gemacht werden."

„Wenn du allerdings weit über diese Linie gehst, scheint die Zeit schneller zu vergehen."

„Jepp", stimmte ich zu und schrieb *Gefahr* oberhalb der *Verbesserungs*blase.

„Und Dinge können außer Kontrolle geraten."

Sinead nickte. Nun zeichnete ich eine weitere Blase gerade unterhalb der Fünfundvierzig-Grad-Linie. In diese Blase schrieb ich *Zutrauen* und zeigte auf sie, als ich sagte: „Schau auf diese andere Seite. Wenn du gerade *unterhalb* dieser Mittellinie antrittst, erhöht sich dein Zutrauen."

Erneut nickte Sinead. Sie konnte sehen, worauf ich hinauswollte.

„Aber du kannst auch zu weit gehen und dann werden die Dinge einfach", sagte ich.

„Jepp. Du verschwendest Zeit, Geld, Mühe." Und unter die *Zutrauen*sblase schrieb ich: Langweilig.

„Macht Sinn", stimmte Sinead zu.

Jetzt, wo wir am Stall angekommen waren, wollte Zeppo nichts wie schnell raus.

„Sekunde", sagte ich zu beiden. Ich schlug die Notizblockseite um und zeichnete ein zweites X-Y-Diagramm. Ich füllte es genau auf dieselbe Art aus. Die Zone entlang der fünfundvierzig Grad, *Verbesserung* über der Linie, *Zutrauen* unterhalb, *Gefahr* weit darüber und *Langweilig* weit darunter. „Interessant für uns ist nun die Sache, dass wir zwei Graphen haben: einen für den Reiter und einen für das Pferd. Also, welchem folgst du?"

„Dem für den Reiter", sagte Sinead sofort.

Ich wartete. Ich konnte sehen, wie sie verschiedene Szenarien in ihrem Kopf durchspielte; ihre Finger klopften auf ihr Knie, während sie versuchte, der Sache den Sinn abzugewinnen.

Und dann: „Dem für das Pferd." Ich sah sie an, wartete wieder.

„O, ich verstehe!" rief sie aus, als sie verstand. „Du folgst dem Graphen von demjenigen, dessen Niveau niedriger ist."

Ich grinste. „Jepp."

Ich öffnete die Tür des Pickup und stieg hinunter auf den Schotter; hörte ihn unter jedem Schritt krachen und splittern. Ich öffnete die hintere Tür für Zeppo, der sich aus der Tür hinaus und in ein neues Abenteuer warf. Dann wartete ich auf Sinead. Als sie neben mir herging, um Remarkable zu finden, erläuterte ich weiter: „Stell dir einfach diese Graphen vor. Sie sind der Grund, warum es Sinn macht, immer ein Pferd zu haben, das besser ist als du, wenn du international mitmischen möchtest, sodass du dich immer am für dich besten Platz befindest. Über der Linie, wenn du dich verbessern möchtest. Unterhalb der Linie, wenn du Zutrauen gewinnen möchtest. Und ganz auf Linie für die großen Turniere."

„Doch was ist mit jemandem wie Christilot Boylen? Ihr erstes Pferd brachte sie als Teenager zu den Olympischen Spielen!"

Ich lachte. „Guter Punkt. Erstens, das war 1964. Aber, du hast recht – es gibt immer Ausnahmen, die die Regel bestätigen."

„Inwiefern bestätigt das die Regel?"

„Ich hab keine Ahnung. Das ist nur, was man so sagt."

Ich hielt ein Leckerli in Remarkables Box hinein, ich hatte oft welche dabei (viele Kleidungsstücke kamen mit ihren Taschen voller Getreidemus aus der Waschmaschine), und wartete darauf, dass er zu mir kommen würde, was er tat. Auf den letzten paar Zentimetern ließ ich ihn seinen Hals strecken. Seine Tasthaare berührten meine Hand. Seine Ohren gingen nach vorne wie Antennen. Höflich nahm er die Aufmerksamkeit. Um Leckerlis auszuteilen ist Geschicklichkeit und Timing nötig; es war nicht etwas, das man gedankenlos tat.

„Sinead, die andere Einschränkung besteht darin, dass nicht jeder zu den Olympischen Spielen möchte. Wenn du gut darin werden möchtest, Pferde anzureiten, musst du *eine Menge* Pferde anreiten. Wenn du großartig Dressur reiten möchtest, musst du *eine Menge* Dressurpferde reiten."

„Und ich nehme an, du kannst ‚Horsemen' mit verschiedenen Fähigkeitskatalogen haben."

„Jepp." Wir lagen nun auf einer Linie. „Ich denke, du kannst. Sieh dir Leute wie George Morris und Ingrid Klimke an. Sie hatten vielleicht nie in ihrem Leben ein Knotenhalfter in der Hand, keine Ahnung, aber sie sind beides große Horsemen. Und Bruce Logan könnte vielleicht nicht bei Olympia starten, aber es ist auch ein wahrer Horseman."

Ich legte Remarkable einen Sattel auf, brachte ihn zur Halle und machte ihn los. Aber er ging nicht weg. Er stand mit mir da. Ich bat Sinead, sich neben einen Sprung zu stellen, sodass sie aus dem Weg war.

Ich bat Remarkable um Galopp und er tat es – meine Güte, er startete mit einem Buckeln! Er machte, was ich sagte, aber er machte es auf *seine* Weise. Ich war damit einverstanden. Ich liebte es ihm zuzuschauen! Ich bat ihn, im Kreis zu gehen, dann zu mir zu kommen. Ich streichelte ihn, dann bat ich ihn, mir zu folgen, als ich im Zickzack und mit Zwischensprints und Anhalten in der Halle umherging. Nach ein paar Minuten dieser Arbeit ließ ich ihn neben mir anhalten.

Er atmete tief ein und ich wartete, bis er geschleckt und gekaut hatte, bevor ich aufstieg. Dann ritt ich ihn ungezäumt. Meine Armen waren entspannt; Ich hatte keine Zügel. Ich konnte mit dem Cordeo lenken, doch wenn er schneller gehen wollte oder nach links abbiegen, ließ ich es oft einfach zu. Lieber sich auf die selbe Seite schlagen als sich an etwas abzuarbeiten, das du ohnehin nicht bekommen würdest. Ich suchte mir mein Schlachtfeld aus; Ich machte eine Menge Kompromisse.

Nach Traben und Galoppieren hielt ich an und legte mich auf seinen Rücken. Meine Füße waren bei seinem Schweif und mein Kopf knapp neben seinem Widerrist. Er zuckte praktisch gar nicht. Ich legte meine Arme um seinen Nacken.

„Das waren etwas mehr als sechs Minuten, aber das ist im Grunde, was ich machen werde."

Sinead ist nicht sehr freigiebig, wenn es um Komplimente geht, aber ich konnte an der Art, wie sie mich ernst nahm, sehen, dass es ihr gefiel. Ich fragte sie, welche Musik ich verwenden sollte und sie wusste es sofort:

„‚Pompeii' von Bastille. ‚Firestone' von Kygo. Das passt perfekt."

Ich nickte zustimmend. Perfekt. „Ich wusste, dass dich zu heiraten eines Tages nützlich sein würde."

Sinead hielt ein Lächeln ihrer Lippen zurück, doch ich sah winzige Fältchen in ihren Augenwinkeln. Sie wusste, dass ihr Lächeln für mich wie Süßigkeiten war und sie rationierte es entsprechend gern.

„Jetzt lass dir das mal nicht zu Kopf steigen oder du musst dir einen neuen Helm besorgen." Ich lachte und umarmte sie. Zeppo lief herbei und sprang an uns hoch.

Ich führte Remarkable zurück in seine Box. Ich streichelte ihn auf der Schulter. Er lernte mich zu respektieren, mir zu vertrauen, während ich lernte, ihn zu respektieren und ihm zu vertrauen. Wir waren dabei, unsere eigene Horsemanship-Marke zu finden, nur wir beide.

## PFERDE SIND NACHSICHTIG

„Ich werde nie vergessen, wie ich diesen Wallach zum ersten Mal aus dem Stall gehen sah. Er war *riesig*. Beine, die nicht enden wollten", erzählte mir Reed.

Reed, den Leuten des Turf Paradise Race Course in Phoenix, Arizona bekannt als Dr. Zimmer, war ein Tierarzt. Er fühlte jeden Monat die Beine von Hunderten von Pferden. Er hatte tausende von Pferden jedes Jahr für sich vor- und zurücktraben. „Aber der war besonders." Es war während des Mittagessens am 12. Januar 2015, sechs Monate bevor ich Mr. Pleasantree kaufte, als Reed hörte, dass er vielleicht zum Verkauf stünde. Er hatte ihn eine Zeitlang beobachtet. Er beeilte sich nicht herzukommen, doch er verschob es auch nicht auf den nächsten Tag. Und als das Pferd aus seiner Box kam, breitete sich ein Lächeln auf seinem Gesicht aus.

„Ich nehme ihn."

„Wollen Sie ihn in Bewegung sehen?" fragte der Trainer.

„Ach."

„Sie wissen ja nicht mal, wie viel ich verlange."

„Egal. Ich nehme ihn."

Der Trainer schüttelte seinen Kopf. „Nun, dann wird es so sein, denke ich."

Reed rief seine Freundin Kara an, als er das Pferd durch die Stallungen des Rennbetriebs wegführte.

„Du hast noch nie so ein Vollblut gesehen."

Kara betrachtete das ganze natürlich mit etwas Vorsicht. Sie wusste, dass Reed ein Cowboy war. Aus Texas. Seine große Liebe Nummer eins waren Quarterhorses, danach kamen Rennpferde. Sie war sich nicht so sicher, was ein gutes Springpferd ausmachte. Also stellte sie ihm immer noch mehr Fragen. Erschöpft sagte er schließlich: „Komm einfach und sieh ihn dir an."

Es war Karas erste Erfahrung darin, einen Tierarzt neben dem Pferd herlaufen zu haben, um es ihr vorzuführen anstatt umgekehrt. Als Reed und Mr. Pleasantree anhielten, blickte das Pferd weit in die Ferne. Seine Augen leuchteten kühn. Kara nahm Reed gleich den Führstrick aus der Hand.

„Ich liebe ihn."

Der Wallach reihte sich sogleich höflich neben ihr ein, als sie sich in Richtung Rennstall ihres Vaters in Bewegung setzte. Ihre Eltern waren beide Rennpferdetrainer. Leute blieben stehen und starrten auf das Paar. Das Pferd war groß und hell wie die Abendsonne. In einem Zoo voller Zebras wäre er eine rote Giraffe gewesen.

Mr. Pleasantree lief zwanzig Rennen und gewann vier. Sein Vater hatte sicher das Seinige getan: Pleasantly Perfect war eine amerikanische Rennlegende. Er war 1998 geboren worden, gewann 2003 das Breeders' Club Classic und 2004 das höchstdotierte Pferderennen der Welt, den Dubai World Cup. Als das viertreichste Pferd Amerikas, was die Gewinne über die gesamte Rennkarriere betraf, zog er sich 2005 zurück.

Pleasantly Perfect war in Kentucky geboren worden, lief in Kentucky viele Rennen und deckte in Kentucky, bis er schließlich an türkische Investoren verkauft wurde. 2015 stand er auf der türkischen Nationaldeckstation.

Mr. Pleasantrees Mutter? Spare That Tree.

Ich fand nie viel über sie heraus, aber zumindest konnte ich den Leuten erzählen, woher sein Name kam. Spare That Trees Vater war Woodman, ein amerikanisch gezogenes Pferd, das bekannt dafür war, viele Gewinner zu zeugen. Und ich kann nur annehmen, dass ihr Name dem berühmten, zum Gedicht gewordenen Lied aus der Feder des Amerikaners George Pope Morris entstammt:

*Holzfäller, verschon den Baum!*
*Berühr keinen einzigen Ast!*
*In meiner Jugend bot er mir Zuflucht,*
*Und nun werde ich ihn beschützen.*
*Es war meines Vorfahren Hand*
*Die ihn neben seine Wiege setzte;*
*Dort, Holzfäller, lass ihn stehen*
*Deine Axt ihn nicht verletzen soll.*

Wenngleich der Baum verschont wird, erinnert mich die Beziehung zwischen dem Jungen und einem Baum an Shel Silversteins *Der Baum, der froh und glücklich war*. In dieser Erzählung verschenkte sich der Baum, Stück für Stück, bis er schließlich gefällt wurde. Doch selbst als Stumpf, nur noch zum Darauf-Sitzen zu gebrauchen, blieb er nachsichtig … und glücklich. Auch Pferde sind nachsichtiger, als wir es verdienen.

Kara war es, die den Umstieg des großen Fuchs von seiner Rennkarriere begann. Zu dieser Zeit war er ihr einziges Projekt und sie behielt ihn in ihrer Nähe; er wurde zu mehr als einem Projekt, er wurde zu einem Freund. Nach Trainingsschluß ritt sie mit ihm um die Ecke. Die beiden schlichen sich hinaus, um in einem benachbarten Roundpen und Reitplatz zu üben, die einst das Zuhause der berittenen Polizei von Phoenix gewesen waren. Sie nahmen auch woanders Stunden, ritten mit einer dreijährigen Stute als Handpferd und machten Ausritte in die Wüste. Er wurde gebadet, geclippt und stand angebunden beim Hänger.

„Er hat nie versagt", behauptete Kara, „außer, wenn es um Kühe geht ..."

Kara und ihre Familie waren am Boden zerstört, als sie ihn schließlich verkaufen mussten, denn er war so ein liebenswertes Pferd.

„Er ist nie einem Fremden begegnet", sagte Reed, als ich mit ihm redete.

Ich mag solche Pferde, dachte ich.

Reed erzählte mir außerdem: „Ich bin so stolz, was aus ihm geworden ist. Es ist toll zu sehen, wie viele Menschen er in einem Jahr berührt hat. Wie wir alle wissen, sind Vollblüter sehr vielseitige Tiere, aber die meisten werden nach ihrer Leistung auf der Rennstrecke beurteilt. Ich bin der Meinung, dass er zum Springen geboren wurde; er brauchte nur jemanden, der das erkannte. Als er die Möglichkeit bekam, zu tun, wozu er geboren wurde, erhob er sich selbst in den Adelsstand."

„Du denkst also nicht, dass er zum Rennpferd bestimmt war?", fragte ich.

Er gluckste. „Er würde die Rennbahn lieber essen als auf ihr zu laufen."

Ich konnte mir bildlich vorstellen, wie die anderen Pferde galoppierten, Rasensoden flogen und Remarkable dastand und sich fragte, was der ganze Wirbel sollte, während er seinen Kopf senkte und einen Bissen nahm.

Remarkable war mit vielen Namen versehen worden … doch Forgettable war nicht darunter.

## EIN BRIEF FÜR MICH

Tik, dies ist ein Brief an dich selbst. Lies ihn in zehn Jahren. Ich bin neugierig. Hast du Kinder? Hast du Remarkable immer noch?

Schaust du zurück und denkst: „Gott, was habe ich aus meinem Leben gemacht?" Ja, verglichen mit dir bin ich naiv. Ich besitze weder Land noch einen Audi, aber ich habe eine Frau geheiratet, die mich versteht. Und jeden Morgen blubbern mir Pferde zu oder strecken ihre Nasen raus, um mich zu begrüßen. Es ist also ziemlich gut.

Ich habe Ziele in meinem Leben, die mir wichtig sind. Olympia, immer noch. Laufend Zwei- und Dreijährige zu holen, um sie anzureiten. Ebenso, das nächste großartige Pferd zu finden, einen Weg zu finden, es zu bezahlen, mein Geschäft auszubauen und schließlich, mein kurzfristigstes Ziel: das *Thoroughbred-Makeover* mit Remarkable in ein paar Tagen. An wie viele dieser Dinge wirst du dich mit dreiundvierzig erinnern? Werden sie dir immer noch so wichtig erscheinen wie sie es mir tun?

Hast du zwischen dem Nervenkitzel, auf hohem Niveau Turniere zu bestreiten und der Freude, Beziehungen zu jüngeren Pferden aufzubauen, ein Gleichgewicht gefunden?

Bitte sag mir, dass du immer noch Turniere reitest! Vergiss nicht, es gibt zwei Arten von Athleten: die einen sagen: „Was für eine Erleichterung! Gottseidank ist es vorbei." Die anderen brüllen: „Ja! JIPPIE! Ich bin in meinem Element. Jetzt. Hier. Wenn dieser Moment nur langsamer verginge, sodass ich länger in ihm verweilen könnte."

Der Athletentyp sagt nichts über die Gewinnchancen aus. Ich habe beide Typen gewinnen sehen ... und verlieren. Aber der zweite – Wahnsinn! Das ist ein Gefühl, das man nicht kaufen kann.

Tik, erinnerst du dich an den Modernen Fünfkampf? Die Panamerikanischen Spiele 2007 in Brasilien? Du standst an der Schwelle der schwankenden Brücke, die zum Erfolg führt. Du hast sie tapfer überschritten ...

Aber es hatte nicht sein sollen. Du wurdest dreizehnter und fühltest eine tiefe Leere. Doch da war auch Erleichterung. Das Ende des anschwellenden Drucks, der dir auf die Brust drückte.

Im folgenden Frühjahr, 2008, versuchtest du, es ins Olympiateam zu schaffen. Es war der Weltcup in Mexiko City, bei dem du dir das Schlüsselbein brachst. Du bist auf einem Pferd geritten, das in der Art und Weise sprang, in der Lance Armstrong Reue zeigen würde. Das Pferd prallte mit seinen Vorderbeinen auf das Hindernis und ihr beide seid auf den Boden geknallt wie Tumbleweed aus Blei.

Also zogst du zurück. Du gabst auf. Du gingst. Aber gibt es nicht Zeiten, in denen es besser ist, Schluss zu machen und abzuhauen?

Du hattest dich entschlossen, ein Jahr lang zu reisen und zu arbeiten. Du gabst Pferden den Vorrang vor allem anderen. In Deutschland bist du tagsüber große Warmblüter geritten und hast nachts Bonhoeffer studiert:

*Im normalen Leben wird einem oft gar nicht bewusst, dass der Mensch überhaupt unendlich mehr viel mehr empfängt, als er gibt, und dass Dankbarkeit das Leben erst reich macht. Man überschätzt wohl leicht das eigene Wirken und Tun in seiner Wichtigkeit gegenüber dem, was man nur durch andere geworden ist.*

Du warst einsam, aber am Leben. Du bist am Abend spazieren gegangen. Du bist bei deiner ersten Stelle entlassen worden, weil du als Reiter nicht gut genug warst. Aber du hast in der Nähe einen zweiten Posten gefunden, und gelernt, dass es zwar vielleicht keinen Grund gab, dass einem Schlechtes widerfährt, du aber mit Durchhaltevermögen deine Chancen darauf erhöhst, dass es besser wird.

Später, in den Staaten, hast du hart gearbeitet und man sagte dir: „Das könnte deine Bestimmung sein." Du hast in Pferden dieses zweite Gefühl gefunden: Das Gefühl, das durch deine Muskeln in deine Seele sickert, sodass du dich vollständig fühlst, doch gleichzeitig weißt, dass du Teil eines größeren Ganzen bist.

Es ist die Art und Weise, wie sich die Möwe Jonathan fühlte, als sie hoch über die Erde aufstieg und dann durch den Himmel hinabsauste, navigierend durch die Bewegung einer einzelnen Feder an der Spitze jeden Flügels. Lernen: In der Schule taten wir es für die Noten, nun gieren wir danach wie ein Süchtiger, und tun es, während wir frühstücken und im Bett in der Nacht!

Erinnerst du dich an Loving, Texas? An Bruce, der irgendwie versuchte, Pferde und Menschen auf dieselbe Art zu behandeln. Ich hoffe, du hast das nicht vergessen und was du daraus gelernt hast.

Lebst du immer noch an der Ostküste und liebst es, doch betrachtest Vancouver als dein Zuhause? Ich hoffe es. (Tu ich das?)

Falls du das *Thoroughbred-Makeover* mit Remarkable gewonnen hast, hoffe ich, dass du ihm Urlaub gegönnt hast. Ich hoffe, dir auch. Ich hoffe, du hast ihn behalten, auch wenn ihr nicht gewonnen habt. Er ist eines dieser Pferde, bei denen die Zeit verfliegt, wenn du mit ihnen zusammen bist. Sich einfach auflöst.

Also hoffe ich, dass du ihm gedankt hast und jedem gedankt hast, der dir geholfen hat.

Noch etwas: Wenn du das 2025 Sinead laut vorliest, blickt für eine Minute gemeinsam zurück und dankt einigen der Pferde und Menschen, die euch über die Jahre geholfen haben. Und erinnere Sinead vielleicht daran, dass du viel mehr Haare unter deinem Helm hattest – erinnert sie sich?

# GEWINNEN IST DER EINFACHE TEIL

Ich plante eine einfache Vorstellung. Es sollten so wenig Utensilien wie möglich nötig sein. Ich wollte, dass sie von Remarkable und unserer Partnerschaft handelte. Als der Reiter vor mir seine Vorführung beendet hatte, nahm ich Remarkables Halfter ab und bereitete mich darauf vor, den Ring zu betreten. Ich wartete darauf, dass die Musik beginnen würde und ich hoffte, er würde mir folgen.

Am Tag vor dem Freestyle war es uns gestattet worden, die Arena zu betreten und abzuschreiten. Remarkable schreckte vor jedem Werbebanner an der Bande zurück. Ich bat meinen Vater und Emily, meine Assistentin, den Platz an seiner Außenseite abzugehen und sie reichten Remarkable bei jedem Banner eine Karotte.

Also wusste ich, während der Kür, als die Musik loslegte und die Richter ihre Stifte zur Hand nahmen, dass er sich vor den Bannern nicht mehr fürchten würde. Das bedeutete aber natürlich nicht, dass er sich nicht vor etwas anderem erschrecken könnte. Als wir im Ring gemeinsam spielten, konnte ich mich nur auf unser Training verlassen, um ihn bei mir zu halten.

Schulter an Schulter betraten wir die Arena. Wir blickten uns um – die Menge war eindrucksvoll. Wir begannen zu traben. Wir wendeten. Wir hielten an. Die Menschen begannen zu verschwimmen und zu verschwinden, bis es nur noch uns zwei gab. Ich war näher daran, in der Zone zu sein, diesem Ort an der Fünfundvierzig-Grad-Linie, als ich es je gewesen war.

In den ersten drei Minuten liefen er und ich nebeneinander. Er war frei und buckelte, aber er behielt mich im Auge und kam immer wieder zurück.

Im zweiten Teil der Prüfung ritt ich ihn ohne Zaumzeug. Wir galoppierten durch den Ring, aber wir gingen auch Schritt. Wir sprangen und wir stoppten.

Wir waren allein, als die Musik aufhörte, nachdem die sechs Minuten vorüber waren. Ich blickte mich um. Leute klatschten. Ich blickte zu Remarkable und er blickte zu mir. Ich richtete mich auf seinem Rücken auf und winkte. Dann bekam er eine Karotte und wir gingen gemeinsam aus dem Ring.

Remarkable und ich gewannen den Freestyle des *Thoroughbred-Makeover*. Die Gewinnerin des *Most-Wanted-Thoroughbred*-Titels war Lindsey Partridge und ihre schöne, in Ontario gezogene, achtjährige Stute. Das Paar trat im Orientierungsreiten und Freestyle an. Vor Remarkable, Emily und mir lag nun eine lange Fahrt zurück von Kentucky nach New Jersey.

Ich hatte Emily Jahre zuvor in New Jersey im Bow Brickhill Stables kennengelernt.

Ich unterrichtete eine Springstunde und ich bemerkte, dass Emily auf ihrem Pferd Bella zwanzig Minuten vor ihrer eigenen Stunde gekommen war. Emily beschloss, einem anderen Jugendlichen zu folgen und aus dem Platz hinauszureiten, eine Böschung hinunter und auf eine Grasfläche hinaus. Die Böschung war etwa siebzig Zentimeter hoch und Bella sagte: „Keine Chance."

Emily versuchte, ihr Pony zum Gehen zu bewegen. Sie quetschte und schnalzte und Bella ging rückwärts. Nichts funktionierte. Emily verwendete die Gerte und Bella drehte sich herum und galoppierte den halben Weg zum Stall zurück. Als meine Springstunde auf dem Reitplatz vorüber war und ich hinüberging, um ihr zu helfen, weigerte sich Bella, auch nur in die Nähe dieser Böschung zu gehen – sie legte die Ohren an und ging rückwärts.

Jedes Pferd wird mit inneren Antrieben geboren. Sie werden von offenen Flächen angezogen, anderen Pferden, Wasser, Essen und Spiel. Sie sind neugierig. Raubtierhafte Verhaltensweisen sind ihnen zuwider. Sie neigen dazu, Dinge, die sich schnell, unvorhersehbar oder auf sie zu bewegen, zu missbilligen. Sie erschrecken sich oft vor plötzlichen, lauten Geräuschen, vor allem unbekannten. Wind in den Zweigen? Wahrscheinlich Gefahr. Ein Wechsel des Bodens, eine Böschung oder ein Graben? Auch dies sind für ein Tier, das sich darauf verlässt, schnell zu laufen um zu überleben, Gefahren.

Sobald das Pferd die Welt des Menschen betritt, beginnen wir diese Vorlieben und Abneigungen zu beeinflussen. Ist ein ungezähmtes Pferd vor Menschen und Ställen auf der Hut, kann es sie doch rasch mit Essen und Behaglichkeit assoziieren. Ich wollte, dass Emily die Situation aus Bellas Blickwinkel betrachtete. Das Problem war ein häufiges Problem, denn es war unausweichlich, dass manche Dinge ein Pferd sich von ihnen entfernen, manche sich ihnen nähern ließen und manche neutral waren.

„Emily, wie läuft's?" Ich blieb etwa drei Meter vor ihr stehen. Sie rieb sich die Rückseite ihres Handschuhs über ihre Wange und sah mich nur an. „Kannst du dich erinnern, als Bella Angst hatte, durchs Wasser zu gehen und wir es neutral machten, indem wir ihr Essen anboten? Erinnerst du dich, als wir Probleme hatten, Sapphire zu fangen? Sie wollte lieber auf der Graskoppel sein als bei uns, also machten wir es neutral, indem wir einige der schwierigeren Übungen auf der Koppel machten und sie dann für eine Pause zu uns holten?"

Emily nickte, schwieg aber immer noch. Ihr Atemrhythmus hatte sich fast normalisiert.

„Warum versuchen wir heute nicht das?", schlug ich vor. „Versuchen wir, ihre Welt neutral zu machen. Wenn uns das gelingt, sollten wir in der Lage sein, ihr Interesse mithilfe des winzigsten Schenkeldrucks oder des kleinsten Leckerlis zu verschieben. Lass uns versuchen, dass es ist wie bei einer Waage im Gleichgewicht, auf deren einer oder anderen Seite wir nur ein Sandkörnchen benötigen, um ihr Interesse und ihre Bewegung zu verändern."

Bella begann erneut rückwärts zu gehen. Emily schloss ihre Schenkel und machte sich daran, die Gerte zu verwenden.

„Ho. Warte", sagte ich, als ich näher heran ging. „Du versuchst gerade, so viel Sand zu bewegen, als ob du am Strand wärst mit einer Schaufel und einer Schubkarre." Ich mimte den Aufwand, den es erfordern würde. Emily wischte sich abermals über die Wange, doch diesmal leuchteten ihre Augen mehr.

„Warum steigst du nicht ab und holst dir ein Knotenhalfter und einen längeren Strick. Wir können diesen Prozess am Boden beginnen."

Ich ging nun direkt zu ihr hin und hielt Bellas Zügel, während das Mädchen abstieg. Als sie sich davonmachte, dachte ich daran, zu versuchen, die Welt des Pferdes neutral zu machen und dass dies nicht etwas wäre, das wir heute abschließen würden können. Aber vielleicht könnten wir uns dem ein wenig nähern. Eines der allerersten Dinge, die mir meine Mutter erklärte, war, dass wir bei Pferden in Monaten und Jahren denken müssen, nicht Tagen und Wochen. Verbesserung ist eine lebenslange Suche.

Etwa vierzig Minuten arbeitete ich mit Emilys Pferd. Ich zeigte Bella die Böschung, zwang sie aber nicht. Wir arbeiteten am Rückwärtstreten, Wenden und dann nahm ich sie wieder mit mir. Dann machten wir eine Pause – und wir machten sie neben der Böschung. Ein Pferd kann ein Dutzend Mal stehenbleiben und sich trotzdem verbessern. Sah die Stute jedes Mal ein Stück weiter in die Ferne? Studierte sie ihre Möglichkeiten genauer? Blickte sie hinunter über die Böschung hinweg, als ob jemand einen Sack Kraftfutter ausgeschüttet hätte und sie sich strecken wollte, um es zu erreichen?

Langsam wuchs die Zuversicht der Stute und schließlich sprang sie. Sobald sie problemlos hinunterspringen konnte, ließ ich Emily wieder aufsteigen. Zehn Minuten lang gingen Emily und Bella die Bank hinauf und hinunter im Schritt, danach im Trab und danach im Galopp. Alles am lockeren Zügel. Wir sprachen darüber, wie wichtig es wäre, eine Beziehung zu seinem Pferd aufzubauen. Am Schluss dachte ich, dies war eine von den besseren Stunden, die ich unterrichtet hatte.

Doch irgend jemand fragte: „Emily ritt ja nur zehn Minuten. Wie kann das eine volle Stunde sein?"

In meiner nächsten Stunde mit ihr begann ich Emily zu erklären, wie wichtig Vertrauen für ein Pferd ist und warum ich ihr in ihrer vorherigen Stunde so geholfen hatte, wie ich es getan hatte. Ich war ein wenig umständlich und hatte Mühe, die richtigen Worte zu finden, und Emily stoppte mich.

„Tik", sagte sie, als sich ihre und meine Augen trafen. „Ich kapier's."

„Wie alt bist du, Emily?"

„Dreizehn."

„Manche Leute sind dreißig und kapieren es nicht."

Ich studierte Pferde immer noch und wurde erfahrener im Umgang mit jungen und „schwierigen" Pferden. Vielleicht hätte ich einen Stall voll mit sportlichen, durchtrainierten Pferden immer noch bevorzugt, aber ich bezahlte die Rechnungen und lernte viel.

Es war in einer anderen Stunde, als ich Emily erklärte, dass, während Leute eine Menge Wege in dem Versuch beschreiten, mit Pferden zu kommunizieren, Pferde hauptsächlich zwei Wege besitzen, um uns wissen zu lassen, was vor sich geht: Sie zeigen mehr Spannung oder sie zeigen mehr Entspannung. Also fragte ich meine Schülerin nicht nur „Ist Bella entspannt oder nicht?", sondern zusätzlich „Wie entspannt ist sie?" oder „Wie angespannt?" Es war die Idee der Spannungsskale, mit der ich mich bei Anne zu spielen begonnen hatte; sie wurde mir gedanklich fortwährend klarer.

Als Emily die High School abgeschlossen hatte, begann sie für mich zu arbeiten. Das fühlte sich seltsam an … denn plötzlich hatte *ich* einen Praktikanten! Schon bald wurde sie vom Lehrling zum Manager befördert und wir ließen einen neuen Praktikanten anheuern. Im Alter von siebzehn Jahren führte Emily den gesamten Hof, wobei sie sich um zehn bis zwanzig Pferde das ganze Jahr über zu kümmern hatte. Im Stall mistete sie aus, im Büro führte sie die Bücher, auf den Turnieren putzte sie und ritt, am Telefon pflegte sie die Kontakte zu Kunden, Besitzern, Tierärzten und Hufschmieden.

Eines Nachmittags frischte der Wind auf und die Pferde begannen zu galoppieren – dann sich im Kreis zu drehen! Anzuhalten! Zu buckeln! Zu Galoppieren! – in ihren Paddocks, Unruhe auf ihre hoch erhobenen Köpfe und schnellen Beine geschrieben. Eines der Pferde wollte sich gar nicht beruhigen. Sinead wollte soeben darum bitten, das Pferd zurück in den Stall zu bringen, als sie sah, wie Emily es fing und begann, am Paddock einige Basisübungen aus der Bodenarbeit zu machen. Sie ließ das Pferd einen Kreis linksherum beschreiben, dann rechtsherum. Dann ließ sie ihn zurücktreten. Sie hielt inne, und dann leckte und kaute er, während sie ihn zu seinem Heuhaufen brachte, wo er anfing zu fressen. Nach einer weiteren Minute verließ ihn Emily. Er stand weiterhin ruhig und fraß.

„Es war fantastisch", erzählte mir Sinead später.

Emily war besser mit Pferden als sie selbst von sich dachte. Das war nicht ideal, aber erfreulicher als umgekehrt. Ich wusste, dass Emily sich irgendwann nach etwas anderem umsehen musste, genauso wie ich es getan hatte. Und „das passt schon", sagte ich ihr. „Es ist gut, von verschiedenen Leuten zu lernen. Ich habe eine Menge Zeit mit unterschiedlichen Trainern verbracht."

„Es verwirrt mich, wenn ich Unterricht von zu vielen Leuten bekomme."

„Nun, ich hatte immer eine solide Wissensgrundlage, auf die ich mich stützen konnte", sagte ich. „Ich ritt mit meinen Eltern, bis ich sechsundzwanzig war. Hätte ich diese Grundlage nicht gehabt und mit achtzehn als Praktikant losgezogen, ich denke, es wäre anders gewesen. Du hast recht, am Anfang ist es klüger, ein paar Jahre bei einem Trainer zu bleiben. Wenn ihr gut zusammenpasst, sogar Jahrzehnte. Sieh dir an, wie lange Anne bei George blieb! Sieh dir an, wie lang Leonie bei Hinnemann ritt! Jonathan lernte eine Ewigkeit bei Pat Parelli!"

„Woran hast du gemerkt, dass es an der Zeit war, dich selbständig zu machen?"

„Nach einer Weile, egal auf welchen Hof ich ging, erwischte ich mich dabei, wie ich bei mir dachte: „Hmmm … ich würde das ein wenig anders machen, wenn ich das Sagen hätte." Emily lachte. „Ich denke das noch nicht."

„Eines Tages könnte es soweit sein."

Wenn ich bei Kursen zusah und eine Idee keinen Sinn ergab oder einer anderen Idee zu widersprechen schien, die ich für richtig hielt, bat ich meine Eltern oder Sinead mir zu helfen, sie zu verstehen. In pferdetechnischen Fragen rief ich auch oft Jonathan Field an.

„Jemand will mir einen Esel schicken. Weiß ich, wie man einen Esel trainiert?"

„Sie sind Pferden ähnlich", antwortete er, zum Glück ohne Gelächter, „aber du wirst nicht mit so Vielem durchkommen. Sie sind weniger nachsichtig und sie haben weniger Fluchtinstinkt, dein Timing muss also besser sein."

Ein andermal: „Ich arbeite mit einer jungen Stute, die ihre Ohren anlegt und die Luft anzuhalten scheint, wenn sie, von mir entfernt, um mich herum einen Zirkel geht. Sie leckt und kaut erst, wenn sie wieder bei mir ist. Was soll das bedeuten?"

„Klingt nach etwas, das ich „Verbindungsanspannung" nenne", sagte Jonathan. „Warum schickst du mir nicht ein Video? Ich geb' dir ein paar Tipps, wie du das mit ihr klären kannst."

Als ich begann, Kurse zu geben, erwischte ich mich dabei, dass ich alle seine Zitate klaute. Als ich Jonathan darauf ansprach, sagte er, das sei normal.

„Mir ging es genauso", gab er zu. „Vergiss nicht, es gibt nicht viel Neues über Pferde. Zieh einfach deine eigenen Schlüsse und mit zunehmender Erfahrung wird es für dich leichter werden, zu sagen, was du zu sagen hast, denn es wird dann nicht mehr aus der Erfahrung von jemand anderem kommen, sondern aus deiner eigenen."

Auf dem Heimweg dachte ich über das Makeover nach und was ich darüber schreiben würde. Ich wollte nicht über das Gewinnen schreiben. Ich hatte George Morris viele Male sagen hören: „Gewinnen ist der einfachere Teil", und je älter ich wurde, umso wahrer erschien es mir. Ich wollte über etwas schreiben, das ich gelernt hatte.

Ich hätte die Details beschreiben können, die in die Vorbereitung einflossen, denn Dressur, Vielseitigkeit und Springreiten waren olympisch. Doch wie würde olympisches Satteln aussehen? Wie ein Vier-Sterne-Hängerverladen? Ich stellte mir einen Weltcup im Ground-Tying – dem Anbinden ohne Anbinden – vor: Jedes Pferd würde nicht nur frei dort stehenbleiben, wo es abgestellt worden war, es würde dort außerdem entspannt und in vollem Verständnis der Situation stehen, den Kopf gesenkt und zufrieden kauend. Und das, während Pferde herumgaloppierten und die Menge schrie.

Wie wäre es mit einem Burghley des Führens? Jedes Pferd bei seinem Partner bleibend ohne Führstrick und Halfter, anhaltend, sobald der Partner anhält, sich in Bewegung setzend, sobald sein Partner sich in Bewegung setzt. Im Gleichschritt wendend, genau wie eine Stute mit ihrem Fohlen.

Bevor sich Remarkable und ich auf unsere zwölfstündige Hängerfahrt zum *Kentucky Horse Park* aufmachten, in dem das Makeover stattfand, konnten wir ohne Halfter Schritt gehen, Traben, Galoppieren und Anhalten. Beim Ground-Tying wartete er geduldig auf mich. Hängerverladen? Kein Problem.

Zu versuchen, der beste in solch grundlegenden Fertigkeiten zu sein, gab mir und Remarkable eine feste Basis, von der ich wusste, dass sie uns gut dienen würde. Auf einem großen Turnier wird es immer etwas Unerwartetes geben und je solider die Basisfertigkeiten des Pferdes, desto einfach ist es, mit neuen Erfahrungen umzugehen.

## SCHMERZEN

Das *Thoroughbred-Makeover* sollte ein Wendepunkt sein. Es war ein gutes Jahr gewesen. Mit der Hilfe von ein paar Freunden hatten wir eine junge Stute aus Deutschland gekauft und importiert. Was für eine Athletin sie war! Was für eine Schönheit! Ein Apfelschimmel wie ein stürmischer Morgen; geschmeidig und süß; der schwebende Trab einer Tigerin! Es gibt einen alten Spruch, der besagt, dass der Wert eines Pferdes jedes Mal steigt, wenn es sich in die eine Richtung und dann in die andere Richtung wälzt. Nun, als ich dieses Mädchen auf der Quarantänestation zum ersten Mal sah, wälzte sie sich vierzehn oder fünfzehn Mal. Und sie war wie ein Hündchen; es fiel ihr so leicht. Ihr Name war Karma.

Im August dieses Jahres war ich eine Woche fort und hielt Kurse in England und Schottland, als ich ein E-Mail bekam, die folgendermaßen begann: *Irgendwann heute Abend ist Karma aus einem Paddock rausgesprungen und hat sich ihr Knie rechts hinten verletzt. Emily hat die Tierärztin gerufen und sie kam und röntge, aber sie konnte nichts deutlich sehen …*

Der Bruch stellte sich als so ernst heraus, dass die Tierärzte vorschlugen, sie einzuschläfern. Doch sie sagten, es bestünde die geringe

Chance, dass er nach Monaten von Boxenruhe heilte. Die Besitzer und ich konnten keine einstimmige Entscheidung fällen, was zu tun wäre.

Mit meiner Stimme als Zünglein an der Waage, begannen wir sie gesundzupflegen. Sie blickte mich mit großen wässrigen Augen an, wenn ich ihr Abendessen brachte. Gefügig stand sie, während ihre Box gereinigt wurde. Ihre Atmung war langsam und flach, als ob sie Energie sparte. Sie berührte meine Hand mit ihren Tasthaaren und beschnupperte mich. Ich fragte mich, was mein Geruch ihr sagen würde. Sie beobachtete mich, wie ich den Stall verließ und zu meinem Auto ging, während ich über meine Schulter zu ihr zurückblickte. Sie war in ihrem Stall angebunden, durfte sich nicht einmal umdrehen, denn Bewegung würde die Verletzung verschlimmern.

Manchmal ist nicht klar, was das Beste im Interesse des Pferdes ist.

In jenem Jahr hatten wir Dutch Times und natürlich Sapphire, zwei Pferde, die ich zum Reiten hatte. Sie boten mir die Möglichkeit, mich für die 2015 Pan-Amerikanischen Spiele in Toronto zu qualifizieren. Doch Sapphire verletzte sich im Frühling in Ocala und Dutch Times später in jenem Sommer bei den *Bromont Horse Trials*. Obwohl sich beide Pferde wieder erholten, fühlte ich, wie sich die Frage *Was hätte ich anders machen sollen?* wie ein scharfes Messer in meine Eingeweide bohrte.

Dann unterlief mir eines Samstagmorgens dieser Fehler im *Bucks County Horse Park*, der am gegenüberliegenden Flussufer in Pennsylvania liegt. Ich war dort, um einer Kundin beim Geländetraining zu helfen. Wir hatten eine gute Stunde und waren auf dem Rückweg zum Hänger, als ihr Pferd stehenblieb. Stehenblieb, als wäre es ein Felsbrocken, der an den tiefsten Punkt gerollt war.

„Versuch, nur den linken Zügel zu nehmen", riet ich. „Jetzt nur den rechten Zügel. Du kreuzt gegen den Wind zurück und vor, wie ein Segelboot. Auf diese Weise kannst du ihn vielleicht ohne zusätzlichen Schenkeldruck in Bewegung bringen. Mehr Schenkel könnte ihn zum Steigen bringen."

Und genau als ich das sagte, stellte er sich auf seine Hinterbeine.

„Lass mich aufsteigen", sagte ich. Zu diesem Zeitpunkt arbeitete ich mit vielen schwierigen Pferden und ich war mir einigermaßen sicher, in der Lage zu sein, ihn in Bewegung zu setzen. Ich stelle einen Fuß in den Steigbügel und stieg vom Boden aus auf. „Gib uns nur eine Minute."

Es gibt eine mittlerweile geläufige Phrase, die einem in Situationen wie dieser oft einfällt: *Lass die richtige Sache einfach werden und die falsche Sache schwierig.* Mehr Schenkel oder die Gerte, solange er stand; ein Streicheln oder eine Pause, sobald er ging. Aber es funktionierte nicht. Er stieg immer höher. Und es begann sich anzufühlen, als hätte er sich dem Steigen zusehends verschrieben, wie ein Wellenreiter nach einem Sturz, der sich durchs Wasser kämpfte, um die Oberfläche zu erreichen.

Und dann stürzte er nach hinten. Ich war unter ihm, als er auf seinem Rücken landete. Er rollte über meinen Torso und Kopf, als er herumkrabbelte, um auf seine Füße zu kommen. Als er sich aufrichtete, sprang ich auf, die Zügel in der Hand. Noch bevor er eine Möglichkeit hatte, sich umzusehen, hatte ich einen Fuß im Steigbügel. Eine Sekunde später war ich wieder oben.

Dieselbe Szene wiederholte sich drei weitere Male. Jedes Mal, wenn wir umfielen, stand ich mit ihm auf und war zurück im Sattel, noch bevor er einen einzigen Schritt getan hatte.

Die Gehirnerschütterung stammte wahrscheinlich vom ersten Sturz, was der Grund dafür war, dass ich mich an die Details jedes weiteren Sturzes nicht erinnere. Ich weiß nur noch, in Richtung meines Autos gegangen zu sein und das seltsamste Gefühl gehabt zu haben, als ob ich aufwachte: *Meine Füße bewegen sich, aber wohin gehe ich? Oh, das ist mein Auto. Da gehe ich hin. Ich kenne diesen*

*Ort. Was mache ich hier? Ich sollte mal nachsehen, wie spät es ist.*
*Mittag. Seltsam! Was habe ich den ganzen Vormittag gemacht?*

Die nächsten Wochen hindurch fühlte ich mich verletzlich, schwach und nutzlos. Ich hatte eine Menge Zeit darüber nachzudenken, was ich falsch gemacht hatte.

Das Offensichtlichste: Ich hatte keinen Helm getragen. Dämlich. Es war eines der wenigen Male in meinem Leben, an denen ich keinen Helm beim Reiten getragen hatte und demütigend dazu. Ich wurde von meinen Eltern beinahe enterbt und meine Frau ließ sich beinahe scheiden, weil ich etwas so Gefährliches getan hatte. Aber die Gehirnerschütterung und zwei geplatzte Trommelfelle waren der wirkliche Denkzettel.

Jedes Jahr gibt es Reiter, die nicht so viel Glück haben, wie ich es hatte; Reiter, die nicht imstande sind, wieder aufzustehen. Sie erleiden lebensverändernde Verletzungen … oder Schlimmeres. Ich erinnerte mich an die Briefeschreiberin aus meinen Hinnemann-Tagen. Diejenige, die gesagt hatte, es wäre nicht Selbstvertrauen, sondern Anmaßung, was mich auf dieses Pferd gesetzt hätte. Ich würde mich nicht mit ihr streiten.

Ich hatte auch nicht genug *nachgedacht*. Wie im alten Tischlerspruch „Zweimal messen, einmal schneiden" hätte ich mehr Zeit darauf verwenden sollen, *warum* das Pferd nicht vorwärts gehen wollte und weniger darauf, zu versuchen, es in Ordnung zu bringen.

Auch könnte ich nun sagen, wenn es einen einfacheren Weg gibt, um die Sache zu erledigen, warum ihn nicht wählen? Ich hätte das Pferd meiner Kundin einfach zum Hänger zurückführen können.

Ein paar Tage, bevor ich zum *Thoroughbred-Makeover* aufbrach, erhielt ich einen außerplanmäßigen Anruf, dringend zu Karma zu kommen. Sobald ich sie sah, wusste ich, dass wir in Schwierigkeiten steckten. Ihre Hinterhand kollabierte mit jeder Bewegung. Wir riefen sofort den Tierarzt. Gleich nachdem er angekommen war, gab er ihr etwas gegen ihre Schmerzen. Röntge sie. Doch es bestand wenig Hoffnung. Sinead kam und der Tierarzt sprach mit ihr. Ich wusste es.

An diesem wolkenlosen Morgen wurde Karma eingeschläfert. In ihren letzten Minuten spürte sie keine Schmerzen. Sie stand in der Sonne. Sie aß grünes Gras. Sie blickte nicht einmal auf.

In jenem Jahr wollte ich mich oft an meiner Frau festhalten und manchmal mit ihr feiern, doch sie hatte neun Pferde im Training und vier auf FEI Turnieren: Top Gun, High Altitude, Gray Area, und Forrest Nymph. Ihr Spitzenpferd Manoir De Carneville (genannt „Tate"), der im vorangegangenen Jahr an den Weltreiterspielen teilgenommen hatte, fiel aufgrund einer Verletzung eine Zeitlang aus. Wie häufig bei Athleten-Paaren hatten wir unvereinbare Terminkalender, und ich glaube, wir verbrachten in jenem Jahr etwa sechs Monate getrennt voneinander. So war es ein Geschenk und eine Erleichterung, meine Familie in jenem Herbst in Vancouver zu besuchen – gemeinsam.

Wir fanden uns dabei wieder, Fotoalben durchzublättern. Meine Familie hatte für jedes Jahr ein Album. Jedes Foto darin hatte auf der Rückseite ein Datum. Viele Beschriftungen nannten Orte, Namen und enthielten kurze Beschreibungen.

„Hier, Sinead, das ist von der Hochzeit meiner Eltern."

„Gott, sie sehen jung aus."

Am 29. August 1968 wurde Jennifer Wright, einundzwanzig Jahre alt, in der Unitarian Kirche von Vancouver zu Jennifer Maynard. Als ich aufwuchs, ging ich in ebenjene Kirche, die ungeachtet der Tageszeit immer sonnendurchflutet schien. Ihr Ehemann Rick war fünfundzwanzig. Zehn Jahre später bekamen sie ihr erstes Kind, Telf, benannt nach Ricks Vater. Dann, etwas mehr als drei Jahre später, wurde ihr zweiter Sohn geboren.

Telf begann mit seinem begrenzten Wortschatz (ich würde sagen typisch für ein Kleinkind), den Neugeborenen „Tik" zu nennen. Mit Sicherheit ungewöhnlich, aber es setzte sich durch. Jennifer und Rick machten daraus Initialen. Eine neue Geburtsurkunde wurde ausgestellt. *Thomas*, stand da und es gab zwei weitere Vornamen: *Ian Kevin*. Das war ich.

Sechs Jahre später wurde ein dritter Sohn geboren, Jordan. Wie viele Brüder wuchsen wir drei heran, um ähnlich, aber verschieden zu sein. Was die Größe betraf, waren wir alle hochgewachsen, doch Jordan war der größte (1,90 m). Zunächst pummelig wurde aus ihm aber schließlich ein Läufer, der seinen ersten Marathon mit zwei Stunden und 36 Minuten absolvierte. Er war immer ein Minimalist, einmal verbrachte er einige Jahre in einem Werkzeugschuppen.

Was den Ehrgeiz angeht, so hatten wir alle Pläne, aber Telf die meisten. Seit er im Alter von dreizehn seine erste Firma (Canadian Computer Consulting) registriert hatte, arbeitete er: als Pizzafahrer, Barista, Wachmann, Datenbankarchitekt, Web-Programmierer und Geschäftsführer des Southlands Riding Club; nebenbei als Tauchlehrer und Pony Club-Richter; wurde zertifizierter Amateurfunker und Pilot, sowohl für Nacht- als auch für Segelflug. Telf konnte alles reparieren; alles machen.

Wir alle mochten Pferde, doch ich mochte sie am meisten.

Wir standen uns als Familie nahe und ohne, dass es jemand je gesagt hätte, waren Traditionen wichtig. Also dachte ich, ich würde in diese Kirche gehen, solange es Vögel am Himmel gab und Wasser in den Flüssen. Dann, als ich älter wurde, erkannte ich, dass mein bevorzugter Platz, um zu beten, die Natur war.

Ich klappte das vierte Album zu.

„Möchtest du rüber zum Reitklub gehen?"

„Es ist kalt."

„Ich finde eine Jacke für dich."

Sinead wechselte von Schwitzen zu Erfrieren und Dampfen mit der Regelmäßigkeit und dem Wankelmut des Niederschlags an der Westküste. Ich nahm ihre Hand in meine und führte sie weg von den Alben.

„Außerdem", sagte ich mit einem Grinsen, „wenn wir darauf warten, dass es aufhört zu regnen, warten wir womöglich Monate."

Wir fuhren mit zwei Fahrrädern den Kilometer rüber zum Reitclub, um Vater zu treffen. Viele Männer in seinem Alter hörten auf, aber er ritt immer noch und unterrichtete jeden Tag.

Wir lehnten die Räder und uns gegen den Zaun. Sinead stand in meiner Nähe, der Wärme wegen. Ich legte meinen Arm um sie; ich war stolz, ihr mein Zuhause zu zeigen.

„Ich denke, er wird wohl der meist unterschätzte Lehrer in Kanada sein. Ich weiß nicht, warum Leute nicht Schlange stehen, um bei ihm Stunden zu nehmen."

„Ich glaube nicht, dass er sich damit beschäftigt." Sinead hatte eine Art, zum Punkt zu kommen. Wir sahen zu, wie mein Vater einem zierlichen Mädchen auf einem großen Pferd hinterherging und den Winkel ihres Schenkelweichens korrigierte. *Zu viel Abstellung. Zu wenig Abstellung. Genau richtig – jawohl!*

„Glaubst du, wir werden hierher zurückziehen?"

„Mit unserer Arbeit können wir hier nicht leben", stellte Sinead fest. Mein Gehirn wusste, dass sie recht hatte, doch etwas kroch durch meine Brust wie ein Kojote im Dunkeln. War es *meine* Entscheidung, nicht nach Hause zurückzukehren? Oder hielt mich meine Ehe davon ab?

Als mein Vater die Unterrichtsstunde beendet hatte, radelten wir mit ihm nach Hause. Wir kamen an einem Reiher vorbei, der still stand wie eine Statue. Das ist wirklich Geduld, dachte ich. Egal, wie viel einer hat, die Natur hat mehr. Eine kleine Meise landete zu unseren Füßen und flatterte ebenso schnell wieder davon.

Während des Abendessens sprachen wir über Pferde. Ich hatte über eine Frage nachgedacht und ich stellte sie in die Runde: „Warum glaubt ihr, bleiben Pferde stehen?"

Ein Pferd, das einen Sprung verweigerte, war nur allzu häufig und dies war eine gute Runde, um es zu diskutieren. Mit meinen Eltern, Sinead, Telf und seiner Frau und Jordan und seiner Freundin fanden wir sechs Gründe: Erstens: Schmerz. Zweitens: Die Vorahnung von Schmerz. Drittens: Der Reiter hatte unabsichtlich Anhalten leichter gemacht als Springen. Viertens: Das Pferd ist überfordert. Fünftens: Anhalten war zur Angewohnheit geworden. Sechstens: Das Pferd war abgelenkt.

Wenn das Anhalten zur Gewohnheit geworden war, bildete die einzige Kategorie, in der wir uns einig waren, dass wir die Gerte verwenden würden.

Wir stimmten darin überein, dass die Gerte verwendet werden sollte, um Zutrauen zu vermitteln, um zu sagen: „Ja! Wir können das schaffen! Wir sollten das machen." Sie sollte nicht sagen: „Du hast unrecht!" oder schlimmer: „Ich hasse dich."

Das schwierigste an der Sache war, fähig zu sein, zu erkennen, welche Ursache am Werk war. Oder sogar noch verwirrender, ob es eine Kombination von mehr als einer war. Ich machte mir Notizen. Vielleicht konnte alles, worüber wir debattierten, eines Tages ein Artikel werden.

Schließlich ließen wir uns um den offenen Kamin nieder. Sinead war immer noch kalt, also machte Jordan heiße Schokolade für alle. Natürlich wurde sie mit Irish Cream angereichert. Und ich beschloss, eine Geschichte zu erzählen. Ich hielt Sineads Hand, während ich sprach.

„Der US Reiterverband gab vor den Weltreiterspielen in Frankreich eine große Party in Virginia. In Middleburg. Weiße Zelte, weißer Wein, schwarze Krawatte. Während Sinead mit Lynn Symanski plauderte, schlich ich mich zur Feuerstelle und leistete einigen anderen Ehemännern Gesellschaft. Die Rede kam darauf, dass ich frisch verheiratet war und ich fragte, was das Geheimnis einer langen Ehe wäre. Es kamen ein paar Antworten, die es nicht wert sind, sie zu wiederholen, doch dann umschloss ein Mann, grauhaarig, seinen Whiskey mit beiden Händen und sagte: Lasst mich euch eine Geschichte erzählen … Als ich meine Frau heiratete, schlossen wir eine Vereinbarung. Ich als der Mann würde natürlich alle *großen* Entscheidungen treffen.

All wir Ehemänner, die wir da um die Feuerstelle standen, ganz ähnlich wie wir jetzt hier sitzen, nickten einander zu. „Meine Frau", fuhr der Mann fort, „nachdem sie die Frau war, würde natürlich alle *kleinen* Entscheidungen in unserem Leben fortan treffen." Mehr Einander-Zunicken. Das schien fair. „Nun …", sagte der Mann, als er einen Schluck von seinem Drink nahm – ich erinnere mich, pur, kein Eis.

„Wir sind nun siebenundvierzig Jahre verheiratet und wir mussten nie, nicht ein einziges Mal, eine große Entscheidung treffen."

Ich wartete auf das Lächeln und ich bekam es. Dann lachte Telf und meine Mutter spendete Beifall. Die Hunde schlossen sich der Aufregung an und bellten. Ich warf Sinead einen kurzen Blick zu und das sanfte Licht des Feuers tanzte auf ihrem Gesicht. Sie drückte meine Hand. Draußen begann es zu regnen. Drinnen zu sein fühlte sich angenehm an.

Am nächsten Morgen erwachten wir mit dem Sonnenlicht und flogen nach Salt Spring, Teil der Inselgruppe der Gulf Islands, die sich zwischen der Küste von British Columbia und Vancouver Island aufreihten. Unser Wasserflugzeug landete sanft und glitt über das Wasser zum Dock der winzigen Stadt Ganges. Eamon flog nach Vancouver und nahm die Fähre, um uns zu treffen. Wir nächtigten im Quarrystone Bed and Breakfast, mit den besten Muffins am

Morgen und der besten Aussicht am Abend. Ich war stolz, meinen Schwiegervater herumführen zu können.

„Perfekt", sagte er, blickte uns an, dann den Sonnenuntergang.

Später im gleichen Jahr war ich erneut in Vancouver, um einen Kurs zu geben. Es war am Morgen des letzten Kurstags. Das Telefon läutete früh. Es weckte mich auf, aber ich ging nicht rechtzeitig ran. Ich hörte die Pferde an ihre Boxenwände klopfen, als sie auf ihr Frühstück warteten. Vermutlich TJ, dachte ich. Ich besuche ihn später. Ich drehte mich herum, weg vom Licht. Nur noch ein bisschen länger liegen … es ist so angenehm. Abermals klingelte das Telefon. Ich sah auf den Bildschirm. *Meine schöne Frau*, sagte ich. Ich ging ran.

„Tik?"

Ich wusste sofort, dass etwas passiert war. Ich setzte mich im Bett auf. Ich hielt das Telefon an mein Ohr, während sie sprach. An den Wänden waren Regale und Regale von Büchern. Ich starrte sie an. Die Titel verschwammen. Die Rücken hatten verschiedene Farben und vielerlei Größen, wie Steine in einem Fluss. Ich blickte aus dem Fenster und sah, wie mein Vater Heu über eine Boxentür war. TJ zog seinen Kopf rasch zurück hinein, um zu fressen.

Ich konnte Sinead beinahe sehen, wie sie sprach. Ihre kristall-blauen Augen offen, aber unfähig zu sehen. Ihre Welt verschwommen, verwirrt. Ich sah ihre Finger vor mir, wie sie beklommen auf ihr Bein tippten. Sie hätte sich zusammengekauert, um sich klein zu machen, als ob sie fröre. Ich wollte sie halten.

Ich habe mich nie so machtlos gefühlt wie in dem Moment, als mir meine Frau sagte, dass ihr Vater nicht mehr länger Teil dieser Welt sei. Er hatte sich sein Leben genommen.

# ES IST UNFASSBAR

Das Rednerpult verbarg seine Größe in keinster Weise. Er war ein Kerl von Mann. Rau aussehend. Haut wie Rinde. Tätowierungen lugten aus seinem Kragen und an seinen Handgelenken hervor. Die stillstehende Luft trug seine Stimme vom Kirchenschiff herab: „Ich spreche, weil meine Frau nicht dazu in der Lage ist. Manchmal gibt es einfach zu viele Tränen."

An diesem Tag gab es so viele Tränen, dass ich mir Sorgen machte zu ertrinken. Ich bemerkte, dass Sineads Fingertippen zurückgekehrt war und platzierte daher meine Hand auf ihrer. Das Zappeln setzte sich in meiner Handfläche fort, als ob ich einen winzigen Vogel hielte. Ich ließ ihre Hand los. Ich wusste, festgehalten konnte sie sich wie ein festgebundener Mustang fühlen. Einfach nur da zu sein war das einzige, von dem ich wusste, dass ich es tun sollte.

Dieser große Mann war sozusagen der letzte von einem Dutzend Redner. Die Art, wie er erst die Hand seiner Frau hielt, dann halb aufstand, zu ihr blickte, legte die Vermutung nahe, dass er sich in letzter Sekunde zu dieser Rede entschlossen hatte.

„Meine Frau arbeitete für Eamon", sagte er. „Sie kannte ihn gut." Ein paar Leute blickten kurz zu der Frau in der vordersten Kirchenbank. Ihr Kopf war gesenkt. Ihr Haar beschützte ihr Gesicht. „Als ich Eamon zum ersten Mal traf, sah er meine tätowierten Arme und fragte: „Spielst du bei *Sons of Anarchy* mit?""

Gelächter hinter uns. Gottseidank. Etwa achtzig Leute waren es, die sich versammelt hatten und die düstere Stimmung schwand kurz. Nur Eamon, sagten wir uns. Nur Eamon konnte mit so etwas durchkommen. Eamon war magisch. Unser Lachen trieb auf unseren Tränen, wie Öl auf Wasser, für einen kurzen Moment.

Die Trauerreden hatten alle einen gemeinsamen Tenor: Eamon war weltgewandt, er war präsent, er wurde geliebt, er war leidenschaftlich, er war lustig. Es war leicht sich vorzustellen, wie er diesen Grizzly vor uns ärgerte. Die Vorstellung gab uns etwas, das wir fassen konnten, während wir versuchten, dem Geschehen einen Sinn abzugewinnen. Dann endete das Lachen so schnell, wie es gekommen war und ich hörte leises Weinen hinter mir. Ich drehte mich nicht um.

Während der letzten drei Tage hörte ich in einem Meer aus Adjektiven am häufigsten das Wort *magisch*. Eamon besaß außerordentliche, Geschenke-Machende-Spaß-Magie wie Aladdins Jafar. Auch besaß er die mysteriösere, Weise-und-Voller-Überraschungen-Magie wie Roald Dahls Willy Wonka. Es war unglaublich, dass Magie wie diese verschwinden konnte. Wir konnten es nicht glauben.

Der große Mann blickte zu uns herab und schwieg. Er sah Sinead an, dann seine Frau. Dann fuhr er fort.

„Was ich von Eamon in Erinnerung behalten werde, sind seine Umarmungen. Er umarmte mich und ich war die wichtigste Person auf der Welt."

Es war still in der alten Kirche.

„Umarmung", flüsterte er. Seine Arme gingen hoch und reichten hinauf, vergeblich. Meine Frau erzitterte neben mir. Ich drückte ihre Hand, aber ich spürte, sie fühlte sie nicht. „Umarmungen, die das Verständnis eines Mannes in sich trugen, der wusste, dass eine Umarmung die Seele berühren konnte. Verglichen mit den meisten von euch kannte ich ihn kaum, aber ich werde ihn nie vergessen."

Sinead atmete fest ein und ich wusste, was sie dachte. *Mein Vater traf niemals einen Fremden.*

Der Mann mit den Tätowierungen blieb eine Minute stehen, dann ging er zurück zu seiner Frau.

Ich hatte meinen Weinkrampf zwei Tage zuvor. Ich joggte den Hügel hinter seinem Haus nach Downtown Paso Robles hinunter. Ich lief an dem Café vorbei, in dem Eamon und ich nie wieder Kaffeetrinken würden. Da war das Bistro Laurent's, in dem der

Sommelier uns nie wieder einen Wein aussuchen würde. Ich lief weiter. Ich wandte meinen Blick von dem Veranstaltungszentrum zu meiner Rechten ab, in dem wir gemeinsam eine Pferdeshow besucht hatten. Es war das erste Mal gewesen, dass ich mit ihm ohne Sinead unterwegs war, und, obwohl kein Pferdemensch, war er fasziniert von den Cowboys und wie sie begannen, eine Beziehung mit dem Pferd aufzubauen.

Eamon und ich würden nie wieder gemeinsam eine Zigarre rauchen, Tequila trinken, ins Fitnessstudio gehen oder Yoga üben. Wir würden nie wieder gemeinsam lachen. Mann, was konnte er lachen! Eamon würde nie seine Enkel kennenlernen. Er würde mir nie wieder einen Grünkohlsmoothie machen. Ich lief über die Straße. Er würde nie wieder mit Sineads Bruder Greg Golf spielen. (Wer hatte das letzte Spiel gewonnen? War es Eamon? Oder vielleicht war es Greg.) *Gottverdammtnochmal*! Ich war ihm so böse. Greg liebte es, mit seinem Vater zu golfen. Ich rannte schneller.

Eamon würde Sinead nie wieder „Mein Baby" nennen. Mir würde sich nie mehr die Möglichkeit bieten, mich dafür zu entschuldigen, bei ihm nicht um die Hand seiner Tochter angehalten zu haben.

Als ich nicht mehr rennen konnte, ging ich. Zurück nahm ich den langen Weg.

Manchmal sind Pferde nicht die einzigen, die rennen müssen. Ich wünschte, mehr Leute verstünden das.

Nach meinem Lauf ging es mir besser und ich konnte mehr für Sinead da sein. Ich habe einmal gehört, dass man die Geburt eines Kindes das „gemeinsame Wunder" nennt und den Tod eines Elternteils die „gemeinsame Tragödie", doch die Seltenheit einer Emotion sagt nichts über ihre Stärke aus. Wir *fühlen* sie trotzdem. Ich glaube nicht nur, dass Tiere trauern, sondern auch, dass wir in der Trauer mehr wie Tiere werden.

Es ist ein Wunder, dass die Natur uns erlaubt, so viel Liebe zu fühlen. Und in Wahrheit war es nicht mein Schmerz, der mich am traurigsten stimmte; es war der Schmerz meiner Frau. Sie war wie ein vor der Zeit entwöhntes Fohlen. Ihr Weinen riss an meinem Herzen, bis ich mich nach innen wandte und schwieg. Ich war so böse auf ihn.

Auch als er noch am Leben war, und er konnte so lebendig sein – *so verflucht lebendig!* – wollten ihn die Leute entweder umhauen oder umarmen.

Bei der Gedenkfeier hörte ich, wie jemand sagte: „Niemand wird Eamon je als alten Mann erleben." Ich stellte mir vor, dass das manchen ein wenig Trost spenden würde, genau wie unser Bild von James Dean für immer jenes ist, dass er sich angeblich gewünscht hat, stark und cool, mit vierundzwanzig. Aber meine neue Familie hatte so viele Pläne noch vor sich, Träume, die jetzt einen weniger betreffen würden.

Ich ging hinaus, um etwas frische Luft zu schnappen. Ich rief meinen Vater an und sagte ihm, dass ich ihn liebe. Ich glaube nicht, dass ich das je getan hatte.

Die nächsten beiden Tage verschwammen und ehe wir es uns versahen, verließen wir Kalifornien. Greg fuhr das Mietauto zurück nach Los Angeles, Sinead saß neben ihm. Wir führen zurück in unsere Leben. Es gab keine Wahl. Wir hatten Pferde, um die wir uns kümmern mussten, sie trainieren und reiten. Wir hatten Kunden zu unterrichten. Wir hatten Rechnungen zu bezahlen. Ich saß hinten. Ich legte meine Hand auf Sineads Schulter. Ich spürte, wie sie meine Hand in ihre nahm.

Wir schwiegen den Großteil der Fahrt. Dann machte Sinead das Radio an und Adele sang „Hello".

Sinead begann erneut leise zu schluchzen und ich wusste, dass ich abermals nichts tun konnte, also tat ich nichts. Sinead zog ihre Hand nach ein paar Minuten zurück.

Ich saß auf dem Rücksitz und zog meine Hand zurück. Ich wollte sie bei Sinead lassen. Ich wollte sie trösten. Aber es wäre gewesen, als drückte man die Schulter eines Piloten, während der Propeller stockte und das Flugzeug lautlos in die Tiefe flog.

## HORSEMANSHIP

George Morris trug ein orangefarbenes Hemd, hohe, mahagonifarbene Stiefel, eine schwarze Sonnenbrille mit apfelroten Rändern und einen schwarzen Helm.

„Die Grundprinzipien gehen alle auf dieselbe Sache zurück", erklärte er, als er plötzlich schrie: „Klappe!"

„Klappe", bellte er erneut, als er von dem dunkelbraunen Pferd herunterglitt und es dem Reiter übergab, der daneben wartete. „Vor euch habe ich keinen Respekt." Er ging hinüber zum Publikum. „Vor ihm schon." George zeigte auf Peter Gray, unseren Gastgeber und zweimaligen Olympioniken. „Vor euch", er sah auf den Rest von uns. „Vor euch hab ich keinen. Ihr habt nichts für die Pferdewelt geleistet. Nichts!"

Ich saß in Ocala in einer Gruppe von etwa zwanzig Kanadiern, die meisten von ihnen junge Vielseitigkeitsreiter, auf diesem Kurs mit George Morris und der Dressurreiterin Christilot Boylen. Zwei Zuschauer hatten geflüstert, einige auf ihre Smartphones geschaut, während George die Wichtigkeit des Schenkels und die Vorzüge eines leichten Sitzes demonstriert hatte.

„Christilot und ich sind heute Diktatoren", fuhr George fort, während seine Stimme sich aufbrauste. „Vielleicht gutmeinende Diktatoren. Aber Diktatoren. PASST AUF!" Dann gestikulierte er nach Wasser. Ihm wurde eine Flasche gereicht. „Ich werde milde", gab er leise zu, als er sie nahm.

Dafür mochte ich ihn.

Am Ende des Tages brachte ich ein Vollblut zu George und Christilot, damit sie es sich ansehen konnten. Johnny Football war ein sechsjähriger Wallach, mit dem ich auf dem 2016 *Thoroughbred-Makeover* angetreten war. Ich wusste, dass sowohl George als auch Christilot Fans der Rasse waren. Ich wollte wissen warum. Ich wollte wissen, wie sie sie trainierten. Unterschied sich ihre Arbeit mit ihnen von der mit anderen Rassen? Und ich wollte wissen, was sie von Johnny hielten.

Sinjon war Georges Lieblingsvollblut aus der Zeit seiner eigenen Wettkämpfe. Sinjon, mittlerweile geehrt in der Show-Jumping-Hall-of-Fame, begann seine Karriere auf der Rennbahn, dann wurde er von Harry De Leyer (berühmt für Snowman – *The Eighty-Dollar Champion*) zu einem großartigen Springpferd gemacht.

„Er war schmächtig", sagte George, „aber er konnte in der obersten Liga springen. Er konnte Tricks in der Luft. Als ich ihn das erste Mal sah, wollte ich ihn haben."

Wenn George spricht, wiederholt er sich oft selbst. Es ist, als verwendete er einen Leuchtstift für seine Worte – er lässt uns wissen, welches die wichtigen Teile sind. Und als er über Sinjon sprach, beschrieb er vielleicht alle Vollblüter: „Heiß, aber ehrlich … tapfer, aber überlegt." Dann nochmals: „Ehrlich", und nochmals: „Tapfer."

Christilot, sechsmalige Olympiateilnehmerin, bekam Bonheur, einen fünfjährigen Wallach von der Rennbahn, als sie erst dreizehn Jahre alt war. Vier Jahre später starteten sie bei den Olympischen Spielen in Tokio.

„Bonheur war niemals ein Spitzenpferd, aber er hat seine Arbeit gemacht", sagte sie. „Er hat mir viel beigebracht. Vollblüter machen das. Ich lernte viel über Temperament. Ich lernte, es nicht zu übertreiben."

Christilot und George waren beide Horsemen, die andere Horsemen respektierten, ohne Vorbehalte, in welcher Disziplin sie ritten. Während Georges Gruppenstunden auf dem Außenplatz abhielt, blieb Christilot im Schatten des Dressurrings. Wiederholt bezog sie sich auf die klassische Ausbildungsskala: Takt, Losgelassenheit, Anlehnung, Schwung, Geraderichtung, Versammlung. George pflichtete bei, betonte aber unablässig Schwung. „Es ist, wie wenn man im Auto den Zündschlüssel dreht. Es ist der erste Schritt." Am Drang des Pferdes vorwärtszugehen führt kein Weg vorbei.

„Sei perfekt in den kleinen Dingen und die großen Dinge ergeben sich von selbst", sagte uns Christilot.

„Du wirst nie ein Spitzentrainer sein, wenn du dich nicht mit Geschichte auskennst. Dann kannst du ein Reiter sein, aber kein Trainer. Kein *Spitzen*trainer!", sagte George.

Und dann: „Die Grundprinzipien gehen alle auf dieselben Ursprung zurück. Erstens: Ruhig, vorwärts, gerade. Zweitens: Schenkel, Schenkel, Schenkel! Drittens: Halten, nicht ziehen." George nahm die Hand von einer der Reiterinnen, die in der Nähe stand und hielt sie. „Halten", sagte er. Dann zog er an dem Mädchen und schüttelte seinen Kopf. „*Nicht* ziehen!"

„Wie ist es mit Vollblütern?" fragte ich. „Trainiert man sie anders?"

George sah mich an, als ob ich ihn darum gebeten hätte, sich zu wiederholen.

„Es gibt keinen Unterschied. Keinen Unterschied! Die Prinzipien sind alle dieselben. Du willst dasselbe. Doch mit einem Vollblut hast du bereits einen Vorsprung. Sie haben bereits Schwung. Und sie sind empfindsamer."

Christilot nickte zustimmend. „Empfindsamkeit", sagte sie. „Und Gefühl. *Nicht* übertreiben. Wir alle werden besser durch das Reiten eines Vollblüters. Und das kann dich zu einem besseren Horseman machen."

Ich stimmte mit beiden überein: Vollblüter waren oft empfindsamer. Doch Georges Behauptung, dass dir das einen Vorsprung verschaffte, war nicht ganz korrekt. Pferde können *zu* empfindsam sein. Wenn ich Johnny um Trab bat, wollte ich nicht, dass er unterreagierte und einfach schnelleren Schritt ging, doch ich wollte ebenso nicht, dass er überreagierte und galoppierte. Ich wollte, dass er angemessen reagierte. Mit manchen Vollblütern starten wir nicht mit einem Vorsprung, weil sie empfindsam sind, sondern haben ein *Defizit*, weil sie *zu* empfindsam sind.

Doch andererseits, vielleicht lag es auch gar nicht am Pferd. Vermutlich musste ich nur besser reiten.

Darüber dachte ich nach, als ich mit Johnny ein paar Sprünge übte. An diesem Tag sprang er mit schnellen Beinen und leichtem Herzen. Die Sonne warf Schatten auf die Hindernisse, aber Johnny kümmerte es nicht. Er erinnerte mich an einen jungen Billy Elliot. George sah zu und sagte nichts. Schlussendlich schlug er vor, ich sollte ihn zu einigen Turnieren als Hunter mitnehmen.

„Die Leute werden sich zu interessieren beginnen", sagte er.

Ich nickte und streichelte Johnny. Ich stieg ab und führte das Pferd hinüber zu George und Christilot, die in einem Golfwagen saßen. Ich hatte noch eine Frage für die beiden.

„Was bedeutet für euch, ein Horseman zu sein?"

George sah auf Christilot.

„Möchtest du zuerst?", fragte er.

Sie nickte, dann lehnte sie sich zurück, um ihre Gedanken zu ordnen.

„Horsemen sind Menschen, die ihr gesamtes Leben in der Gesellschaft von Pferden verbringen. Sie verstehen das Zucken eines Ohrs oder das Nicken eines Kopfs. Sie haben Einfühlungsvermögen und wissen sofort, wie sie zu reagieren haben. Sie sind immer aufmerksam und sie achten auf das erste Anzeichen. Sie wissen, wann sie dranbleiben und wann sie loslassen müssen. Sie versetzen das Pferd in die Lage zu gewinnen statt zu verlieren."

Christilot ist eine leisere Lehrerin als George, aber nicht weniger achtsam. Nun schwieg sie, um gleich darauf weiterzureden ... um die richtigen Worte zu finden.

„Es ist eine subtile Sache ... mit Horsemen, du siehst bei ihnen keine Probleme, weil sie es gar nicht so weit kommen lassen. Andere bemerken es eine Sekunde zu spät. Dann haben sie Probleme."

George beobachtete Christilot, während sie sprach. Dann sah er zu mir. Seine Sonnenbrillen reflektierten mein Gesicht.

„Erstens hat jeder, der lange Zeit erfolgreich ist, eine ihm inne-wohnende Liebe für das Pferd. Ein Horseman hat ein tiefes Ein-fühlungsvermögen für Pferde", begann er. „Zweitens, sind Horse-men an allen Phasen und Aspekten des Pferdes interessiert. *Allen* Aspekten."

„Und wie ist es mit Leuten wie Buck?", fragte ich. Ich wusste, dass er Jahre zuvor einen Kurs mit Buck Brannaman gegeben hatte. Ich wusste, dass er eine DVD-Reihe mit meinem Freund Jonathan Field herausgegeben hatte.

„Es gibt mit Sicherheit einen Platz für Leute wie Buck und Jonathan. Nicht als Alternative zu dem, was wir tun", er nahm seine Hand in die Höhe, als wollte er Christilot einbeziehen, „sondern als Ergänzung."

Christilot nickte.

„Vergiss nicht, Vollblut oder nicht, die Grundlagen gehen alle auf dieselben Prinzipien zurück."

Wäre die amerikanische Springreiterszene die Mafia, dann wäre George vermutlich der Pate. „Ich gebe diesen Kurs nicht, um mit euch allen zusammen zu sein, sondern um mit ihr zusammen zu sein", hatte uns George früher am Tag erklärt, während er auf Christilot zeigte. „Warum? Weil ich lernen will. Ich bin immer ein

Schüler gewesen. Ich hatte kein Talent, aber ich hatte Ehrgeiz. Ich wollte lernen. Ich will es immer noch."

Diese beiden Reiter, so voller Leidenschaft, hatten ihre Karrieren auf Vollblütern begonnen und an den Olympischen Spiele teilgenommen. Vollblütern wird oft mehr „Wille" als anderen Rassen zugesprochen. Man sagt, man könne es sogar in ihren Augen sehen – diesem „Adlerblick". Wenn ich George und Christilot betrachtete, wenn ich eine Menge herausragender Horsemen betrachtete, wenn ich meine Frau betrachtete, sah ich dort dieses Glitzern.

Ich trat vor und schüttelte beiden die Hände und dankte ihnen für ihre Zeit.

„Die Grundlagen gehen alle auf dieselben Prinzipien zurück", sagte George zum dritten (oder vierten) Mal, als er Christilot im Golfwagen mehr Platz machte. Dann fuhren sie gemeinsam weg, am Dressurring vorbei, plaudernd.

Es gab einen weiteren feinen Horseman, der sich mit Vollblütern auskannte. Ich hatte die Gelegenheit, Michael Matz zu treffen, als ich ihn für einen Artikel im *Off-Track Thoroughbred Magazine* interviewte. Michael war ein Springreiter, der dreimal an den Olympischen Spielen teilnahm, doch in letzter Zeit war er als Rennpferdetrainer erfolgreich. Besonders bekannt war er als Trainer von Barbaro, der 2006 das *Kentucky Derby* mit Abstand gewann, sich aber tragischerweise zwei Wochen später bei den *Preakness Stakes* sein Bein zerschmetterte.

Ich traf mich mit Jennie Brannigan, einer Profi-Vielseitigkeitsreiterin, in der Lobby des Hotels Diplomat in Fort Lauderdale um halb sechs Uhr morgens. Die Nachtschicht polierte den Boden. Die Lichter waren gedimmt. Wie wir wussten, machten sich andernorts Jockeys und Übungsreiter daran, die erste Gruppe Pferde zu trainieren. Einige der Reiter und die Belegschaft wohnten auf der Rennanlage, doch wir hatten eine Stunde Autofahrt vor uns. Wir würden Michael Matz und sein Team für die zweite Gruppe treffen.

Das Tor zum *Palm Meadows Training Center* war bewacht, doch war man erst mal drinnen, war es wie eine kleine Stadt. Da waren Reihen um Reihen von Ställen. Kurz verlor ich die Orientierung. Da waren hunderte von Pferden, vielleicht tausende, viele von ihnen wurden geführt oder geritten. Alle Reiter bewegten sich einem Zweck folgend, auf der Suche nach dieser mystischen Balance zwischen Geduld und Eile. Tierärzte machten ihre Runden. Pfleger trugen Sättel. Trainer beobachteten Pferde wie Eulen oder Generäle.

Ich fühlte mich fehl am Platz. Zu schwer und zu groß. Aber Michaels Mitarbeiter waren umgänglich und hießen mich willkommen. Jennie war mit ihnen regelmäßig galoppieren und sie begrüßte sie mit Umarmungen und einer Schachtel Donuts, die wir auf dem Weg besorgt hatten.

Dies war das zweite Mal, dass ich mit Galoppern als Teil eines Interviews für das *OTTB Magazine* zu tun hatte. Das erste Mal war auf Oliver Sherwoods Anlage in England im vorherigen Jahr gewesen. Oliver war als Trainer von Many Clouds berühmt geworden, einem Grand National Gewinner. Nach meiner Ankunft war ich auf ein kleines Pferd gehievt worden und wir waren durch die alten Straßen von Lambourn spaziert und hinaus auf die Galoppstrecken, die auf einem Grashügel hinter der steinernen Stadt angelegt worden waren.

An diesem Morgen jedoch galoppierten Jennie und ich drei Strecken. Dem ersten Pferd war eine lange Trabstrecke und ein langsamer, gleichmäßiger Galopp zugewiesen worden. Dem zweiten ein kurzer Galopp. Das dritte Pferd brachten wir in die Startbox. Ich konnte das Herz meines Pferdes durch den Sattel schlagen spüren. DI-DAM-DI-DAM-DI-DAM. Ich konnte die Muskeln gespannt wie Gitarrensaiten sehen. Doch wir starteten nicht. Wir gingen nur rückwärts raus und galoppierten anschließend.

Der Gedanke dahinter, rückwärts rauszugehen, besteht darin, dass wenn die Pferde jedes Mal aus der Box starten, sie das Hinausstarten vorhersehen und nervös werden. Doch wenn man manchmal rückwärts hinausgehen lässt, werden sie ruhiger, weil die Starterbox nicht immer mit Rennen assoziiert wird.

In England lassen die Trainer ihre Pferde allerdings nie rückwärts rausgehen. Ihre Theorie? Die Starterbox hat einen Weg hinein und einen Weg hinaus. Warum die Rennpferde verwirren?

Vollblüter werden zum Galoppieren gezüchtet – verglichen mit anderen eine relativ einfache Aufgabe und doch eine der meist umkämpften Sportarten, die es gibt. Es gibt keine „Amateur"- oder „Freizeit"-Rennpferde, wie es sie bei menschlichen Läufern gibt (wir nennen sie „Jogger"). Die langsamen sind schnell weg.

Als wir über die Strecke galoppierten, war es, als hätte man die Schwerkraft auf ihre Seite gelegt und wir nach vorne anstatt nach unten gezogen würden. Wir liefen schneller und schneller, bis ich zu meinem Ross „Verzeihung" sagen musste. Ich zog an den Zügeln und hielt ihn davon ab, schneller zu gehen. Nicht heute.

Um der Wahrheit Gehör zu verschaffen, auch ich wollte schneller galoppieren. Es war wie einen Porsche zu fahren und im dritten Gang bleiben zu müssen. Oh, ihn abziehen zu lassen! Zu sagen: Los geht's!

Später lachte Jennie, als ich ihr erzählte, wie ich mich da draußen gefühlt hätte. „Du musst ein wenig länger als einen Tag Übungsreiter sein, um sie abziehen zu lassen!"

Als ich schließlich meine Zeit mit Michael hatte, fragte ich ihn natürlich nach Vollblütern. Doch was ich hören wollte, waren seine Gedanken zu Training und Horsemanship. Also zog ich dieselbe Frage, die ich George Morris und Christilot Boylen gestellt hatte.

„Was bedeutet Horsemanship für dich?“

Michael setzte sich auf eine Kiste mit Zaumzeug und so tat ich das auch. Es erforderte nicht viel des Nachdenkens, bevor er sagte: „Gesunder Menschenverstand.“

Meine Güte, Michael, wollte ich sagen. Gesunder Menschenverstand? Du machst Witze! Horsemanship ist ungefähr genauso verbreitet wie ein Pferd, das Gewinn macht.

Doch ich sagte nichts. Ich schrieb es nur auf.

Michaels Antwort war so simpel und so tiefgründig, denn für ihn war es *das*, was Horsemanship war: etwas Einfaches und Offensichtliches. Und doch, wäre es nicht so rar und besonders, es würde jeder zu den Olympischen Spielen fahren und das Kentucky Derby gewinnen. Und ich würde nicht überall herumreisen und die ganze Zeit dieselben Fragen stellen.

Nein, Horsemanship ist eher wie ein Rätsel: offensichtlich, wenn du die Antwort kennst, nichts, um damit anzugeben, doch magisch für alle anderen. Aus dem Blickwinkel der Pferde muss es ähnlich sein: Aus *uns* klug zu werden, muss für *sie* ein Rätsel sein.

Der Unterschied besteht darin, dass wir mit Pferden arbeiten, weil wir getrieben sind, dieses Rätsel zu lösen. Stellen Sie sich vor, wir nähmen eine allgemeine Stichprobe der menschlichen Bevölkerung und würden manche Menschen per Zufall zu Pferdebesitzern machen. Ohne den Ehrgeiz, aus Pferden klug zu werden (vielleicht würden sie eher Golf spielen, fischen oder *Longmire* lesen wollen), gäbe es mehr Frustration und Ärger als in der Politik. *So* ist es, wie sich das für die Pferde anfühlt; wir fragen sie nicht: „Wer von euch möchte von Menschen geritten werden?“

Um dann hinzuzufügen: „Ach ja, und übrigens, aussuchen könnt ihr euch nicht, wer die Person ist.“ Vielleicht, wenn wir es täten, würde uns nicht gefallen, was wir hörten.

# KEIN SCHMOLLEN

Ich sitze in der Küche des kleinen, gelben Hauses, das Sinead und ich gemietet haben. Es ist die Straße runter von dort, wo unsere Pferde leben – dort steht für uns noch kein Haus, aber eines Tages wird es so sein. Wir haben unsere Anlage *Copperline Farm* getauft, nach Eamons Lieblingslied von James Taylor aus North Carolina.

Vor dem Fenster sehe ich Bahiagras, das „Y"-förmig wächst und Ähren trägt, und ich denke, unser Gras muss gemäht werden. Ich sehe Pferde in den Paddocks. Ich weiß, dass meine Frau noch ihre Pferde reitet, aber Sturm ist aufgezogen und ich hoffe, dass sie bald fertig ist.

Sinead und ich haben jetzt unsere eigenen Praktikanten und die meisten von ihnen arbeiten die meiste Zeit über viel besser, als ich es in ihrem Alter tat. Manchmal schicke ich sie allerdings zurück in den Stall, wenn sie die falsche Satteldecke genommen haben oder ihr Pferd nicht sauber genug ist. Manchmal schicke ich sie ins Roundpen, wenn ihr Pferd übermäßig ängstlich ist. Dabei versuche ich mich daran zu erinnern, dass es nicht ausschließlich darum geht, *was* ich sage, sondern *wie* ich es sage. Ich erinnere mich: Wie ich den unbedarftesten Schüler behandle ist genauso wichtig wie die Art und Weise, in der ich den talentiertesten behandle. Wie ich das am wenigsten beeindruckende Pferd behandle ist ebenso wichtig wie die Art und Weise, in der ich das am meisten beeindruckende behandle. Sinead und ich haben unsere Geschäftstätigkeiten zusammengelegt und die Entwicklung stimmt uns immer optimistischer.

Nach Eamons Tod erschien es eine Weile so, als ob jeder Schritt, den wir unternahmen, einer durch tiefen Schlamm wäre. Da waren Pferde zu reiten, Rechnungen zu bezahlen, Kunden zufriedenzustellen, Zäune zu reparieren und die Weiden zu pflegen. Auch war da ständig diese Stimme in meinem Kopf: *Kümmere dich um deine*

*Frau!* Zählen wir noch unsere erste Hypothek in Citra, Florida, dazu, waren wir bei mehr Stress angekommen, als ich es gewohnt war. Schließlich musste sich Sinead genau so viel um mich kümmern wie ich mich um sie, was nicht fair war, sodass ich mir auch darüber Sorgen machte.

In meiner Familie ziehen sich Sorgen und Schuldgefühle wie dünne Adern durch Marmor. Als mein Vater vierzehn war, adoptierte er Bandit, ein Waschbärbaby. Er flocht ein nettes, kleines Halsband aus Heuschnur für ihn und führte ihn durch Southlands. Bandit war neugierig, doch scheu. Daheim spielte er den Clown: Er drehte das Wasser in der Spüle an, spielte mit Küchenutensilien, stocherte im Mülleimer, wusch alle Früchte. Eines Tages kehrte der immer noch junge Waschbär nicht zurück. Natürlich hoffte mein Vater, Bandit hätte eine Waschbärfamilie gefunden, die ihn aufnehmen würde; dass er nicht von einem Kojoten gefressen worden wäre oder von einem Lastwagen überfahren.

Zu dieser Zeit lag in Vancouver der Gedanke, dass *alle* Tiere mit Neugier und Respekt behandelt werden sollten, nicht im Trend. Er war eine Rarität, als er in den Sechzigern Vegetarier wurde, als junger Mann, in einer bäuerlichen Gemeinde. Doch sein Prinzip war: „Behandle Tiere so, wie du selbst behandelt werden möchtest."

Angesichts dieser Gedanken wurde ihm leichter ums Herz. Freiheit war das Beste für Bandit. Bis er um drei Uhr morgens aufwachte und seinen Fehler bemerkte: Bandit war klein. Das Halsband aus Heuschnur war klein. Bandit würde bald größer sein. Das Halsband nicht.

Mein Vater spürte das Sträfliche an seinem Fehler fünf Jahrzehnte später immer noch. Er konnte sich das Schlimmste vorstellen, als ob es sich gerade vor ihm abspielte.

Wie die Monate so verstrichen, versuchte ich, mein stilles Versprechen an Eamon einzulösen. Sinead und ich halfen einander mit den Pferden und wir hatten „Dates". Manchmal umarmte ich sie einfach nur, während sie weinte. Wir vermissten Eamon schrecklich. Zusätzlich zum Tod ihres Vaters geriet ihre Reise mit Tate, ihrem Spitzenpferd, einem *Selle Francais* kurz vor der Pension, zu einer emotionalen Achterbahnfahrt. Sinead schlug sich tapfer und ich wollte ihr sagen, dass ich stolz auf sie war und ich wollte es in aller Öffentlichkeit tun, also schrieb ich es eines Tages auf und teilte es auf Facebook:

*Ich möchte etwas Nettes über meine Frau sagen. Sinead hatte in letzter Zeit schwere Wege zu beschreiten – wie wir alle manchmal – und sie sprang wieder auf die Füße. Abermals. Ich mache mir Sorgen, dass uns mit dem Alter diese Eigenschaft zunehmend abhandenkommt – dass wir nicht mehr so sprunggewaltig auf die Füße kommen. Also dachte ich, dass etwas Nettes, gesagt in aller Öffentlichkeit, helfen könnte, diese Sprungkraft zu erhalten.*

*Hier ist, was ich zu sagen habe: Sinead ist jemand, der überlebt.*

*Wenn das Leben sonnig ist, arbeitet sie hart und verbessert sich – das ist leicht. Doch wenn das Leben zum Wirbelsturm wird, senkt sie ihren Kopf und macht weiter – und das ist nicht leicht.*

*Sinead trat als Teenager zu ihrer ersten FEI-Vielseitigkeit an. Diese Jahre verliefen (wie ich hörte) ein wenig unkontrolliert. Sie wusste nicht, was zu ändern wäre, doch sie wusste, dass sich etwas ändern musste. Also zog sie nach Middleburg, Virginia und bekam die beste Hilfe, die sie bekommen konnte. Am Abend kellnerte sie und am Morgen trainierte sie Rennpferde und dazwischen nahm sie Stunde um Stunde um Stunde bei David und Karen O'Connor.*

*2007 kam Sinead so über die Runden, doch wieder fehlte etwas – eine Kleinigkeit. Und Sinead ist für kleine Träume nicht zu haben, also zog sie wieder um. Sie ging, um für William Fox-Pitt in England zu arbeiten. Sie kehrte mit dem Gedanken zurück, dass, würde sie, bis sie dreißig war, an keinem Vier-Sterne-Event teilnehmen, es vielleicht einfach nicht sein sollte. Es hätte bedeuten könnte, dass sie einfach keiner der Mitspieler wäre.*

*2011, als sie neunundzwanzig (und einhalb) war, kam sie bei ihrem ersten Vier-Sterne in Lexington als Dritte ins Ziel. (Hinter Mary King auf Platz eins und zwei.)*

*Ich besuchte Sinead in England vor den Olympischen Spielen in London. Sie bereitete sich mit dem US-Team vor. USET flog die gesamte Equipe ein, um sich vorzubereiten und wählte die Starter in letzter Minute aus. Sie wurde zum ersten Ersatzreiter bestimmt. Am Tag vor der Dressur fuhren sie und ihr Pferd Tate durch London und passierten die Sicherheitskontrollen. Doch nachdem die anderen Pferde den Vetcheck erfolgreich absolviert hatten, wurde Sinead weggeschickt, ihre Akkreditierung widerrufen.*

*War Sinead aufgebracht? Ja. Aber sie feuerte ihre Teamkollegen an und ging zurück an ihre Arbeit.*

*Einen Monat nach Olympia ritt sie in Burghley. Burghley ist die längste, schwerste Strecke der Welt. Sie und Tate zeigten es allen. Zweiter Platz. Seit Jahren die beste amerikanische Platzierung.*

*Zwei Jahre später, 2014, wurde Sinead Vierte in Kentucky. Daraufhin wurde sie zu den Weltreiterspielen in Frankreich nominiert, bei denen sechs Reiter antreten würden: vier im Team und zwei im Einzel. Sinead wollte im Team sein, doch erneut wurde sie im Einzel aufgestellt.*

*2016 war sie in Kentucky Zehnte mit Tate – ihrem eigenen Pferd, das sie gesund und glücklich durch siebenundzwanzig FEI-Turniere in acht Jahren geführt hatte. Derzeit sind die beiden eines der erfahrensten Paare der US-Vielseitigkeit.*

*Doch für die Olympischen Spiele in Rio waren Sinead und Tate nur Ersatz – abermals. Was machten sie also? Sie gingen nach Millbrook und zeigten es allen! Sie wurden als Favoriten gehandelt und lieferten.*

*Ich kann Ihnen sagen – aus der Sicht eines Ehemanns: Sinead ist kein Scherz. Sie setzt einfach einen Fuß vor den anderen. Wieder und wieder. Kein Schmollen. Und das ist der Grund, warum sie gewinnt.*

*Natürlich hat sie es nicht allein geschafft. Sie hat es mit großartiger Hilfe geschafft. Sie hat ein einmaliges Pferd. Sie hat ein talentiertes Team. Und unterstützende Besitzer. Sinead weiß, dass sie um sich ein großartiges Team braucht. Sie liebt die Kameradschaft und den Druck. Er motiviert sie. Sineads Leben ist voller Reisen. Es ist aufregend und hart und vollauf gelebt. Doch sie hat es sich verdient, buchstäblich mit Blut, Schweiß und Tränen (und dreiundzwanzig gebrochenen Knochen).*

*Den Kindern wird gesagt: „Nein, mach das nicht zu deinem Beruf“, „Du solltest auf die Uni gehen, in dieser Branche wirst du es nie zu etwas bringen“, „Du solltest einen Plan B haben, mit so etwas verdienst du kein Geld“, „Es ist gefährlich“. Aber Sinead hörte nicht zu. Sie wollte nicht zuhören. Sie wollte keinen Plan B. Sie ignorierte einfach alle. Sie weiß um etwas, worum sehr wenige von uns wissen: den Unterschied zwischen einen „Beruf“ und einer „Berufung“.*

*Und dieses Glück buchstabiert sich „A-r-b-e-i-t“.*

*Sinead ist tapfer, stur, hartnäckig und leidenschaftlich. Aber mehr als alles andere ist sie jemand, der durchkommt. (Ich liebe dich, mein Schatz.)*

Das war nicht gut, aber es war ehrlich.

Sinead lächelte, als sie es las. Kurz sah ich ihren Vater in ihrem Lächeln. Ich sah ihn, wenn sie arbeitete und wenn sie lachte. Ich sah ihn, wenn wir uns stritten. Ich wusste nicht, ob Eamon geglaubt hatte, sein Beruf wäre seine Berufung – vielleicht war dem so, vielleicht auch nicht, obwohl ich vermutete, nein. Ich dachte, dass seine Bestimmung zwei kleine Kinder wären: das erste ein Junge, 1980 in Dublin, Irland, geboren; das zweite ein Mädchen, 1981 in Arlington, Texas.

2016 erhielt ich einen unerwarteten Anruf. Er kam von Trafalgar Square Books, ebenjenem Verlag, dem ich viereinhalb Jahre zuvor geschrieben hatte, von dem ich aber nie eine Rückmeldung erhalten hatte. Ich hatte wieder begonnen, für *The Chronicle of the Horse* zu schreiben, was ich genoss, doch es steckte nicht so viel Herzblut darin wie in den ersten Jahren. Jene Jahre in Deutschland, in Florida, in Texas und New Jersey. Es fühlte sich an, als ob ich versuchte, zu etwas zurückzukehren, versuchte etwas noch einmal zu erleben.

Dieser Verlag wollte wissen, ob ich ein Buch schreiben wollte.

„Wie war das nochmal?"

„Ein Buch."

Ja, dachte ich, und dann eine Sekunde später, *Heilige Scheiße.* Und dann eine Sekunde später: Es ist Jahre her, seit ich euch geschrieben habe.

„Sind Sie noch dran?"

„Verzeihung. Ich dachte, Sie haben mich gefragt, ob ich ein Buch schreiben könnte."

„Das habe ich."

„Nun. Ich muss mir das überlegen."

Ich überlegte es mir fünf Sekunden.

Zunächst überlegten wir uns ein Buch mit Anleitungen zum Training, aber ich musste zugeben, dass mir die Erfahrung fehlte, um auf dem Niveau zu *unterrichten*, das für ein Buch nötig war. Allerdings verfügte ich über jede Menge Erfahrung im *Lernen*; vielleicht könnte ich darüber schreiben. Sie mochten die Idee.

„Wann können Sie es fertig haben?"

„Wie lange schreibt man an einem Buch?"

„Wären sechs Monate okay?"

Das ist bald, dachte ich, sagte aber: „Kein Problem".

Da gab es zwei Fragen, die ich beantworten musste, bevor ich beginnen konnte.

Zunächst, wenn ich nun meine Reise teilte und was ich gelernt habe, wie würde ich mit den Fehlern umgehen, die ich gemacht habe? Fehler waren nicht nur Teil davon, sie waren das *Fleisch* und doch war mein erster Instinkt sie nicht zu teilen.

Zweitens, könnte ich noch einmal von vorn anfangen, würde ich etwas anders machen?

Auf die zweite Frage kam die Antwort schnell: Nein. Egal, wie viele Fehler ich gemacht hatte, egal wie herabwürdigend es ist, an die Unwissenheit zu denken, mit der ich dieses Abenteuer begonnen hatte, es war *mein* Abenteuer. Dieses gebrochene Schlüsselbein, diese verlorene Freundin, sie waren wie das Drehen des Zündschlüssels. Der Motor sprang an und blockierte nie. Ich mag mich manchmal im Rückwärtsgang befunden haben, neben der Straße, aber der Motor hatte nie aufgehört zu brummen und zu heulen.

Was die erste Frage betrifft: Das war ein Problem, das mich ständig begleitete. Ich war vor ihm gestanden, als ich als Praktikant Artikel schrieb und nun stand ich abermals vor ihm, doch in Gestalt eines größeren, übleren Kontrahenten – einem Buch. Es gab mir das Gefühl, ich starrte nackt einer Menschenmenge entgegen. Es gab, es gibt, diesen überwältigenden Drang Dinge unter den Teppich zu kehren. Zu verstecken. Zu lügen. Sich eine Ausrede einfallen zu lassen, um aufzuhören.

Einige Leute waren mit Kritik schnell zur Hand – manchmal offen, manchmal anonym. Aber die Selbstsicheren gaben mir Rat oder ließen mich einfach meine eigenen Fehler machen. Ich habe eine Menge aus den Fehlern anderer gelernt. Ich werde nie müde, große Horsemen arbeiten zu sehen. Für mich ist das so feinsinnig und süß wie Musik. Meine Hoffnung besteht darin, dass genauso wie ich aus ihren Fehlern lernte (und sie machen wirklich alle Fehler), andere aus meinen Fehlern lernen können. Unsere Pferde müssen für derart viele unserer Fehler bezahlen, daher denke ich, je mehr wir aus Büchern lernen, desto besser. Natürlich können schlussendlich manche Dinge auf einem Blatt Papier nie angemessen erklärt werden. Für manche Lektionen müssen wir draußen sein, über uns die Sonne, oder Regen, oder Schnee und unter uns ein Pferd. Und sogar dann können manche Dinge nicht gelehrt werden. Sie können nur gelernt werden.

Was auch immer gesagt wird, *ich* bin mein schärfster Kritiker. Wie oft ich über mich selbst meinen Kopf geschüttelt habe und „Dämlich!" sagte, entspricht der Anzahl von Zapfen auf einer Tanne. Meine einzige Entschuldigung mir selbst gegenüber besteht darin, dass ich meine Reise vielleicht nie begonnen hätte, hätte ich vor ihrem Antritt mehr gewusst. Diese Abenteuer sind die einzigen Schätze, die ich wahrhaftig besitze. Ich würde sie nicht gegen die von irgendjemand anderem eintauschen.

Reflektiere ich einmal mehr meinen Aufenthalt bei Hinnemann, so sehe ich nun neue Lektionen. Damals war ich so frustriert, dass ich mich nicht verbesserte, aber vielleicht wuchs ich in exakt der Hinsicht, die für mich bestimmt war. Hinnemann zeigte mir Professionalität. Seine Mitarbeiter zeigten mir, wie wirkliches Arbeitsethos aussieht. Ich lernte Disziplin. Wahrscheinlich hätte ich geduldiger sein können.

Vor kurzem hörte ich eine gute Definition für Selbstvertrauen und es stützt sich zur Gänze auf unsere Selbstgespräche. Wir wissen nie, was ein anderer über sich selbst sagt, und daher sollten wir es uns zweimal überlegen, in etwas Arroganz, Selbstvertrauen, Scheu, Milde zu sehen. Hinnemanns Reise ist seine eigene. Mit der Menschheit. Mit sich selbst. Mit Pferden. So danke ich Herrn Hinnemann, mir erlaubt zu haben, zu lernen, was ich lernte.

*Ich wollte ein großer Reiter sein, nun ist mein Ziel ein höheres: ein großer Horseman zu sein.*

Jeder kann auf einem Pferd sitzen, doch das macht diese Person nicht zum Reiter. Ein Reiter *reitet* ein Pferd, holt an diesem Tag das

Beste aus ihm heraus. Und das ist keine kleine Sache. Ein Trainer trainiert ein Pferd, bereitet es auf morgen vor, bringt ihm etwas Neues bei. Und das ist etwas Besonderes. Ein Horseman jedoch geht tiefer, denkt an Herz und Seele des Pferdes genauso wie an den Körper. Ein Horseman kennt nicht nur sein Pferd, sondern sein Pferd kennt ihn – dies ist eine wirkliche Beziehung.

Nun arbeitet ein *HORSEMEN* (in Großbuchstaben!) für das Pferd an sich selbst, nicht das Pferd für ihn selbst. Große Horsemen sind diese seltenen Leute, die so ziemlich alles, das man auf dieser Reise erreichen kann, in diesem Leben erreichen.

Ich kann mich selbst nicht als Horseman bezeichnen. Ich lerne immer noch zu viel über die ersten drei. Aber ich möchte einer sein! Oja!

Im Moment ist mein Laptop aufgeklappt, ich habe Kaffee dazugestellt. Sechs Monate sind seit dem Anruf von Trafalgar Square Books vergangen. Zehn Jahre sind verstrichen, seit ich meine Arbeit, meinen Traum, meine Gesundheit, meine Freundin verloren habe. Ich trage immer noch die Narbe meines Schlüsselbeinbruchs, doch die anderen Wunden sind seit langem verheilt. Verheilt zu größerer Stärke, wie ich vermute, als davor.

Ich blicke aus dem Fenster und sehe Regenfahnen. Dunkle Wolken und Schauer sind typisch für Florida an Sommernachmittagen und das Trommeln auf dem Dach sorgt für angenehme Hintergrundmusik.

So bin ich also hier und denke an Pferde. Und schreibe immer noch über Pferde. Und über Horsemen. Ich blicke abermals auf dieses Wort: *Horsemen*. Wahnsinn! Was für ein feines Wort; was für ein feines Ziel. Und so mache ich weiter: einen Fuß vor den anderen.

Einen Satz nach dem anderen. Schreiben und Reiten. Eine gute Art, sein Geld zu verdienen. Eine gute Art zu *leben*!

Es gibt viele Tiere (und ein paar Leute), denen ich dieses Buch widmen könnte, doch es wäre nachlässig von mir, schriebe ich es nicht für meine Eltern. Auf so vielerlei Weise würde es ohne sie nicht existieren. Also, *Mutter und Vater, vielen Dank, dass ihr in mir Respekt und Einfühlungsvermögen für Tiere und eine große, altmodische, aus dem Herzen kommende Liebe für Bücher erweckt habt.*

Nun rieche ich den frischen Kaffee. Ich stehe auf, um ihn zu holen und dabei sehe ich einen großen schwarzen Pickup die Zufahrt heraufkommen. Sinead. Meine Frau! Gleich wird sie aus dem Fenster blicken, um mich zu sehen und ich werde winken. Ich bin, wie ich es immer bin, aufgeregt sie zu sehen. Sobald sie hereinkommt, werden wir den neuen Hof besprechen und bevorstehende Turniere. Wir haben eine Menge Projekte am Laufen, die uns beschäftigen.

Der Regen wird jetzt stärker und sie sieht mein Winken nicht. Ich warte, aber sie versteckt sich hinter dem Regenschauer zwischen uns. Ich freue mich darauf, dass sie zur Vordertür hereinkommt. Mit Zeppo.

Wie ich dieses letzte Kapitel schreibe, erinnere ich mich an das erste. Da hat es auch geregnet.

Endlich steht Sinead vor mir. Ihr Haar ist nass, ihre Bluse klebt auf ihrer Haut und ihre Augen leuchten. Sie sieht mich und lächelt.

Der Regen hat mir noch nie etwas ausgemacht.

# DANKSAGUNG

Zuallererst danke ich meiner Frau. Während ich dies schreibe, ist Sinead im fünften Monat schwanger. Vor uns liegen immer noch viele Fragezeichen in Bezug auf die Richtung, die unser Leben einschlagen wird. Werden wir in Florida bleiben? Wie wird sich unsere Karriere mit dem Alter verändern? Werden wir uns auf einen Namen für unseren Sohn einigen? Doch wir begegnen diesen Ungewissheiten gemeinsam, so wie es sein sollte.

Ich habe dieses Buch bereits meinen Eltern gewidmet, möchte mich aber im Besonderen bei meinem Vater für Sapphire und bei meiner Mutter für genussvolle Wortgefechte bedanken.

Im September 2008, als ich dieses Abenteuer begann, druckte Christine Mazur vom *Gaitpost Magazine* den ersten dieser Artikel. Vielen Dank!

Danke, Kenna, dass du mir *Widerstand und Ergebung – Briefe und Aufzeichnungen aus der Haft* geliehen hast.

Vielen Dank, Kelvin, dass du mich im Winter 2008 bei dir aufnahmst.

Im September 2009 begann *The Chronicle of the Horse*, meine „Kapitel" online zu veröffentlichen. Vielen Dank, Sara Lieser. Du warst eine gute Redakteurin und vor allem ein dringend benötigter Freund, als ich meinen Weg durch einige, schwere Zeiten hindurch suchte.

Dank Sandy Oliynyk wurden Teile dieses Buches bereits im *Practical Horseman* veröffentlicht und dank Steuart Pittman, Stephanie Church und Alexandra Beckstett im *Off-Track Thoroughbred Magazine*. Ebenso ein Dankeschön an das *Eventing USA Magazine and Horseman's*.

Ein großes Dankeschön an Kathy Page, eine sehr talentierte Schriftstellerin, die sich die Zeit nahm, so viele meiner Texte zu bearbeiten. Sie begann im Januar 2009 mich zu unterstützen, nachdem ich vier „Kapitel" geschrieben hatte und half mir bei diesen und anderen Projekten bis etwa 2012.

Vielen Dank an die Pferde in meinem Leben. Eines meiner Lieblingszitate stammt von der Vorderseite von Christopher Bartles Buch *Ausbildung des Sportpferdes*, einem Buch, das mir Ingrid Klimke 2009 empfohlen hat, und obwohl ich den genauen Wortlaut vergessen habe, blieben mir seine Grundgedanken immer in Erinnerung. Ich werde versuchen, es hier sinngemäß wiederzugeben: An die Pferde. Es war nicht eure Entscheidung, bei mir zu sein, aber ich schulde euch so viel. Ihr gabt mir die Möglichkeit zu lernen, und ich machte unweigerlich Fehler. Ich muss zu vielen von euch *Entschuldigung* sagen und zu allen von euch *Danke.*

An Greg und Bernadette: Vielen Dank, dass ich einige besondere, aber auch einige zutiefst traurige Momente mit euch in diesem Buch teilen durfte. Mit jedem einzelnen Wort habe ich versucht, eure Großzügigkeit in dieser Hinsicht zu respektieren und wertzuschätzen. Ihr seid jetzt auch meine Familie. Ich liebe euch.

An Eamon: Wir lieben dich und vermissen dich und keine Worte werden dir jemals gerecht werden können. Wir werden dich nie vergessen.

An meine Brüder: Danke für eure Unterstützung. Jordan, ich wünschte, wir könnten mehr gemeinsam laufen gehen und reden. Telf, ich wünschte, ich könnte mehr Zeit mit deiner Familie verbringen! Und danke, dass du das Manuskript gelesen hast – du könntest professioneller Lektor sein!

An jede einzelne Person, die in diesem Buch erwähnt wird - ich schätze euch alle. Ich habe von jedem von euch etwas gelernt: Johann Hinnemann, Steffi, Julia, Eiren, Jamie, Ingrid Klimke, David und Karen O'Connor, Lauren, Hannah, Max, Kyle Carter,

Ian Millar und Familie, Bruce Logan, Rhiannon, Anne Kursinski, Asa Bird, Liz, Michael Matz, George Morris, Christilot Boylen und Emily. Ich hoffe zutiefst, dass ich meinen Respekt und meine Wertschätzung für alle, die in diesem Buch vorkommen, deutlich gemacht habe. Keine zwischenmenschliche Beziehung ist perfekt, und obwohl ich auf diesen Seiten einige flüchtige Interaktionen geteilt habe, beurteile ich eine Person nicht anhand eines einzelnen Treffens, und ich hoffe, ihr auch nicht.

Jonathan Field dafür, dass er in allem mein Mentor war. Ich kann mir keinen besseren vorstellen.

Dank an Zachary Gray und die Zolas, die mir erlaubt haben, einiges an Text aus ihrem Hit „You're Too Cool" zu verwenden. Ich traf Zach zum ersten Mal, als wir sechs waren. Viel später sang er bei meiner Hochzeit Lieder von Bryan Adams und Britney Spears.

An die Leute, die sich um den Hof, das Geschäft und die Pferde gekümmert haben, während ich schrieb: Emily, Arielle, Rory, Aurelie, Cian, Kellie, Erin, Mollie, Brynn, Sharon, Gabbie, Stacy, Kate, Dorothy, Brianna, Nell, Lauren Grace, Lauren Taylor, Lynn, Margaret, Madlen, Payne. Danke euch allen!

An Meg, die Sinead jahrelang mit ihren Pferden half und das Manuskript ebenfalls gelesen hat: Danke.

Auch an jene, die etwas davon oder einen Teil während seiner Entstehung gelesen haben und kritisch waren oder unterstützend, oder beides: Betsy, Barbara, Larry, Sarah und Sarah. Vielen Dank.

An die Books, Jarrells, Hartzbands, Dumonts und Schaeffers für ihre unschätzbare Unterstützung und Christina, Inhaberin der *Dutch Times*: Vielen Dank.

Kathy Russell, danke für die unglaublichen Fotos!

Matthew Martinez, ich werde mir hier einen Anwaltswitz sparen und einfach nur danke sagen. Ihre Arbeit ging weit über das normale Maß hinaus.

Vielen Dank an alle Tierärzte bei Furlong and Associates. Ihr seid wahrhaftige Lebensretter!

Vielen Dank an Pat und Linda Parelli für eure Unterstützung die letzten Jahre hinweg und euer Wissen, und dafür, dass wir euren magischen Ocala-Campus für das Titelbild verwenden durften.

An Erik Schmidt für die Karte und die Grafik: Danke.

Und um mir das Wichtigste zum Schluss aufzubewahren: Vielen Dank, *Trafalgar Square Books*. Wenn ihr mir keine Frist gesetzt hättet, würde dieses Buch immer noch nur in meinem Kopf existieren. Von dem Moment an, als wir begonnen haben, zusammenzuarbeiten, war ich von eurem Verständnis und eurer Professionalität beeindruckt. Caroline Robbins, der Herausgeberin, vielen Dank. Martha Cook, der Geschäftsführerin, Danke!

Und ganz zum Schluss: Rebecca Didier, meiner Lektorin bei Trafalgar Square.

Obwohl ich den ersten Schritt selbständig gesetzt hatte und viele, viele Menschen wegbegleitend für mich da waren, war es Rebecca, die mir dabei half und mich dazu befähigte, dieses Buch über die Ziellinie zu bringen. Wenn dieses Buch in irgendeiner Art zu einem Erfolg oder Misserfolg wird, vermute ich, dass die Person, die es neben mir am deutlichsten zu spüren bekommt, Rebecca sein wird.

Tik Maynard

# SERVICE

## NÜTZLICHE ADRESSEN

**Tik Maynard & Sinead Halpin**
www.copperlineequestrian.com

**Ingrid Klimke**
www.ingrid-klimke.de

**Johann Hinnemann**
www.johann-hinnemann.com

**Anne Kursinski**
www.annekursinski.com

**Buck Brannaman**
www.brannaman.com

**Bruce Logan**
www.mypegasusproject.org

**Mark Rashid**
www.markrashid.com

# PERSONENVERZEICHNIS

# ZUM WEITERLESEN

Aguilar, Alfonso: **Professionelle Ausbildung am Boden,** … für jedes Alter, für
jede Rasse; Edition WuWei bei KOSMOS 2014
Für Alfonso Aguilar ist die Bodenarbeit ein wichtiger Teil in der Pferdeausbildung. Sein schrittweise aufgebautes Buch zeigt Übungen für jedes Pferde-
alter – vom ersten Aufhalftern bis zu anspruchsvollen Lektionen an der Doppellonge. Eine „Roadmap" hilft, den eigenen Trainingsstand zu bestimmen
und die individuellen Ausbildungsschritte mit dem eigenen Pferd zu gehen.

Brannaman, Buck/Reynolds, William: **Buck Brannaman – Horseman aus
Leidenschaft**; KOSMOS 2016
Bucks Kindheit ist geprägt von Angst und Schmerz. Der Umgang mit
schwierigen Pferden, die ebenso Grausamkeit von Menschen erfahren ha-
ben wie er selbst, hilft ihm und eröffnet ihm einen neuen Blick aufs Leben.
Im zweiten Teil stellt der Pferdetrainer zwölf unterschiedliche Pferd-Reiter-
Paare vor. Jedes davon hat seine spezifischen Probleme und jedes ist nach der
Begegnung mit Buck Brannaman um ein Stück Lebenserfahrung reicher.
Auch als E-Book erhältlich.

Heuschmann, Dr. med. vet. Gerd: **Finger in der Wunde**, Was Reiter wissen
müssen, damit ihr Pferd gesund bleibt; Edition WuWei bei KOSMOS 2015
Es wird gezogen und gezerrt – was läuft da falsch auf vielen Reitplätzen?
Pferde werden von Reitern, Ausbildern und sogar Spitzensportlern in Formen gepresst, die ihrer Gesundheit nachhaltig schaden. Dr. Gerd Heuschmann erklärt, warum die bewährten Prinzipien der klassischen Reitlehre
immer noch gültig sind und wie es gelingt, ein Pferd so auszubilden, dass
es psychisch und körperlich gesund bleibt.

Klimke, Ingrid/Klimke, Reiner: **Cavaletti – Dressur und Springen**; KOSMOS
2018
Ein wichtiger Grundstein für den Erfolg von Ingrid Klimke ist die Cavaletti-
Arbeit. Dieser Ratgeber zeigt die Cavaletti-Arbeit an der Longe, liefert wertvolle neue Anregungen für die Dressurarbeit sowie zahlreiche aktualisier-
te Aufbauskizzen für die Springgymnastik. Neben der Gymnastizierung
des Pferdes und der damit verbundenen Verbesserung der Gangarten bringt
Cavaletti-Arbeit Spaß und Abwechslung in den Trainingsalltag. Auch als
E-Book erhältlich.

Klimke, Ingrid / Klimke, Reiner: **Grundausbildung des jungen Reitpferdes,** Dressur, Springen, Gelände; KOSMOS 2019

Der Name Klimke steht für eine pferdegerechte und vielseitige Ausbildung. Die ersten Monate und Jahre unter dem Sattel legen den Grundstein für die Zukunft eines Reitpferdes. Jedes Pferd, ob es im Sport eingesetzt oder in der Freizeit geritten wird, braucht eine solide und fundierte Grundausbildung, damit es seine Aufgaben unter dem Reiter zuverlässig, motiviert und bei bester Gesundheit erfüllen kann. Kein Buch beschreibt die Grundausbildung junger Reitpferde so fundiert wie dieser Klassiker. Auch als E-Book erhältlich.

Klimke, Ingrid: **Reite zu Deiner Freude,** Grundsätze meiner Pferdeausbildung; KOSMOS 2016

Ingrid Klimke stellt erstmals ihre Trainingsphilosophie vor. Die Basis bilden Vielseitigkeit und Abwechslung wie Cavaletti-Arbeit, Dressur, Springen und Reiten im Gelände. Am Beispiel ihrer eigenen Pferde gibt sie wertvolle Tipps zur Förderung des jeweiligen Pferdecharakters. Auch als E-Book erhältlich.

Kutsch, Andrea: **Aus dem Blickwinkel des Pferdes,** Neue Wege in der Ausbildung; KOSMOS 2019

Mit der von Andrea Kutsch entwickelten EBEC-Methode (Evidence Based Equine Communication) ist es erstmals möglich, die Perspektive des Pferdes einzunehmen. In diesem Buch beschreibt sie die neuesten Erkenntnisse über Pferdeverhalten und erläutert die Anwendung ihrer wissenschaftlich basierten Methoden in der Praxis.

Lubetzki, Marc: **Im Kreis der Herde,** Von wilden Pferden lernen; KOSMOS 2019

Tierfilmer Marc Lubetzki beobachtet und filmt seit 2012 ausschließlich Wildpferde. Während der Dreharbeiten wird er selbst Teil der Herde. Wie er das Vertrauen der Tiere gewinnt, und welche Schlüsse er aus seinen einzigartigen Beobachtungen zieht, beschreibt er in diesem Buch. Es gelingt ihm, Missverstandnisse wie z. B. die Leithengst-Lüge aufzuklären und dadurch neue Anregungen für die Haltung und den Umgang mit Hauspferden zu geben.

Masterson, Jim, mit Reinhold, Stefanie: **Körperarbeit für Pferde**; Locker, entspannt, gelöst mit der Masterson-Methode; Edition WuWei 2018

Jim Masterson löst mit seiner Art der Körperarbeit und Massage tiefe Verspannungen beim Pferd und bringt es in einen ganzheitlich entspannten Zustand. In vielen Detailaufnahmen werden die einzelnen Handgriffe und speziellen Anwendungsgebiete gezeigt, so dass jeder Reiter sein Pferd individuell behandeln kann. So lockern sich körperliche und seelische Spannungen, und als zusätzlicher positiver Nebeneffekt vertieft sich die Beziehung des Menschen zu seinem Pferd.

Obst, Katrin: **Fitnessstudio für mein Pferd**; KOSMOS 2018
Faszientraining, Muskelaufbau, Balance und Koordination – mit diesem umfassenden und abwechslungsreichen Physioprogramm für Pferde gelingt es, Verspannungen, Rückenleiden und anderen Beschwerden gezielt vorzubeugen. Das Ganzkörpertraining der erfahrenen Pferde-Physiotherapeutin Katrin Obst stärkt die Tiefenmuskulatur, verbessert die Beweglichkeit und hilft, Blockaden und Muskelprobleme zu vermeiden. Alle Übungen und Parcours werden detailliert beschrieben, sodass das Training auch ohne professionelle Assistenz durchgeführt werden kann.

Obst, Katrin: **Fit mit Obst**, Noch mehr Übungen aus dem Fitnessstudio; KOSMOS 2020
Obst macht gesund! Von diesem Motto der „hundkatzemaus"-Expertin Katrin Obst profitieren nicht nur Pferde, sondern auch Reiterinnen und Reiter. Denn die Ausbildung der richtigen Muskulatur, das Training der Faszien und die Dehn- und Biegefähigkeit sind für Tier und Mensch gleichermaßen wichtig. Mit Fitness-Übungen wie Aquafitness, Pole-Dance oder Yoga für Pferde zeigt Katrin Obst, wie viel Spaß ein gutes Training dem ganzen Pferd-Mensch-Team machen kann.

Rashid, Mark: **Der die Pferde kennt**, Wahrnehmen, leiten, vertrauen – wie ein Horseman zum Schüler seines Pferdes wird; KOSMOS 2017
Zwei Topseller vom sympathischen Horseman aus Colorado im Doppelpack.
Mit dem Wallach Buck tritt ein ganz besonderes Pferd in Mark Rashids Leben. Es stellt seine bisherigen Prinzipien auf den Kopf und macht ihn zu einem Trainer – „Der von den Pferden lernt". Mit „Dein Pferd – dein Partner" öffnet Mark Rashid dem Leser die Augen für die Denkweise der Pferde. Er kommt dabei zu überraschenden Einsichten und manchmal zu verblüffend einfachen und gut umsetzbaren Lösungen. Auch als E-Book erhältlich.

Tellington-Jones, Linda mit Bobby Lieberman: **Tellington Training für Pferde**, Das große Lehr- und Praxisbuch; KOSMOS 2018

In diesem Lehr- und Praxisbuch stellen die Autorinnen neue Ausbildungswege an schwierigen und verstörten Pferden dar. Hierbei bringt sie ihre jahrzehntelange Erfahrung ein, um eine harmonische Bindung zwischen Mensch und Pferd zu schaffen.

Wild, Jenny / Claßen, Peer: **Übungsbuch Natural Horsemanship**; KOSMOS 2020

Pferde sind von Natur aus nicht für die moderne Welt der Menschen geschaffen: Lärm und Hektik, wenig Platz – all das verängstigt sie. Es liegt in der Verantwortung des Menschen, dem Pferd Sicherheit und Vertrauen zu geben, so dass die gemeinsamen Unternehmungen harmonisch ablaufen können. Das Rüstzeug hierfür bietet dieses Buch: Es enthält alle grundlegenden Übungen der Kommunikation mit Seil und Halfter, erklärt, wie ich mein Pferd sicher vorwärts, rückwärts und seitwärts bewege. Ebenso das Anhalten, Richtung ändern und Hindernisse überwinden mit und ohne Seil. So lernen Mensch und Pferd, wie Klarheit beim gemeinsamen Tun zu einer tiefen Verbindung führt. Auch als E-Book erhältlich.

Wilsie, Sharon / Vogel, Gretchen: **Sprachkurs Pferd**, Pferdesprache lernen in 12 Schritten; KOSMOS 2018

Jedes Zucken von Ohr oder Nüster, jede Bewegung des Pferdes hat eine Bedeutung. Pferde reden mit uns, doch die meiste Zeit übersehen wir diese Signale. Mit diesem Übersetzungshelfer lernen wir, die Sprache unserer Pferde zu verstehen und uns mit ihnen so zu unterhalten, dass sie unsere Wünsche verstehen und sich verstanden fühlen. Auch als E-Book erhältlich.

Wilsie, Sharon: **Sprachkurs Pferd**, Pferdesprache lernen in 12 Schritten; DVD-Video KOSMOS 2020

Als Ergänzung zum Bestsellerbuch „Sprachkurs Pferd" demonstriert Sharon Wilsie ihre bahnbrechende Methode des „Horse Speak" im Film. Die Pferdexpertin zeigt an Fallbeispielen, wie Pferde auf artgerechte Kommunikation reagieren. Ein beeindruckendes Dokument über echte Freundschaft und ein vertrauensvolles Miteinander von Pferd und Mensch.

# — Der Schlüssel zu wahrer Verständigung

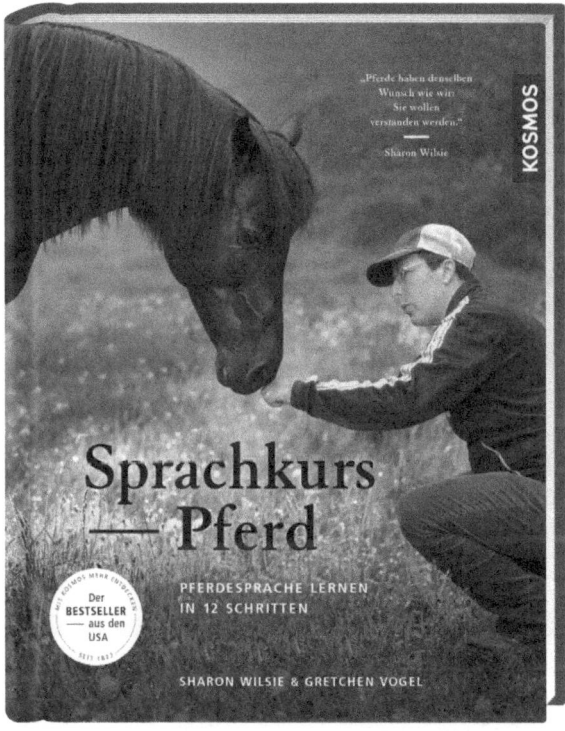

222 Seiten, ca. € (D) 29,99

Haben Sie sich schon einmal gefragt, was Ihr Pferd denkt und fühlt? Wäre es nicht schön, zu erkennen, was es mitteilen möchte, und ihm in einer Sprache zu antworten, die es begreift? Jede Bewegung eines Pferdes, jedes Zucken der Haut oder Weiten der Nüstern ist eine Geste, die etwas bedeutet. Sharon Wilsie entschlüsselt die feinen Signale der Pferde und zeigt, wie wir unsere Körpersprache so verändern, dass das Pferd uns versteht. Lernen Sie die Sprache Ihres Pferdes!

kosmos.de

Aus dem Amerikanischen übersetzt von Hans-Michael Schöbinger.
Titel der Originalausgabe: In the middle are the horseman
erschienen bei Trafalgar Square Books unter ISBSN 978-1-57076-832-3.
© 2018 Tik Maynard

**Bildnachweis**
Mit zwei Illustrationen von Erik Schmidt (OffshoreArtwork.com).

**Impressum**
Umschlaggestaltung von GRAMISCI Editorialdesign, Isabelle Fischer, München,
unter Verwendung von drei Farbfotos von Kathy Russell (www.kathyrussellphoto-
graphy.com) und zwei Illustrationen von Erik Schmidt (OffshoreArtwork.com).

Mit zwei Illustrationen